Step3 课堂练习 + 课后习题，拓展应用能力

课堂练习——添加中秋纪念电子相册的转场

【练习知识要点】使用"导入"命令导入素材文件，使用"内滑"转场、"拆分"转场、"翻页"转场和"交叉缩放"转场制作视频之间的过渡，使用"速度 / 持续时间"命令调整素材文件，最终效果如图 6-135 所示。

【效果所在位置】Ch06/ 添加中秋纪念电子相册的转场 / 添加中秋纪念电子相册的转场 .prproj。

慕课 23
添加中秋纪念电子相册的转场

更多商业案例

图 6-135

课后习题——设置校园生活短片的转场

【习题知识要点】使用"导入"命令导入素材文件，使用"交叉溶解"转场制作图片之间的过渡，使用"效果控件"面板调整过渡，最终效果如图 6-136 所示。

【效果所在位置】Ch06/ 设置校园生活短片的转场 / 设置校园生活短片的转场 .prproj。

巩固本章所学知识

慕课 24
设置校园生活短片的转场

图 6-136

Step4 综合实战，演练真实商业项目制作过程

城市形象宣传片

栏目包装

产品广告

广告宣传片
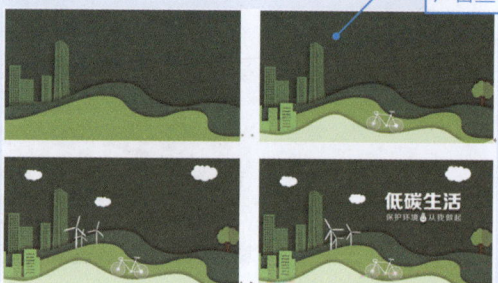

MV
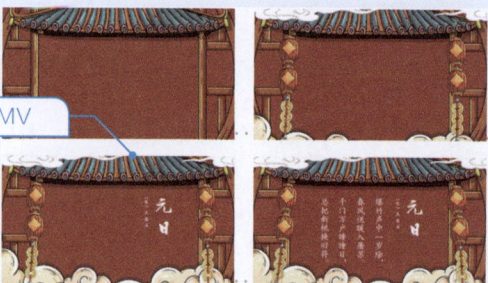

纪录片

配套资源

学习资源及获取方式：

● 所有案例的素材及最终效果文件，下载链接：https://www.ryjiaoyu.com/；

● 全书慕课视频，登录人邮学院网站（www.rymooc.com）或扫描封面上的二维码，使用手机号码完成注册，在首页右上角单击"学习卡"选项，输入封底刮刮卡中的激活码，即可在线观看视频，扫描书中二维码也可以观看视频；

高等院校数字艺术精品课程系列教材

全彩慕课版

Premiere
核心应用案例教程

Premiere Pro 2020

梁玲 常丽 主编／王占勇 刘志遥 副主编

人民邮电出版社

北 京

图书在版编目（CIP）数据

Premiere核心应用案例教程：Premiere Pro 2020：全彩慕课版 / 梁玲，常丽主编. -- 北京 ：人民邮电出版社，2025.3
高等院校数字艺术精品课程系列教材
ISBN 978-7-115-64176-2

Ⅰ. ①P… Ⅱ. ①梁… ②常… Ⅲ. ①视频编辑软件—高等学校—教材 Ⅳ. ①TN94

中国国家版本馆CIP数据核字(2024)第070286号

内 容 提 要

本书全面系统地介绍了 Premiere Pro 2020 的基本操作方法及影视编辑技巧，内容包括初识 Premiere Pro、Premiere Pro 基础、字幕、音频、剪辑、转场、特效、调色与抠像、商业案例。

全书内容的介绍以课堂案例为主线，每个课堂案例都有详细的操作步骤，学生通过实际操作可以快速熟悉软件功能并领会设计思路。每章的软件功能解析部分能够帮助学生深入学习软件功能和制作特色。第 3 章～第 9 章的最后还安排了课堂练习和课后习题，可以拓展学生对软件的实际应用能力。第 9 章的商业案例可以帮助学生快速地掌握图形图像的设计理念和设计元素，从而顺利参与商业实战。

本书可作为高等院校数字媒体艺术类相关专业课程的教材，也可供初学者自学参考。

◆ 主　　编　梁　玲　常　丽
　　副 主 编　王占勇　刘志遥
　　责任编辑　刘　佳
　　责任印制　王　郁　焦志炜
◆ 人民邮电出版社出版发行　　北京市丰台区成寿寺路 11 号
　　邮编　100164　电子邮件　315@ptpress.com.cn
　　网址　https://www.ptpress.com.cn
　　临西县阅读时光印刷有限公司印刷
◆ 开本：787×1092　1/16
　　印张：14.25　　　　　　　　2025 年 3 月第 1 版
　　字数：382 千字　　　　　　2025 年 3 月河北第 1 次印刷

定价：79.80 元

读者服务热线：(010)81055256　印装质量热线：(010)81055316
反盗版热线：(010)81055315

前 言

Premiere Pro 简介

Adobe Premiere Pro，简称"Pr"，是由 Adobe 公司开发的一款非线性视频编辑软件，深受影视制作爱好者和影视后期编辑人员的喜爱。Pr 拥有强大的视频剪辑功能，可以对视频进行采集、剪切、组合、拼接等操作，广泛应用于节目包装、电子相册、纪录片、产品广告、节目片头和 MV 等制作领域。

如何使用本书

Step1 精选基础知识，快速上手 Premiere Pro

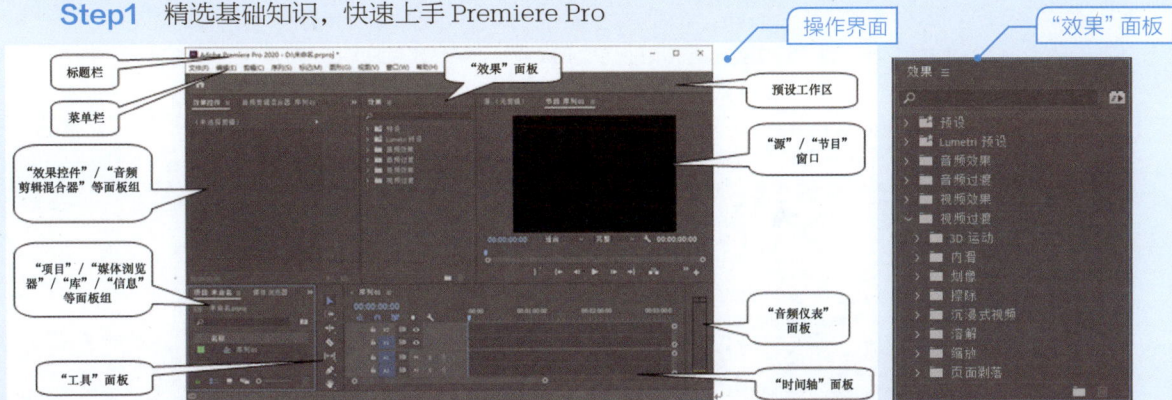

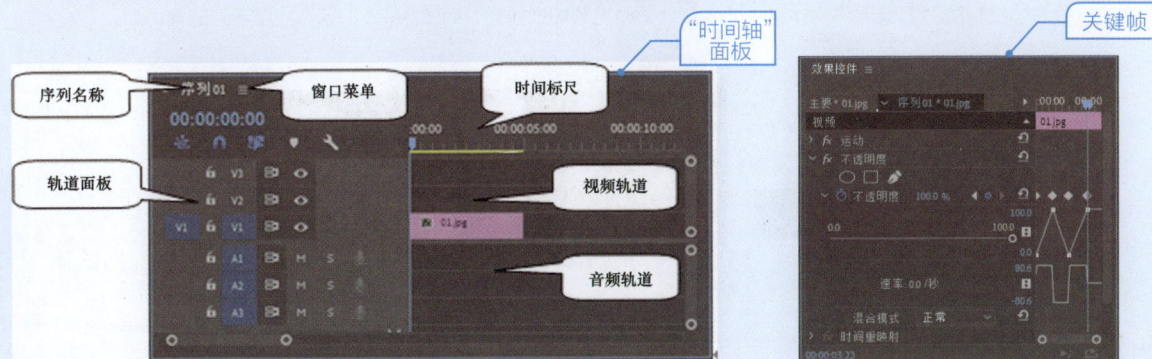

Step2 课堂案例 + 软件功能解析，边做边学软件功能，熟悉设计思路

6.1 应用转场

6.1.1 课堂案例——添加滑雪运动宣传片的转场

【案例学习目标】学习使用转场制作视频之间的过渡。

【案例知识要点】使用"导入"命令导入素材文件，使用"立方体旋转"转场、"带状内滑"转场和"圆划像"转场制作视频之间的过渡，最终效果如图 6-1 所示。

【效果所在位置】Ch06/ 添加滑雪运动宣传片的转场 / 添加滑雪运动宣传片的转场 .prproj。

慕课 19

添加滑雪运动
宣传片的转场

图 6-1

（1）启动 Premiere Pro，选择"文件 > 新建 > 项目"命令，弹出"新建项目"对话框，如图 6-2 所示，单击"确定"按钮，新建项目。选择"文件 > 新建 > 序列"命令，弹出"新建序列"对话框，单击"设置"选项卡，设置如图 6-3 所示，单击"确定"按钮，新建序列。

6.1.2 3D 运动

在"3D 运动"文件夹中，共包含 2 种视频切换效果，如图 6-24 所示。使用不同的转场后，效果如图 6-25 所示。

图 6-24

立方体旋转

翻转

图 6-25

- 扩展案例，扫描书中二维码，即可查看扩展案例操作步骤；
- 赠送素材包，包括画笔库、形状库、渐变库、样式库、动作库等；
- 全书 9 章 PPT 课件；
- 课程标准；
- 课程计划；
- 教学教案；
- 详尽的课堂练习和课后习题的操作步骤。

任课教师可登录人邮教育社区（www.ryjiaoyu.com），在本书页面中免费下载使用。

教学指导

本书的参考学时为 60 学时，其中实训的参考学时为 32 学时，各章的参考学时参见下面的学时分配表。

章	课程内容	学时分配	
		讲授	实训
第 1 章	初识 Premiere Pro	2	—
第 2 章	Premiere Pro 基础	2	—
第 3 章	字幕	4	4
第 4 章	音频	2	4
第 5 章	剪辑	2	4
第 6 章	转场	4	4
第 7 章	特效	4	4
第 8 章	调色与抠像	4	4
第 9 章	商业案例	4	8
学时总计		28	32

本书约定

本书案例素材所在位置：章号 / 案例名 / 素材，如 Ch06/ 添加滑雪运动宣传片的转场 / 素材。

本书案例效果文件所在位置：章号 / 案例名 / 效果文件名，如 Ch06/ 添加滑雪运动宣传片的转场 / 添加滑雪运动宣传片的转场 .prproj。

本书中关于颜色设置的表述，如蓝色（ 232、239、248 ），括号中的数字分别为对应 R、G、B 的值。

由于编者水平有限，书中难免存在不妥之处，敬请广大读者批评指正。

编　者

2024 年 10 月

目 录

Premiere

— 04 —

第 4 章 音频

— 05 —

第 5 章 剪辑

CONTENTS 目 录

—06—

第6章 转场

—07—

第7章 特效

Premiere

01

第 1 章

初识 Premiere Pro

▶ **本章介绍**

　　在学习 Premiere Pro 之前，首先要了解 Premiere Pro，包括 Premiere Pro 的概况、Premiere Pro 的历史和应用领域，只有认识了 Premiere Pro 的软件特点和功能特色，才能更有效率地学习和运用 Premiere Pro，从而为我们的工作和学习带来便利。

学习目标

- 了解 Premiere Pro 的概况。
- 了解 Premiere Pro 的历史和发展。
- 熟悉 Premiere Pro 的应用领域。

素养目标

- 培养良好的艺术感知能力和审美意识。
- 培养对视频效果进行分析和评估的能力。
- 培养对视频编辑和设计的兴趣和热情。

1.1　Premiere Pro 概述

　　Adobe Premiere Pro（Premiere Pro），简称"Pr"，是由 Adobe 公司开发的一款视频编辑软件，深受影视后期编辑人员和影视制作爱好者的喜爱。Premiere Pro 拥有强大的视频剪辑功能，可以对视频进行采集、剪切、组合、拼接等操作，完成剪辑、转场、特效、调色、抠像等工作。

　　Adobe Premiere Pro 拥有多种创意工具，广泛应用于节目包装、电子相册、纪录片、产品广告、节目片头和 MV 等制作领域。

1.2　Premiere Pro 的历史

　　Premiere 最早的版本是 Premiere 1.0，只有简单的音频处理、特效和过渡等功能，随后推出 4.0、5.0、6.0 等版本。Premiere Pro（Premiere 7.0）是软件的一个重大突破，第一次提出了"Pro"（专业版）的概念，之后 Adobe 公司陆续推出了 CS3、CS4 等版本，CS4 是最后一个支持 32 位的版本。在 CS4 之后，Adobe 公司推出 CS5、CS6、CC、CC 2019 等仅支持 64 位的版本。

1.3　Premiere Pro 的应用领域

1.3.1　节目包装

　　节目包装是指对节目整体形象的规范和强化，如图 1-1 所示。Premiere Pro 提供字幕编辑、视频切换以及视频缩放等强大的功能，可以帮助用户进行规范的节目包装，在突出节目特征和特点的同时，增强观众对节目的识别能力，使包装形式与节目有机地融为一体。

| 《中国有好菜》节目包装截图 | 《寻味一把挂面》节目包装截图 |

图 1-1

1.3.2　电子相册

　　电子相册相较于传统相册具有恒久保存的优势，如图 1-2 所示。Premiere Pro 提供特效控制台、转场效果以及字幕命令等强大的功能，可以帮助用户制作出精美的电子相册，展现美丽的风景、亲密的友情等。

爱美刻电子相册截图

图 1-2

1.3.3 纪录片

电视纪录片是以真实生活为创作素材，通过艺术的加工与展现，表现最真实的本质并引发观众思考的一种电视艺术形式，如图 1-3 所示。Premiere Pro 提供动画效果、速度 / 持续时间以及字幕效果等强大的功能，可以帮助用户制作出真实、质朴的纪录片。

《如果国宝会说话》截图　　　　　　《江南古镇》截图

《茶 一片树叶的故事》截图　　　　　《山海有名》截图

图 1-3

1.3.4 产品广告

产品广告通常用来宣传商品、服务、组织、概念等，如图 1-4 所示。Premiere Pro 提供特效控制台、添加轨道以及新建序列等强大的功能，可以帮助用户制作出形象生动、冲击力强的广告。

饿了么广告截图　　　　　　中国移动广告截图

图 1-4

1.3.5 节目片头

节目片头是节目的开头部分，用于引导观众对故事内容产生兴趣，如图 1-5 所示。Premiere Pro 提供特效控制台、字幕命令以及添加轨道等强大的功能，可以帮助用户制作出风格独特的节目片头。

《文博中华》片头截图　　《瀚海绿洲》片头截图

《了不起的匠人》片头截图　　《风味人间》片头截图

图 1-5

1.3.6 MV

MV 即 Music Video，是把对音乐的解读用画面呈现的一种艺术形式，如图 1-6 所示。Premiere Pro 提供特效控制台、效果面板以及添加轨道等强大的功能，可以帮助用户制作出炫酷多彩的 MV。

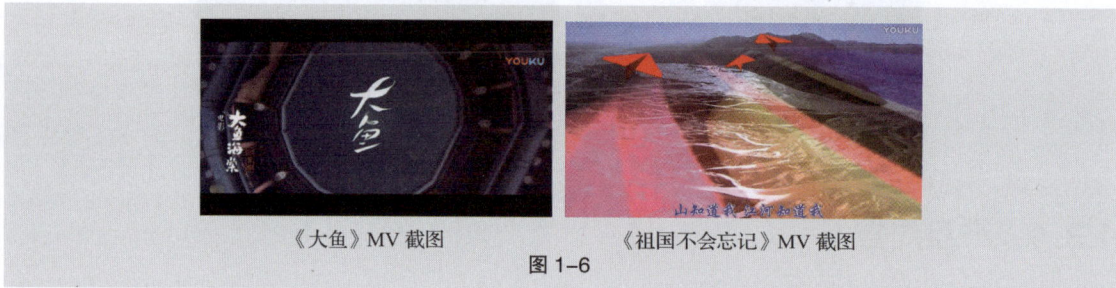

《大鱼》MV 截图　　《祖国不会忘记》MV 截图

图 1-6

02

第2章

Premiere Pro

基础

▶ 本章介绍

　　本章对 Premiere Pro 的操作界面、基本操作方法、关键帧的使用以及文件输出的技巧进行详细讲解。读者通过对本章的学习，可以快速了解并掌握 Premiere Pro 的入门知识，为后续内容的学习打下坚实的基础。

学习目标

- 了解 Premiere Pro 的操作界面。
- 熟练掌握 Premiere Pro 的基本操作方法。
- 掌握关键帧的使用。
- 了解 Premiere Pro 中可输出的文件格式。

技能目标

- 掌握软件的基本操作方法。
- 熟练掌握添加并设置关键帧的技巧。
- 掌握文件输出的方法。

素养目标

- 在 Premiere Pro 学习中不断加强兴趣。
- 培养获取 Premiere Pro 新知识的基本能力。
- 树立文化自信、职业自信。

2.1 操作界面

2.1.1 认识用户操作界面

Premiere Pro 用户操作界面如图 2-1 所示。从图中可以看出，Premiere Pro 的用户操作界面由标题栏、菜单栏、"效果"面板、"时间轴"面板、"工具"面板、预设工作区、"源"/"节目"窗口、"项目"/"媒体浏览器"/"库"/"信息"等面板组、"效果控件"/"音频剪辑混合器"等面板组、"音频仪表"面板等组成。

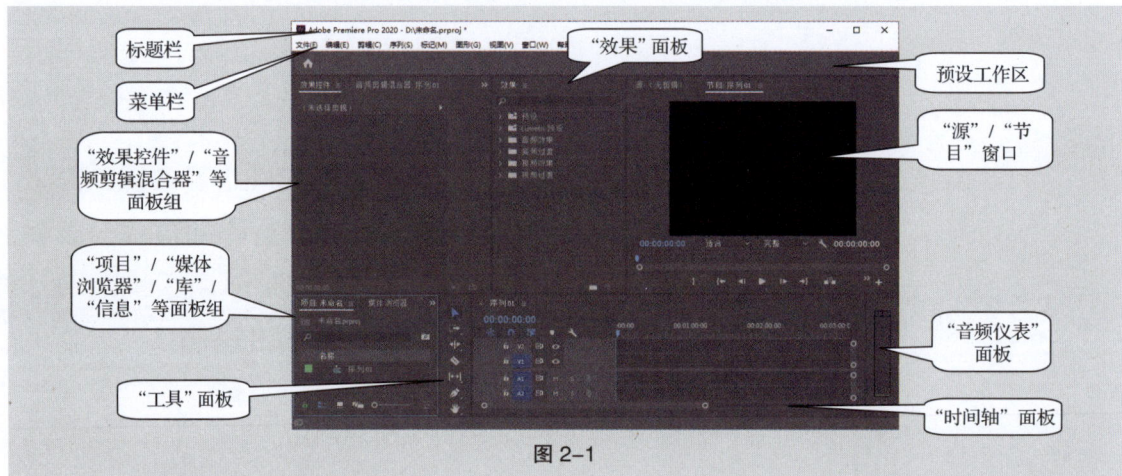

图 2-1

2.1.2 熟悉"项目"面板

"项目"面板主要用于输入、组织和存放供"时间轴"面板编辑合成的原始素材，如图 2-2 所示。按 Ctrl+PageUp 组合键，切换到列表状态，如图 2-3 所示。单击"项目"面板上方的 ☰ 按钮，在弹出的菜单中可以选择面板及相关功能的显示/隐藏方式，如图 2-4 所示。

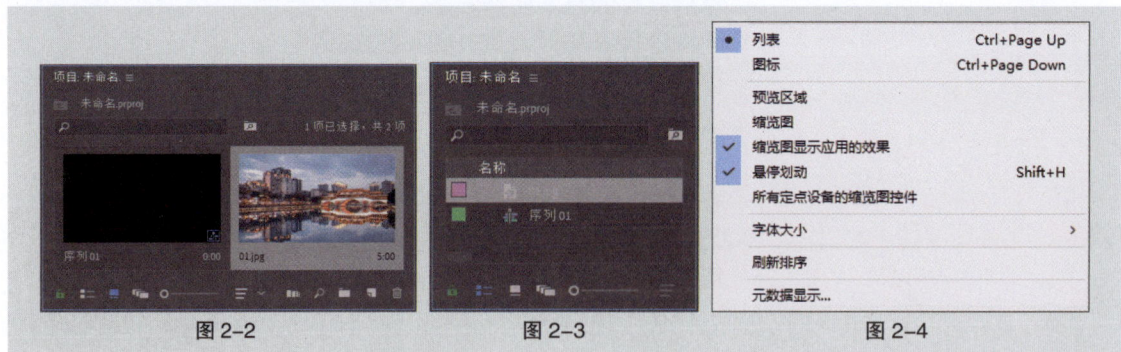

图 2-2   图 2-3   图 2-4

2.1.3 认识"时间轴"面板

"时间轴"面板是 Premiere Pro 的核心部分，在编辑影片的过程中，大部分工作都是在"时间轴"面板中完成的。通过"时间轴"面板，可以轻松地实现对素材的剪辑、插入、复制、粘贴、修整等操作，如图 2-5 所示。

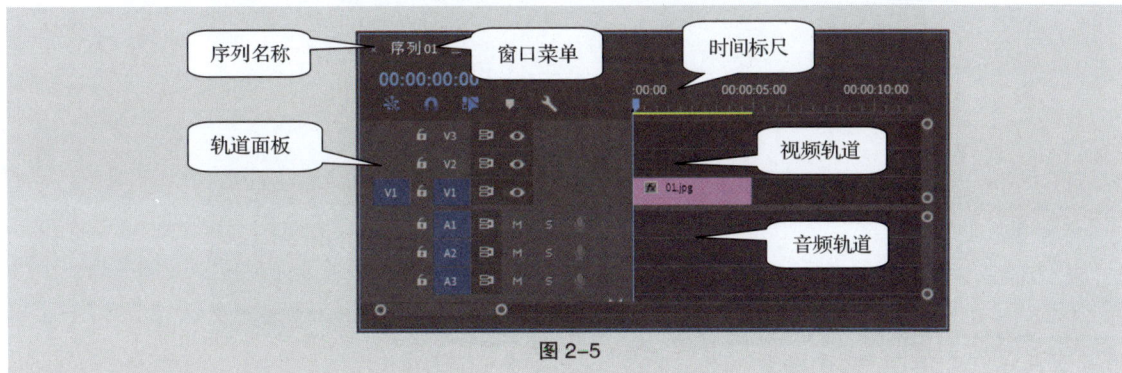

图 2-5

2.1.4　认识"监视器"窗口

"监视器"窗口分为"源"窗口和"节目"窗口，分别如图 2-6 和图 2-7 所示，所有编辑或未编辑的影片片段都在此显示。

图 2-6

图 2-7

2.1.5　其他功能面板概述

除了以上介绍的面板和窗口，Premiere Pro 还提供其他一些方便编辑操作的功能面板，下面对常用的几个面板进行介绍。

1."效果"面板

"效果"面板存放着 Premiere Pro 自带的各种音频、视频和预设的特效。这些特效按照功能分为 6 个大类，包括预设、Lumetri 预设、音频效果、音频过渡、视频效果及视频过渡，每一个大类又细分为很多小类，如图 2-8 所示。用户安装的第三方特效插件也将出现在该面板的相应类别文件中。

2."效果控件"面板

"效果控件"面板主要用于影视文件的运动、不透明度、过渡及特效等设置，如图 2-9 所示。

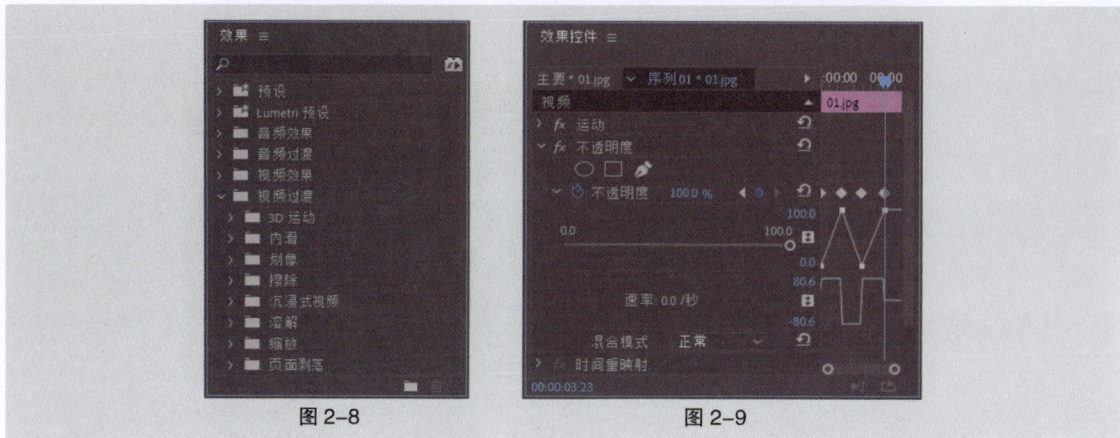

图 2-8

图 2-9

3."音轨混合器"面板

使用"音轨混合器"面板可以更加有效地调节项目的音频,实时混合各轨道的音频对象,如图 2-10 所示。

4."历史记录"面板

"历史记录"面板可以记录从建立项目开始以来进行的所有操作。如果在执行了错误操作后单击该面板中相应的命令,即可撤销错误操作并重新返回到错误操作之前的某一个状态,如图 2-11 所示。

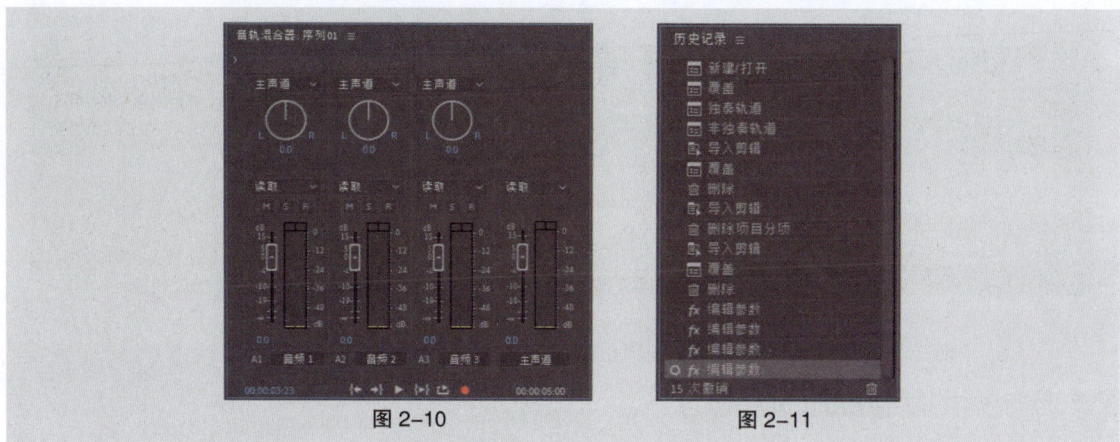

图 2-10

图 2-11

5."工具"面板

"工具"面板主要用来放置对"时间轴"面板中的音频、视频等内容进行编辑的工具,如图 2-12 所示。

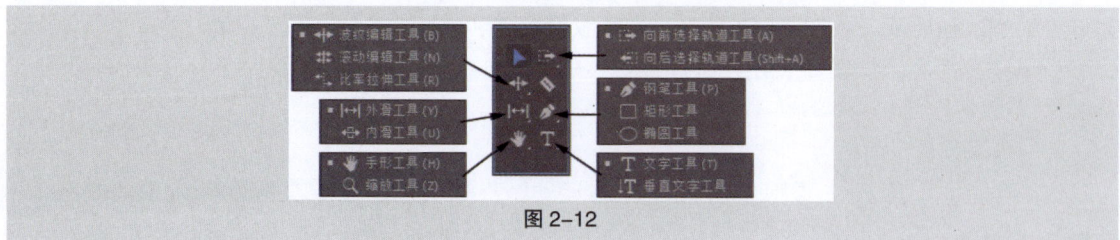

图 2-12

2.2 基本操作

本节将详细介绍项目文件的相关操作，如新建、打开、保存和关闭项目文件；撤销与重做操作；素材的相关操作，如素材的导入、重命名和组织等。这些基本操作对于后期的制作至关重要。

2.2.1 项目文件操作

在启动 Premiere Pro 开始进行影视制作时，必须首先创建新的项目文件或打开已存在的项目文件，这是 Premiere Pro 基本的操作之一。

1. 新建项目文件

（1）选择"开始 > 所有程序 > Adobe Premiere Pro"命令，或双击桌面上的 Adobe Premiere Pro 快捷方式，打开软件。

（2）选择"文件 > 新建 > 项目"命令，或按 Ctrl+Alt+N 组合键，弹出"新建项目"对话框，如图 2-13 所示。在"名称"文本框中设置项目名称。单击"位置"选项右侧的 浏览 按钮，在弹出的对话框中选择项目文件的保存路径。在"常规"选项卡中设置视频渲染和回放、视频、音频及捕捉等，在"暂存盘"选项卡中设置捕捉的视频、视频预览、音频预览、项目自动保存等的暂存路径，在"收录设置"选项卡中设置收录选项。单击"确定"按钮，即可创建一个新的项目文件。

（3）选择"文件 > 新建 > 序列"命令，或按 Ctrl+N 组合键，弹出"新建序列"对话框，如图 2-14 所示。在"序列预设"选项卡中选择项目文件格式，如"DV-PAL"制式下的"标准 48kHz"，右侧的"预设描述"选项区域中将列出相应的项目信息。在"设置"选项卡中可以设置编辑模式、时基、视频帧大小、像素长宽比、音频采样率等信息。在"轨道"选项卡中可以设置视音频轨道的相关信息。在"VR 视频"选项卡中可以设置 VR 属性。单击"确定"按钮，即可创建一个新的序列。

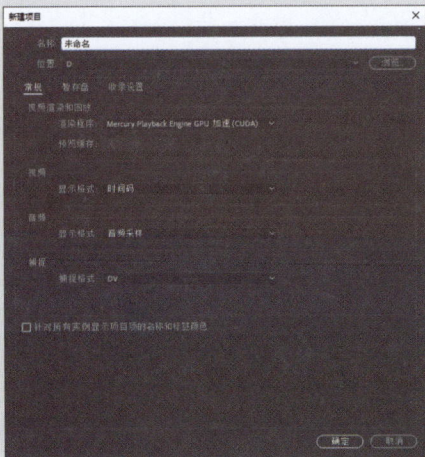

图 2-13

图 2-14

2. 打开项目文件

选择"文件 > 打开项目"命令，或按 Ctrl+O 组合键，在弹出的对话框中选择需要打开的项目文件，如图 2-15 所示，单击"打开"按钮，即可打开已选择的项目文件。

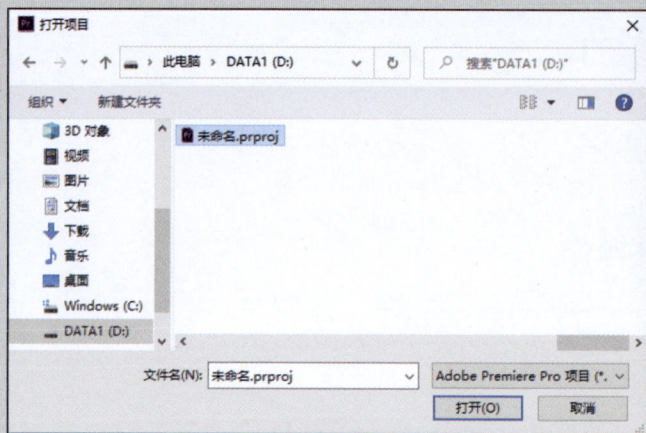

图 2-15

选择"文件 > 打开最近使用的内容"命令，如图 2-16 所示，在子菜单中选择需要打开的项目文件，即可打开所选的项目文件。

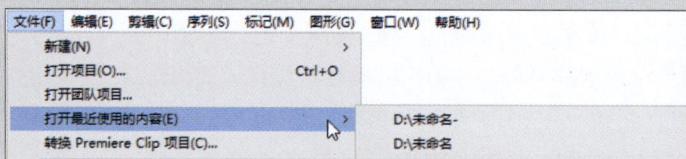

图 2-16

3. 保存项目文件

刚启动 Premiere Pro 时，系统会提示用户先保存一个设置了参数的项目文件，因此，对于编辑过的项目文件，选择"文件 > 保存"命令或按 Ctrl+S 组合键，即可直接保存。另外，系统还会隔一段时间自动保存一次项目文件。

选择"文件 > 另存为"命令（或按 Ctrl+Shift+S 组合键），或者选择"文件 > 保存副本"命令（或按 Ctrl+Alt+S 组合键），弹出"保存项目"对话框，设置完成后，单击"保存"按钮，可以保存项目文件的副本。

4. 关闭项目文件

选择"文件 > 关闭项目"命令，即可关闭当前项目文件。如果对当前项目文件做了修改却尚未保存，系统会弹出图 2-17 所示的提示对话框，询问是否要保存对该项目文件所做的修改。单击"是"按钮，保存修改并关闭项目文件；单击"否"按钮，则不保存修改并直接关闭项目文件。

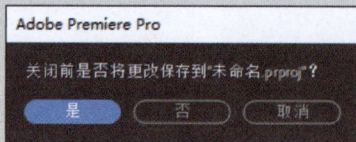

图 2-17

2.2.2　撤销与重做操作

选择"编辑 > 撤销"命令，可以撤销上一步的错误操作或不满意的操作。如果连续选择此命令，则可连续撤销前面的多步操作。

选择"编辑＞重做"命令，可以取消撤销操作。例如，删除一个素材，通过"撤销"命令来撤销操作后，如果还想将这个素材删除，则只要选择"编辑＞重做"命令即可。

2.2.3　导入素材

Premiere Pro 支持大部分主流的视频、音频以及图像文件格式，一般的导入方式为选择"文件＞导入"命令，在"导入"对话框中选择所需要的文件格式和文件即可，如图 2-18 所示。

1.　导入图层文件

选择"文件 ＞导入"命令，或按 Ctrl+I 组合键，弹出"导入"对话框，选择 Photoshop、Illustrator 等含有图层的文件格式，选择需要导入的文件，单击"打开"按钮。系统弹出图 2-19 所示的对话框，该对话框用于设置导入图层文件的方式，包含"合并所有图层""合并的图层""各个图层""序列"。

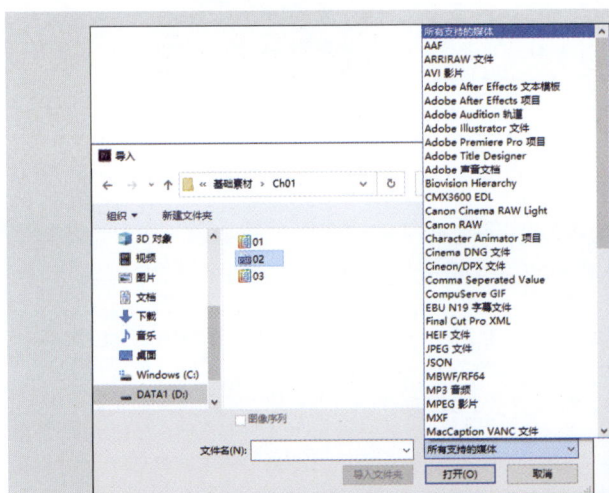

图 2-18

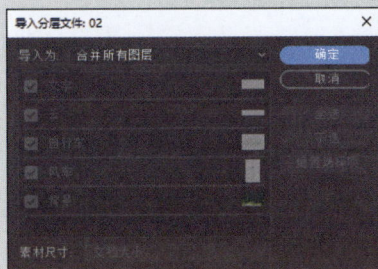

图 2-19

本例选择"序列"选项，如图 2-20 所示，单击"确定"按钮，在"项目"面板中会自动产生一个文件夹，其中包括序列文件和图层文件，如图 2-21 所示。以序列的方式导入图层文件后，软件会按照图层的排列方式自动产生一个序列，可以打开该序列设置动画效果属性，进行编辑。

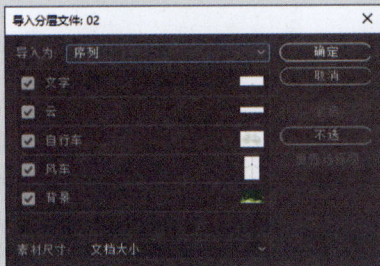

图 2-20

图 2-21

2. 导入图像序列

（1）在"项目"面板的空白区域双击，弹出"导入"对话框，找到序列文件所在的目录，勾选"图像序列"复选框，如图 2-22 所示。

（2）单击"打开"按钮，导入图像序列。图像序列导入后的状态如图 2-23 所示。

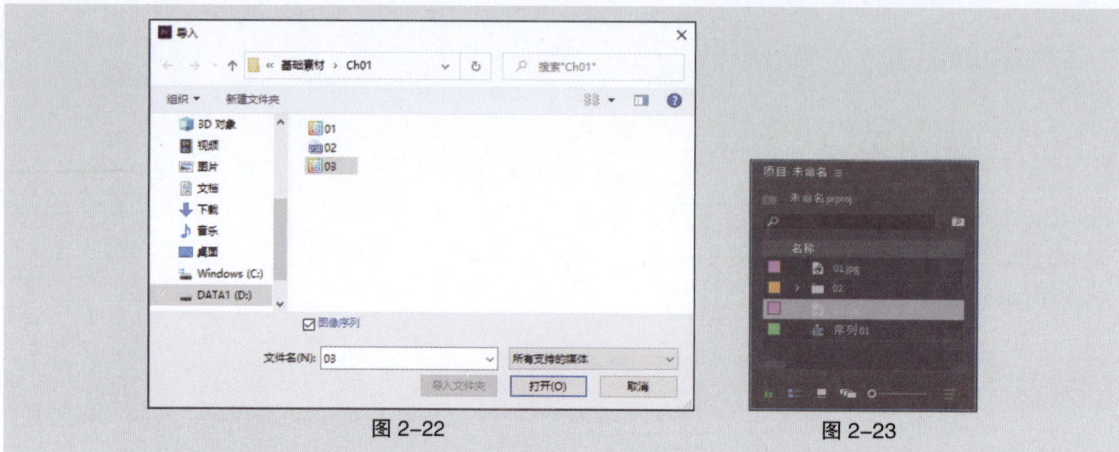

图 2-22

图 2-23

2.2.4 重命名素材

在"项目"面板中的素材上单击鼠标右键，在弹出的快捷菜单中选择"重命名"命令，素材名会处于可编辑状态，如图 2-24 所示，此时输入新名称即可重命名素材。

> **提示**：重命名素材在影片中重复使用一个素材或复制一个素材并为之设定新的入点和出点时极其有用，可以避免在"项目"面板和序列中观看一个复制的素材时产生混淆。

2.2.5 组织素材

单击"项目"面板下方的"新建素材箱"按钮，会自动创建素材箱，如图 2-25 所示，此文件夹可以将项目中的素材分门别类地组织起来进行管理。

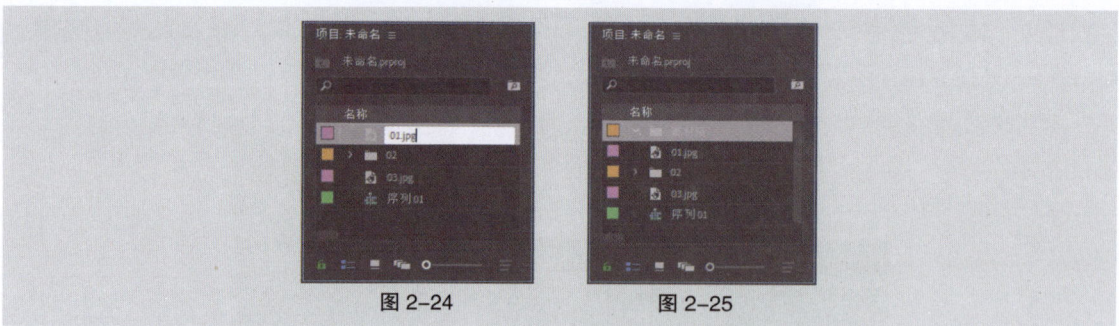

图 2-24

图 2-25

2.3 关键帧

Premiere Pro 提供对关键帧的设置，可在"效果控件"面板中完成。若需要使效果属性随时间而改变，可以使用关键帧技术。

2.3.1 关于关键帧

当创建了一个关键帧后，就可以指定一个效果属性
在确切的时间点上的值，当为多个关键帧赋予不同的值
时，Premiere Pro 会自动计算关键帧之间的值，这个处
理过程称为"插补"。大多数标准效果都可以在素材的
整个时间长度中设置关键帧。对于固定效果，如位置和
缩放，可以设置关键帧，使素材产生动画效果属性，也
可以移动、复制或删除关键帧和改变插补的模式。

2.3.2 激活关键帧

为了设置动画效果属性，必须激活效果属性的关键
帧，任何支持关键帧的效果属性都包括"切换动画"按
钮 ⃝，单击该按钮可插入一个关键帧。插入关键帧（即
激活关键帧）后，就可以添加和调整素材所需要的效果
属性，如图 2-26 所示。

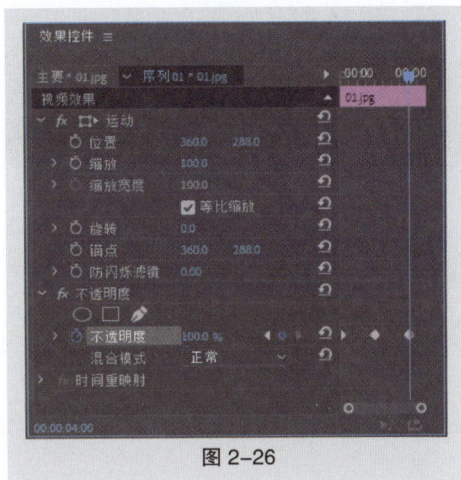

图 2-26

2.4 文件输出

2.4.1 输出格式

在 Premiere Pro 中，可以输出多种文件格式，包括视频格式、音频格式、图像格式等，下面进
行详细介绍。

1. 输出的视频格式

在 Premiere Pro 2020 中可以输出多种视频格式，常用的有以下几种。

（1）AVI：输出 AVI 格式的视频文件，适合保存高质量的视频文件，但文件较大。

（2）动画 GIF：输出 GIF 格式的动画文件，可以显示视频运动画面，但不包含音频部分。

（3）QuickTime：输出 MOV 格式的数字电影文件，用于 Windows 系统和 macOS 上的视频
文件，适合在网上下载。

（4）H.264：输出 MP4 格式的视频文件，适合输出高清视频和录制蓝光光盘。

（5）Windows Media：输出 WMV 格式的流媒体文件，适合在网络和移动平台发布。

2. 输出的音频格式

在 Premiere Pro 2020 中可以输出多种音频格式，常用的有以下几种。

（1）WAV：输出 WAV 格式的音频文件，只输出影片的声音，适合发布在各平台。

（2）AIFF：输出 AIFF 格式的音频文件，适合发布在剪辑平台。

此外，Premiere Pro 2020 还可以输出 MP3、Windows Media 和 QuickTime 格式的音频文件。

3. 输出的图像格式

在 Premiere Pro 2020 中可以输出多种图像格式，其主要输出的图像格式有 Targa、TIFF 和
BMP 等。

2.4.2 影片预演

影片预演是视频编辑过程中对编辑效果进行检查的重要手段，它实际上也属于编辑工作的一个部分。影片预演分为两种，一种是影片实时预演，另一种是生成影片预演，下面分别进行介绍。

1. 影片实时预演

实时预演，也称实时预览，即平时所说的预览。进行影片实时预演的具体操作步骤如下。

（1）影片编辑制作完成后，在"时间轴"面板中将时间标记移动到需要预演的片段的开始位置，如图 2-27 所示。

（2）在"节目"监视器窗口中单击"播放 – 停止切换"（Space）按钮 ▶，系统开始播放节目，在"节目"监视器窗口中预览节目的最终效果，如图 2-28 所示。

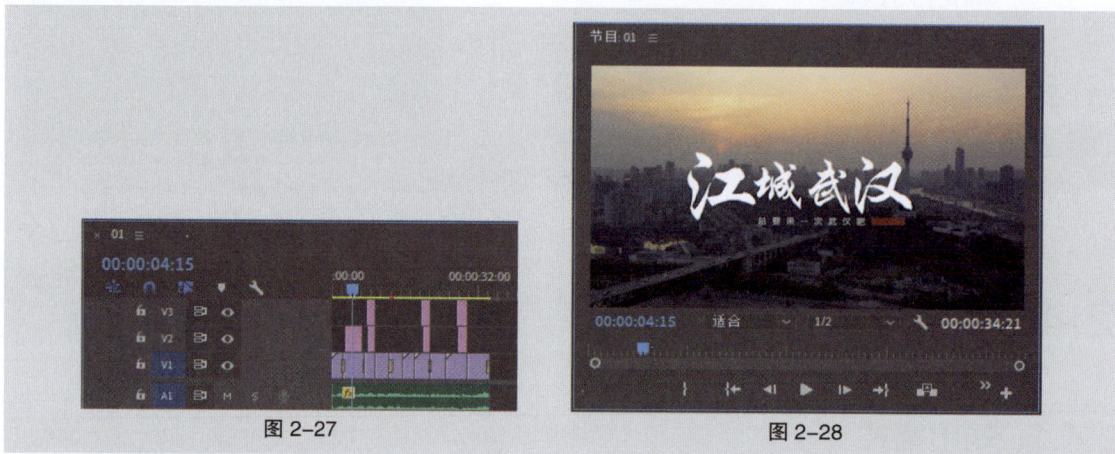

图 2-27

图 2-28

2. 生成影片预演

与影片实时预演不同的是，生成影片预演不是使用显卡对画面进行实时预演，而是通过计算机的 CPU 对画面进行运算，先生成预演文件，然后播放。因此，生成影片预演取决于计算机 CPU 的运算能力。生成影片预演播放的画面是平滑的，不会产生停顿或跳跃，所表现出来的画面效果和渲染输出的效果是完全一致的。生成影片预演的具体操作步骤如下。

（1）影片编辑制作完成以后，在适当的位置标记入点和出点，以确定要生成影片预演的范围，如图 2-29 所示。

（2）选择"序列 > 渲染入点到出点"命令，系统将开始进行渲染，并弹出"渲染"对话框显示渲染进度，如图 2-30 所示。

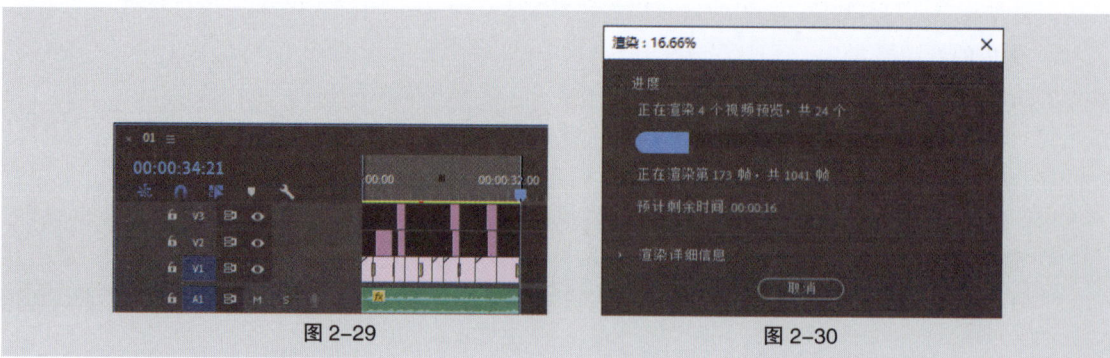

图 2-29

图 2-30

（3）在"渲染"对话框中单击"渲染详细信息"选项前面的▶按钮，可以查看渲染的开始时间、已用时间和可用磁盘空间等信息，如图 2-31 所示。

（4）渲染结束后，系统会自动播放该片段，在"时间轴"面板中，预演部分将会显示为绿色线条，如图 2-32 所示，其他部分则保持为黄色线条。

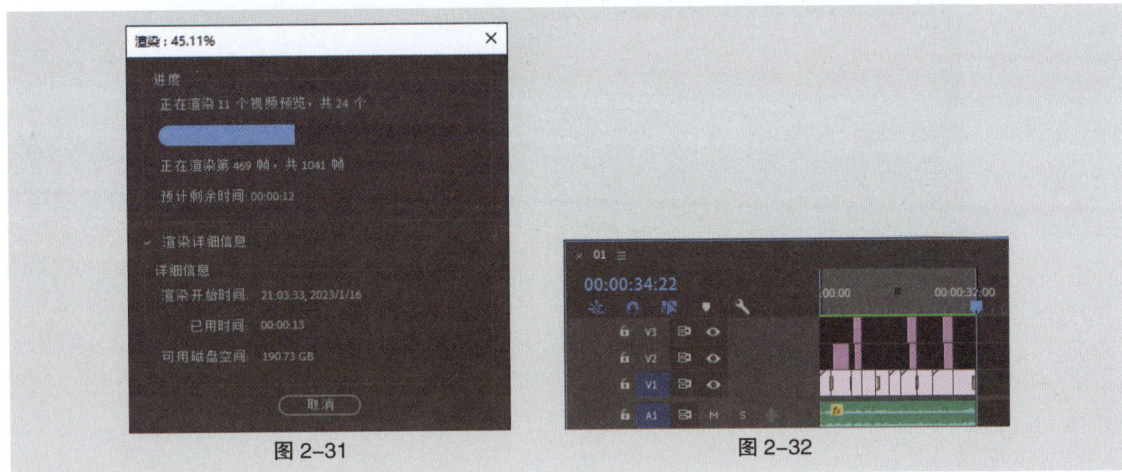

图 2-31

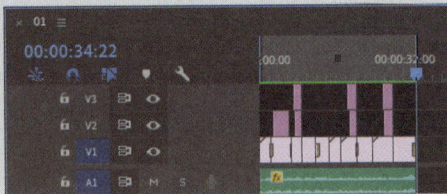

图 2-32

（5）如果用户先设置了预演文件的保存路径，就可以在计算机的硬盘中找到预演生成的临时文件，如图 2-33 所示。双击该文件，则可以脱离 Premiere Pro 2020 程序进行播放，如图 2-34 所示。

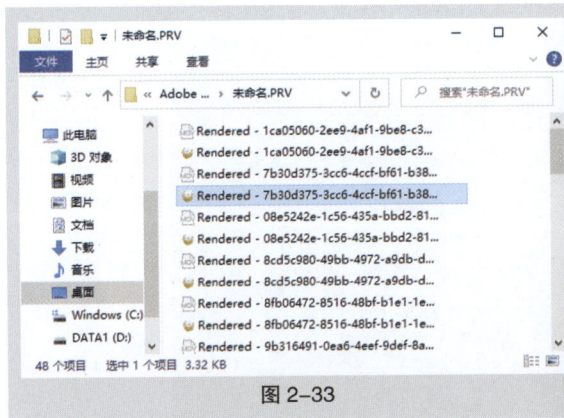

图 2-33

图 2-34

生成的预演文件可以重复使用，用户下一次预演该片段时会自动使用该预演文件。在关闭该预演文件时，如果不进行保存，预演生成的临时文件就会被自动删除；如果用户在修改预演片段后再次预演，就会重新渲染并生成新的预演临时文件。

2.4.3　输出参数

影片制作完成后即可输出，在输出影片之前，可以设置一些基本参数，其具体操作步骤如下。

（1）在"时间轴"面板中选择需要输出的视频序列，选择"文件 > 导出 > 媒体"命令，在弹出的对话框中进行设置，如图 2-35 所示。

（2）在对话框右侧的选项区域中设置文件的格式及输出区域等选项。

图 2-35

1. 文件类型

用户可以将输出的影片设置为不同的格式，以满足不同的需要。在"格式"下拉列表框中，可以选择输出的文件格式，如图 2-36 所示。

图 2-36

2. 输出视频

勾选"导出视频"复选框，可输出整个项目的视频部分；若取消勾选，则不能输出视频部分。

在"视频"选项卡中，可以为输出的视频指定使用的编解码器、品质以及影片尺寸等相关的选项参数，如图 2-37 所示。

3．输出音频

勾选"导出音频"复选框，可输出整个项目的音频部分；若取消勾选，则不能输出音频部分。

在"音频"选项卡中，可以为输出的音频指定使用的压缩方式、采样率以及量化指标等相关的选项参数，如图 2-38 所示。

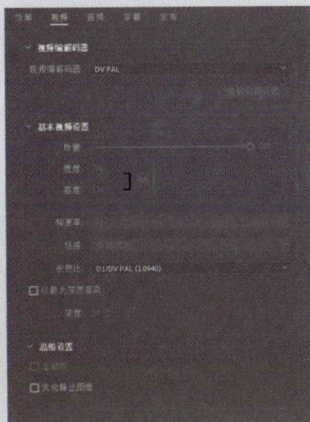
图 2-37

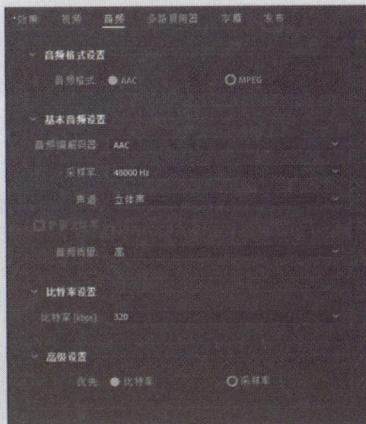
图 2-38

2.4.4　渲染输出

Premiere Pro 可以渲染输出多种格式文件，从而使视频剪辑更加方便灵活。本节重点介绍各种常用格式文件的渲染输出的方法。

1．输出单帧图像

（1）在"时间轴"面板中选择需要输出的序列。选择"文件 > 导出 > 媒体"命令，弹出"导出设置"对话框，在"格式"下拉列表框中选择"TIFF"选项，在"输出名称"文本框中输入文件名并设置文件的保存路径，勾选"导出视频"复选框，在"视频"扩展参数面板中取消勾选"导出为序列"复选框，其他参数保持默认设置，如图 2-39 所示。

图 2-39

（2）单击"导出"按钮，导出时间标签位置的单帧图像。

2．输出音频文件

Premiere Pro 2020 可以将影片中的一段声音或影片中的歌曲制作成音频文件。输出音频文件的具体操作步骤如下。

（1）在"时间轴"面板中选择需要输出的序列。选择"文件＞导出＞媒体"命令，弹出"导出设置"对话框，在"格式"下拉列表框中选择"MP3"选项，在"预设"下拉列表框中选择"MP3 128 kbps"选项，在"输出名称"文本框中输入文件名并设置文件的保存路径，勾选"导出音频"复选框，其他参数保持默认设置，如图 2-40 所示。

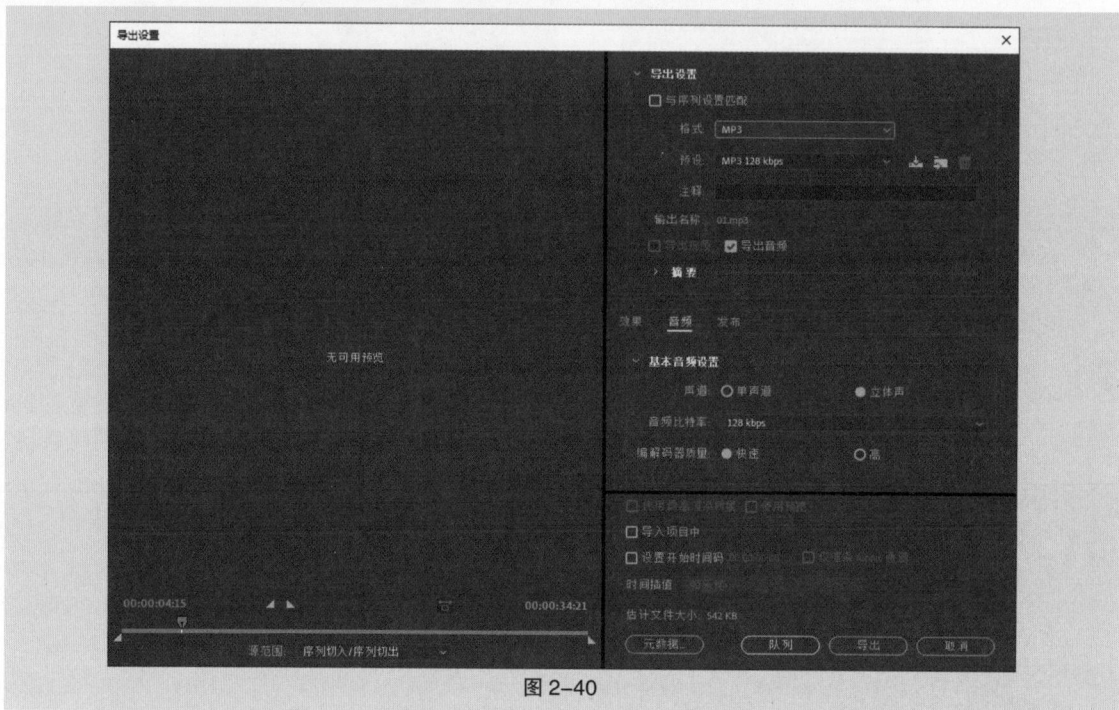

图 2-40

（2）单击"导出"按钮，导出音频文件。

3．输出影片

输出影片是非常常用的输出方式。将编辑完成的项目以视频格式输出，可以输出编辑内容的全部或者某一部分，也可以只输出视频内容或者只输出音频内容，一般将全部的视频和音频一起输出。

下面以 AVI 格式为例，介绍输出影片的方法，其具体操作步骤如下。

（1）在"时间轴"面板中选择需要输出的序列。选择"文件＞导出＞媒体"命令，弹出"导出设置"对话框。

（2）在"格式"下拉列表框中选择"AVI"选项。在"预设"下拉列表框中选择"PAL DV"选项，如图 2-41 所示。

（3）在"输出名称"文本框中输入文件名并设置文件的保存路径，勾选"导出视频"复选框和"导出音频"复选框。

（4）设置完成后，单击"导出"按钮，即可导出 AVI 格式影片。

图 2-41

4. 输出静态图片序列

在 Premiere Pro 2020 中，可以将视频输出为静态图片序列，也就是说，将视频画面的每一帧都输出为一张静态图片，这一系列图片中每一张都具有一个自动编号。这些输出的静态图片序列可用于 3D 软件中的动态贴图，并且可以被移动和存储。

输出静态图片序列的具体操作步骤如下。

（1）影片制作完成后，在"时间轴"面板中设定只输出视频的一部分内容，如图 2-42 所示。

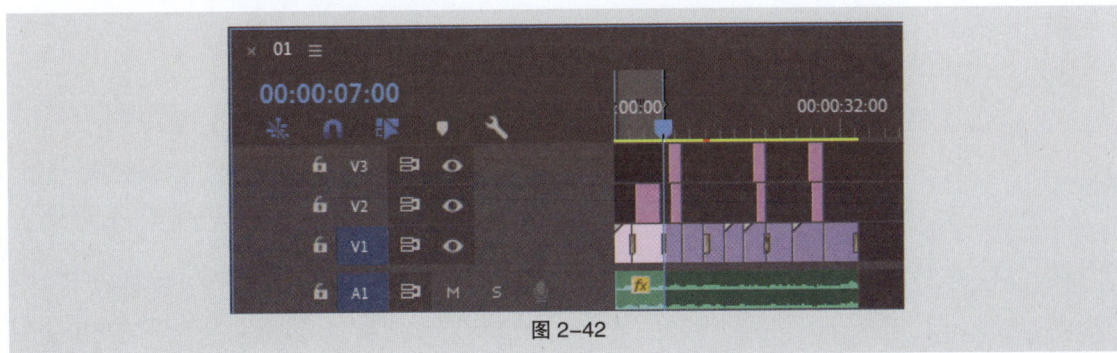

图 2-42

（2）选择"文件 > 导出 > 媒体"命令，弹出"导出设置"对话框，在"格式"下拉列表框中选择"TIFF"选项，在"输出名称"文本框中输入文件名并设置文件的保存路径，勾选"导出视频"复选框，在"视频"扩展参数面板中勾选"导出为序列"复选框，其他参数保持默认设置，如图 2-43 所示。

图 2-43

（3）单击"导出"按钮，导出静态图片序列。

第 3 章

字幕

▶ **本章介绍**

　　本章主要介绍字幕的制作方法，并对字幕的创建、编辑，字幕窗口中的各项功能及使用方法进行详细的介绍。通过对本章的学习，读者应能掌握编辑字幕的技巧。

学习目标

- 熟练掌握创建、编辑与修饰字幕文字的方法。
- 掌握创建运动字幕的技巧。

技能目标

- 掌握"饭庄宣传片片头的遮罩文字"的制作方法。
- 掌握"旅行节目片头的宣传文字"的编辑方法。
- 掌握"动物世界纪录片的滚动字幕"的制作方法。

素养目标

- 培养良好的语言理解能力。
- 培养良好的组织和排版能力。
- 培养良好的语言表达能力。

3.1.1 课堂案例——制作饭庄宣传片片头的遮罩文字

【案例学习目标】学习使用"文字"工具和"基本图形"面板创建字幕。

【案例知识要点】使用"导入"命令导入素材文件,使用"文字"工具添加文字,使用"基本图形"面板编辑文本,使用"高斯模糊"特效、"轨道遮罩键"特效、"交叉溶解"特效和"效果控件"面板制作遮罩文字,最终效果如图3-1所示。

【效果所在位置】Ch03/制作饭庄宣传片片头的遮罩文字/制作饭庄宣传片片头的遮罩文字.prproj。

慕课 01

制作饭庄宣传
片片头的遮罩
文字

图 3-1

（1）启动 Premiere Pro,选择"文件 > 新建 > 项目"命令,弹出"新建项目"对话框,如图3-2所示,单击"确定"按钮,新建项目。

（2）选择"文件 > 导入"命令,弹出"导入"对话框,选择本书云盘中的"Ch03/制作饭庄宣传片片头的遮罩文字/素材/01"文件,如图3-3所示,单击"打开"按钮,将素材文件导入"项目"面板中,如图3-4所示。将"项目"面板中的"01"文件拖曳到"时间轴"面板的"V1"轨道中,生成"01"序列,如图3-5所示。

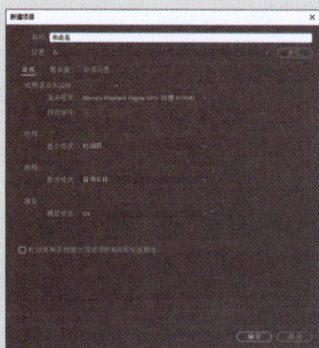

图 3-2

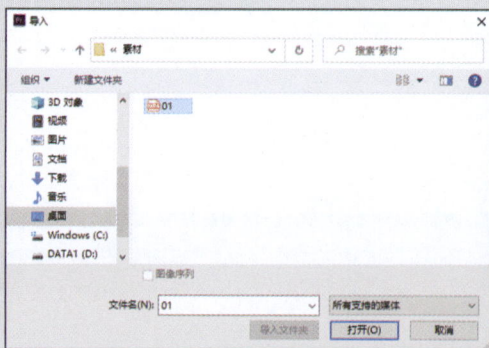

图 3-3

Premiere 核心应用案例教程（Premiere Pro 2020）（全彩慕课版）

图 3-4

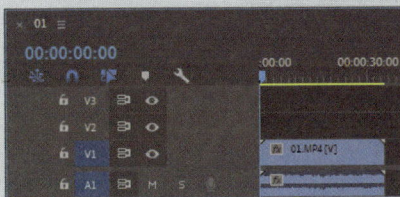

图 3-5

（3）按住 Alt 键的同时，选择下方的音频，如图 3-6 所示。按 Delete 键，删除音频，如图 3-7 所示。

图 3-6

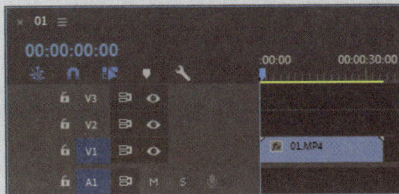

图 3-7

（4）将时间标签放置在 00:00:13:00 的位置。将鼠标指针放在"01"文件的结束位置单击，显示编辑点。当鼠标指针呈 状时，向左拖曳到 00:00:13:00 的位置，如图 3-8 所示。选择"时间轴"面板中的"01"文件，按住 Alt 键的同时，将其向上拖曳到"V2"轨道中，复制文件，如图 3-9 所示。

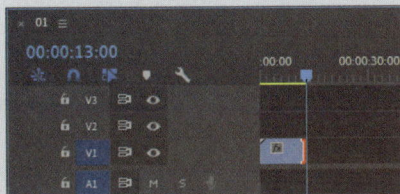

图 3-8

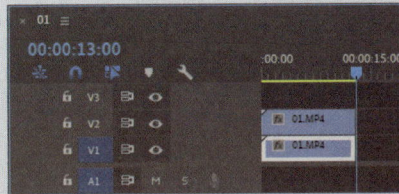

图 3-9

（5）将时间标签放置在 0 s 的位置。选择"工具"面板中的"文字"工具 **T**，在"节目"窗口中单击并输入需要的文字，如图 3-10 所示。在"时间轴"面板中的"V3"轨道中生成图形文件，如图 3-11 所示。

图 3-10

图 3-11

（6）选择"窗口＞基本图形"命令，弹出"基本图形"面板，单击"编辑"选项卡，在"外观"栏中将"填充"选项设置为黑色，"文本"栏中的设置如图 3-12 所示。"对齐并变换"栏中的设置如图 3-13 所示。"节目"窗口中的效果如图 3-14 所示。

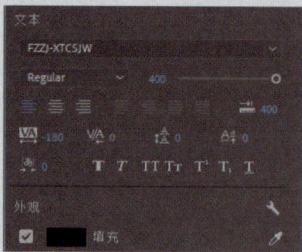

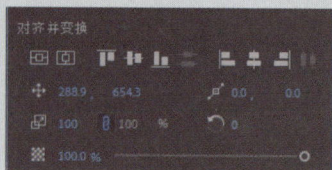

图 3-12　　　　　　　　　　　图 3-13　　　　　　　　　　　图 3-14

（7）将鼠标指针放在图形文件的结束位置单击，显示编辑点。当鼠标指针呈◄|状时，向右拖曳到"01"文件的结束位置，如图 3-15 所示。选择"时间轴"面板中的图形文件，按住 Alt 键的同时，将其向上拖曳到"V4"轨道中，复制文件，如图 3-16 所示。

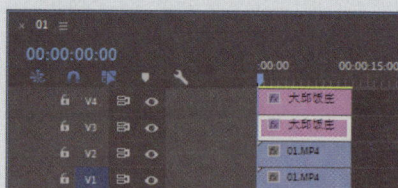

图 3-15　　　　　　　　　　　　　　　　图 3-16

（8）将时间标签放置在 00：00：02：12 的位置。将鼠标指针放在图形文件的结束位置单击，显示编辑点。当鼠标指针呈◄|状时，向左拖曳到 00：00：02：12 的位置，如图 3-17 所示。将时间标签放置在 0 s 的位置。选择"时间轴"面板中的两个图形文件。选择"效果控件"面板，展开"文本（大邱饭庄）"栏，在"外观"栏中将"填充"选项设置为白色，如图 3-18 所示。

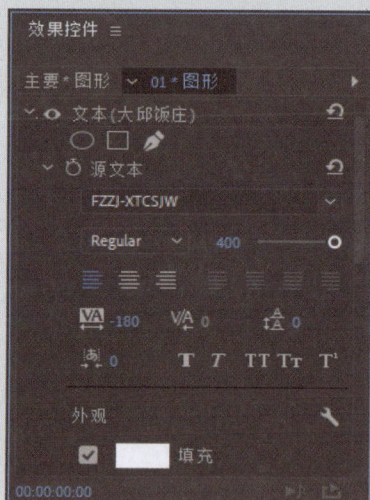

图 3-17　　　　　　　　　　　　　　图 3-18

（9）选择"效果"面板，展开"视频效果"分类选项，单击"模糊与锐化"文件夹前面的三角形按钮▶将其展开，选中"高斯模糊"特效，如图 3-19 所示。将"高斯模糊"特效拖曳到"时间轴"面板中的"V1"轨道中的"01"文件上。在"效果控件"面板中，展开"高斯模糊"栏，将"模糊度"选项设置为 350.0，如图 3-20 所示。

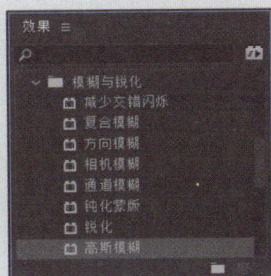
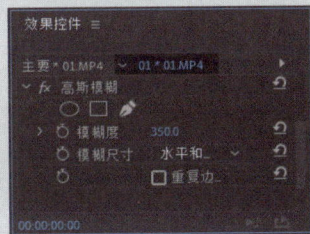

图 3-19　　　　　　　　　　　　图 3-20

（10）选择"效果"面板，单击"键控"文件夹前面的三角形按钮 ▶ 将其展开，选中"轨道遮罩键"特效，如图 3-21 所示。将"轨道遮罩键"特效拖曳到"时间轴"面板中的"V2"轨道中的"01"文件上。在"效果控件"面板中，展开"轨道遮罩键"栏，将"遮罩"选项设置为"视频 3"，如图 3-22 所示。

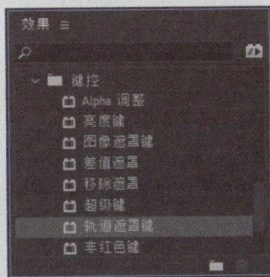
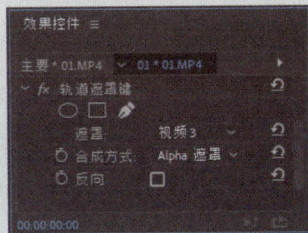

图 3-21　　　　　　　　　　　　图 3-22

（11）将时间标签放置在 00:00:03:10 的位置。选择"时间轴"面板中"V3"轨道中的图形文件。在"效果控件"面板中，展开"运动"栏，单击"缩放"选项左侧的"切换动画"按钮 ⏱，如图 3-23 所示，记录第 1 个动画关键帧。将时间标签放置在 00:00:06:10 的位置。将"缩放"选项设置为 10000.0，如图 3-24 所示，记录第 2 个动画关键帧。

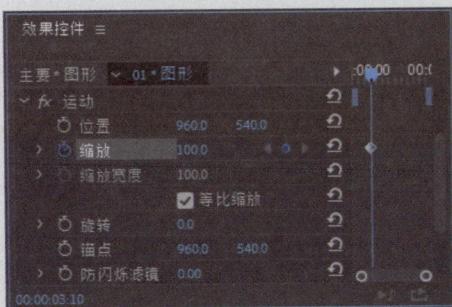
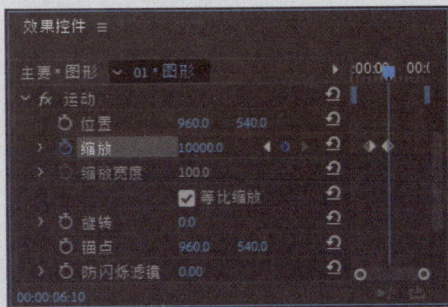

图 3-23　　　　　　　　　　　　图 3-24

（12）将时间标签放置在 0 s 的位置。选择"效果"面板，展开"视频过渡"分类选项，单击"溶解"文件夹前面的三角形按钮 ▶ 将其展开，选中"交叉溶解"特效，如图 3-25 所示。将"交叉溶解"特效拖曳到"时间轴"面板中的"V4"轨道的图形文件的结束位置。在"效果控件"面板中，展开"交叉溶解"栏，将"持续时间"选项设置为 00:00:01:00，如图 3-26 所示。饭庄宣传片片头的遮罩文字制作完成。

图 3-25

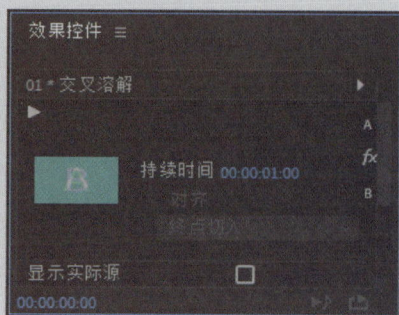

图 3-26

3.1.2 创建传统字幕

创建水平或垂直传统字幕的具体操作步骤如下。

（1）选择"文件 > 新建 > 旧版标题"命令，弹出"新建字幕"对话框，如图 3-27 所示，单击"确定"按钮，弹出"字幕"编辑面板，如图 3-28 所示。

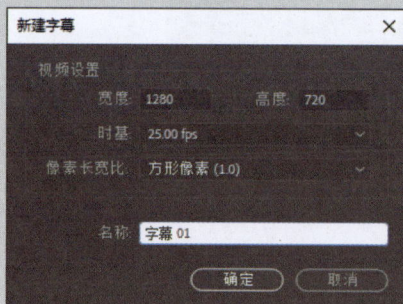

图 3-27

图 3-28

（2）单击"字幕"编辑面板左上角的 ▤ 按钮，在弹出的菜单中选择"工具"命令，如图 3-29 所示，弹出"旧版标题工具"面板，如图 3-30 所示。

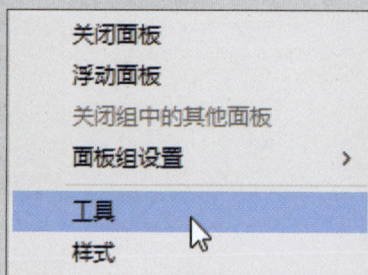

图 3-29

图 3-30

（3）选择"旧版标题工具"面板中的"文字"工具 **T**，在"字幕"编辑面板中分别单击并输入需要的文字，如图 3-31 所示。单击左上角的 ▤ 按钮，在弹出的菜单中选择"样式"命令，弹出"旧版标题样式"面板，如图 3-32 所示。

图 3-31

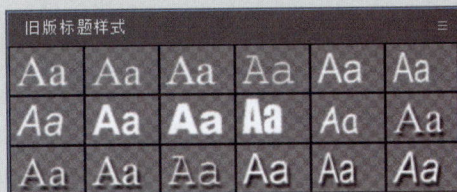

图 3-32

（4）在"旧版标题样式"面板中选择需要的字幕样式，如图 3-33 所示，"字幕"编辑面板中的文字如图 3-34 所示。

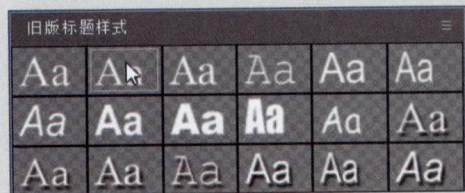

图 3-33

图 3-34

（5）在"字幕"编辑面板上方的属性栏中分别设置文字字体和大小，"字幕"编辑面板中的文字如图 3-35 所示。用相同的方法添加文字和印章，如图 3-36 所示。选择"旧版标题工具"面板中的"垂直文字"工具 **IT**，在"字幕"编辑面板中可以添加垂直文字，并设置字幕样式和属性。

图 3-35

图 3-36

3.1.3　创建图形字幕

创建水平或垂直图形字幕的具体操作步骤如下。

（1）选择"工具"面板中的"文字"工具 **T**，在"节目"窗口中分别单击并输入需要的文字，如图 3-37 所示。在"时间轴"面板中的"V2"轨道中生成图形文件，如图 3-38 所示。

 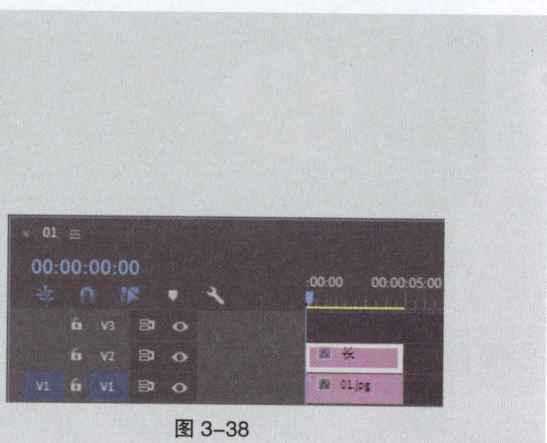

图 3-37　　　　　　　　　　　　　　　　　图 3-38

（2）选择"窗口 > 基本图形"命令，弹出"基本图形"面板，单击"编辑"选项卡，如图 3-39 所示，在"外观"栏中将"填充"选项设置为白色，"文本"栏中的设置如图 3-40 所示。"基本图形"面板的"对齐并变换"栏中的设置如图 3-41 所示。

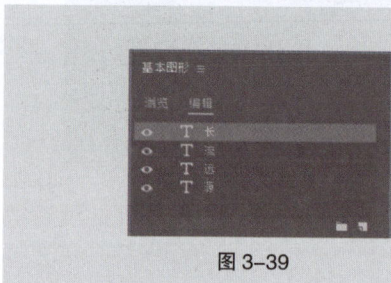 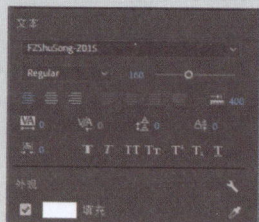 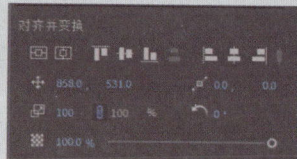

图 3-39　　　　　　　　　　图 3-40　　　　　　　　　　图 3-41

（3）选择并设置其他文字，"节目"窗口中的效果如图 3-42 所示。用相同的方法添加文字和印章，如图 3-43 所示。选择"工具"面板中的"垂直文字"工具 **IT**，在"节目"窗口中添加垂直文字。

图 3-42　　　　　　　　　　　　　　　　　图 3-43

3.1.4 创建开放式字幕

创建开放式字幕的具体操作步骤如下。

（1）选择"文件＞新建＞字幕"命令，弹出"新建字幕"对话框，设置数值如图 3-44 所示，单击"确定"按钮，在"项目"面板中生成"开放式字幕"文件，如图 3-45 所示。

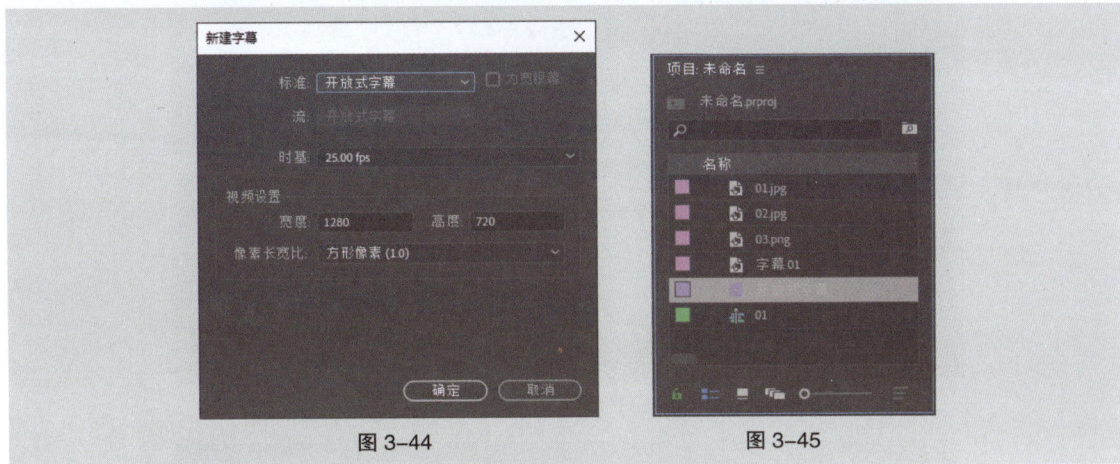

图 3-44　　　　　　　　　　　图 3-45

（2）双击"项目"面板中的"开放式字幕"文件，弹出"字幕"面板，如图 3-46 所示。在面板右下角输入字幕文字，在上方的属性设置栏中设置文字字体、大小、行距、文本颜色、背景不透明度和字幕块位置，如图 3-47 所示。

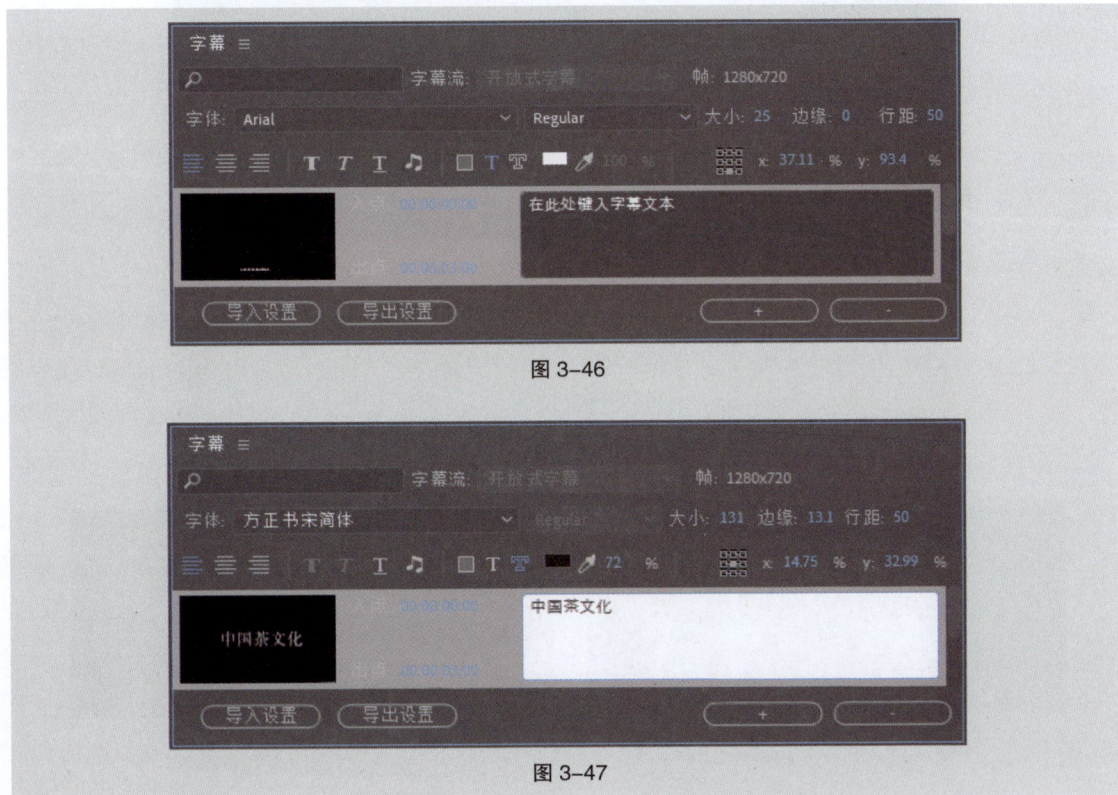

图 3-46

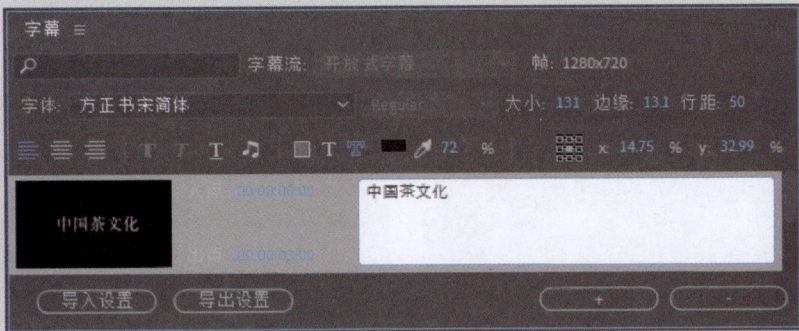

图 3-47

（3）在"字幕"面板下方单击 _____ + _____ 按钮，添加字幕，如图 3-48 所示。在面板右下角输入字幕文字，在上方的属性设置栏中设置文字字体、大小、间距、文本颜色、背景不透明度和字幕块位置，如图 3-49 所示。

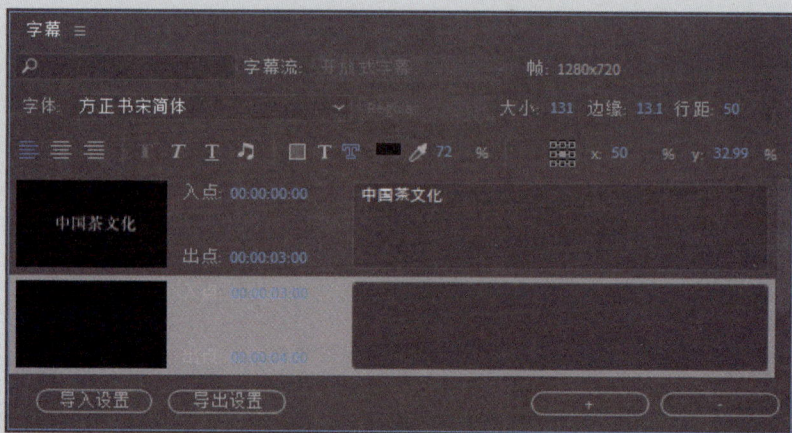

图 3-48

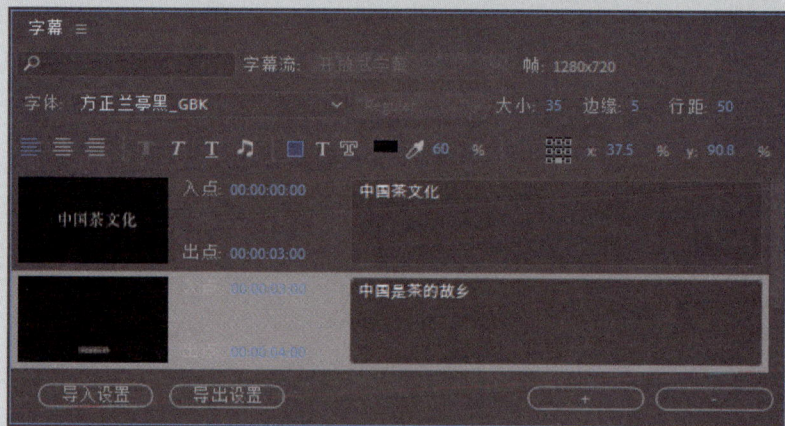

图 3-49

（4）在"项目"面板中，选中"开放式字幕"文件并将其拖曳到"时间轴"面板中的"V2"轨道中，如图 3-50 所示。将鼠标指针放在"开放式字幕"文件的结束位置，当鼠标指针呈 ◀▶ 状时，向右拖曳到"01"文件的结束位置，如图 3-51 所示，"节目"窗口中的效果如图 3-52 所示。将时间标签放置在 00:00:03:00 的位置，"节目"窗口中的效果如图 3-53 所示。

图 3-50

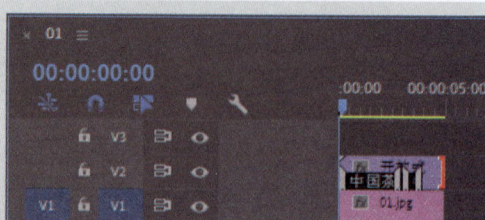

图 3-51

图 3-52

图 3-53

3.1.5 创建路径字幕

创建水平或垂直路径字幕的具体操作步骤如下。

（1）选择"文件＞新建＞旧版标题"命令，弹出"新建字幕"对话框，如图 3-54 所示，单击"确定"按钮，弹出"字幕"编辑面板，如图 3-55 所示。

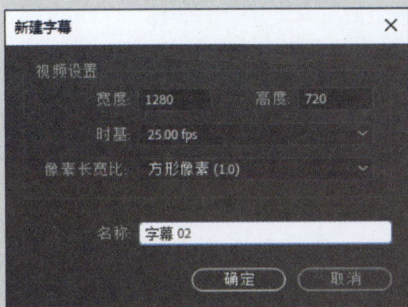
图 3-54

图 3-55

（2）单击"字幕"编辑面板左上角的▤按钮，在弹出的菜单中选择"工具"命令，如图 3-56 所示，弹出"旧版标题工具"面板，如图 3-57 所示。

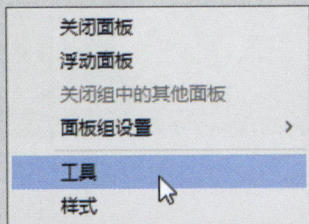
图 3-56

图 3-57

（3）选择"旧版标题工具"面板中的"路径文字"工具◿，在"字幕"编辑面板中绘制路径，如图 3-58 所示。选择"路径文字"工具◿，在路径上单击插入光标，输入需要的文字，如图 3-59 所示。

图 3-58

图 3-59

（4）单击"字幕"编辑面板左上角的 ☰ 按钮，在弹出的菜单中选择"属性"命令，如图 3-60 所示，弹出"旧版标题属性"面板，展开"填充"栏，将"颜色"选项设置为白色；展开"属性"栏，选项的设置如图 3-61 所示，"字幕"编辑面板中的效果如图 3-62 所示。用相同的方法制作垂直路径字幕，"字幕"编辑面板中的效果如图 3-63 所示。

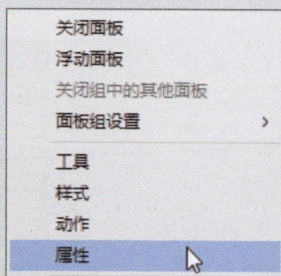

图 3-60

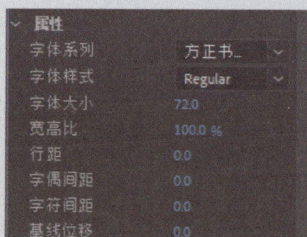

图 3-61

图 3-62

图 3-63

3.1.6 创建段落字幕

（1）选择"文件 > 新建 > 旧版标题"命令，弹出"新建字幕"对话框，如图 3-64 所示，单击"确定"按钮，弹出"字幕"编辑面板。选择"旧版标题工具"面板中的"文字"工具 T，在"字幕"编辑面板中拖曳绘制文本框，如图 3-65 所示。

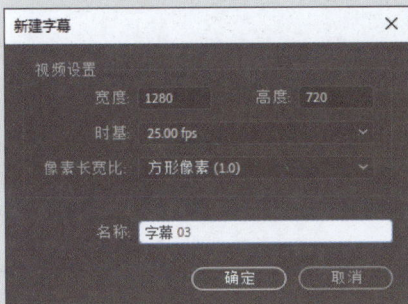

图 3-64

图 3-65

（2）在"字幕"编辑面板中输入需要的段落文字，如图 3-66 所示。在"旧版标题属性"面板中，展开"填充"栏，将"颜色"选项设置为暗红色（171、31、56）；展开"属性"栏，选项的设置如图 3-67 所示，"字幕"编辑面板中的效果如图 3-68 所示。用相同的方法制作垂直段落字幕，"字幕"编辑面板中的效果如图 3-69 所示。

图 3-66

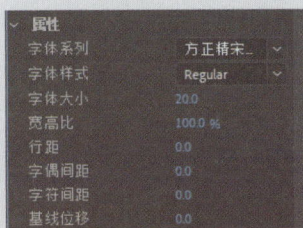

图 3-67

图 3-68

图 3-69

（3）选择"工具"面板中的"文字"工具 **T**，直接在"节目"窗口中拖曳绘制文本框并输入文字，在"节目"窗口中编辑文字，效果如图 3-70 所示。用相同的方法制作垂直段落字幕，效果如图 3-71 所示。

图 3-70

图 3-71

3.2 编辑字幕

3.2.1 课堂案例——编辑旅行节目片头的宣传文字

【案例学习目标】学习创建并编辑字幕。

【案例知识要点】使用"导入"命令导入素材文件，使用"旧版标题"命令创建字幕，使用"字幕"面板添加并编辑文字，使用"旧版标题属性"面板编辑字幕，使用"自动色阶"特效调整素材颜色，使用"快速模糊入点"特效、"快速模糊出点"特效和"效果控件"面板制作模糊文字，最终效果如图 3-72 所示。

【效果所在位置】Ch03/ 编辑旅行节目片头的宣传文字 / 编辑旅行节目片头的宣传文字 .prproj。

图 3-72

（1）启动 Premiere Pro，选择"文件 > 新建 > 项目"命令，弹出"新建项目"对话框，如图 3-73 所示，单击"确定"按钮，新建项目。

（2）选择"文件 > 导入"命令，弹出"导入"对话框，选择本书云盘中的"Ch03/ 编辑旅行节目片头的宣传文字 / 素材 /01"文件，如图 3-74 所示，单击"打开"按钮，将素材文件导入"项目"面板中，如图 3-75 所示。将"项目"面板中的"01"文件拖曳到"时间轴"面板的"V1"轨道中，生成"01"序列，如图 3-76 所示。

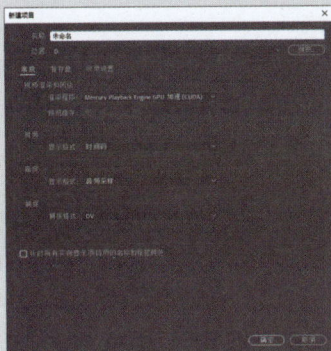

图 3-73

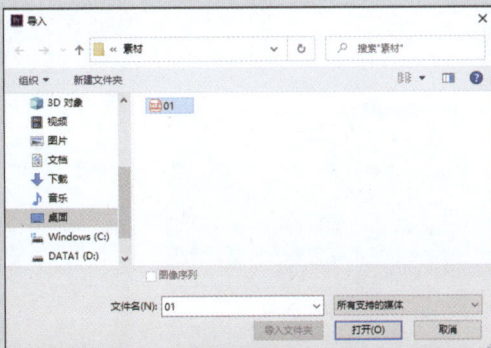

图 3-74

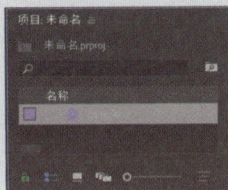

图 3-75

图 3-76

（3）将时间标签放置在 00:00:10:00 的位置。将鼠标指针放在"01"文件的结束位置并单击，显示编辑点，如图 3-77 所示。当鼠标指针呈 ◀ 状时，向左拖曳到 00:00:10:00 的位置，如图 3-78 所示。

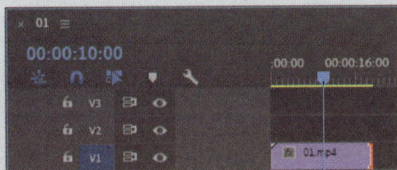

图 3-77

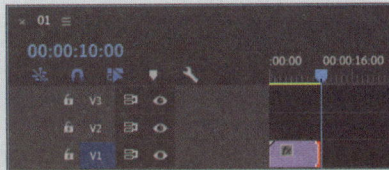

图 3-78

（4）选择"文件 > 新建 > 旧版标题"命令，弹出"新建字幕"对话框，如图 3-79 所示，单击"确定"按钮，弹出"字幕"编辑面板。选择"旧版标题工具"中的"矩形"工具 ▢，在"字幕"编辑面板中绘制矩形，如图 3-80 所示。在"旧版标题属性"面板中，展开"填充"栏，将"颜色"选项设置为红色（225、0、0），如图 3-81 所示，"字幕"编辑面板中的效果如图 3-82 所示。

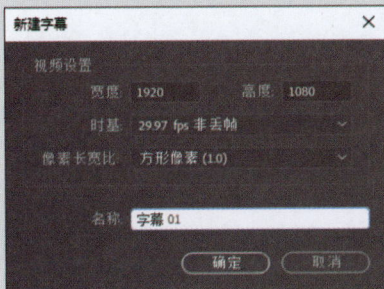

图 3-79

图 3-80

图 3-81

图 3-82

（5）选择"旧版标题工具"面板中的"文字"工具 **T**，在"字幕"编辑面板中分别单击并输入需要的文字，如图 3-83 所示。分别选择文字，在"字幕"编辑面板上方设置适当的文字字体、大小和位置。在"旧版标题属性"面板中，展开"填充"栏，将"颜色"选项设置为白色，"字幕"编辑面板中的效果如图 3-84 所示。在"项目"面板中生成"字幕 01"文件。

图 3-83

图 3-84

（6）将时间标签放置在 00:00:01:00 的位置。将"项目"面板中的"字幕 01"文件拖曳到"时间轴"面板中的"V2"轨道中，如图 3-85 所示。将时间标签放置在 00:00:08:00 的位置。将鼠标指针放在"01"文件的结束位置单击，显示编辑点。当鼠标指针呈 **◀|** 状时，向右拖曳到 00:00:08:00 的位置，如图 3-86 所示。

图 3-85

图 3-86

（7）选择"效果"面板，展开"视频效果"分类选项，单击"过时"文件夹前面的三角形按钮 **▷** 将其展开，选中"自动色阶"特效，如图 3-87 所示。将"自动色阶"特效拖曳到"时间轴"面板中的"01"文件上，如图 3-88 所示。

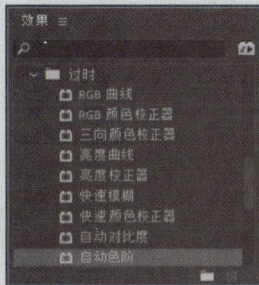
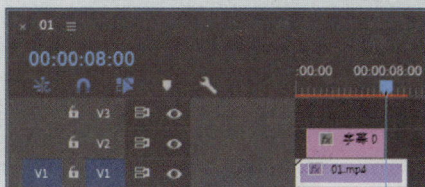

图 3-87　　　　　　　　　　　　　图 3-88

（8）选择"效果"面板，展开"预设"分类选项，单击"模糊"文件夹前面的三角形按钮 将其展开，选中"快速模糊入点"特效，如图 3-89 所示。将"快速模糊入点"特效拖曳到"时间轴"面板中的"字幕 01"文件上。

（9）将时间标签放置在 00:00:03:00 的位置。在"效果控件"面板中，展开"快速模糊"栏，选择第 2 个关键帧，将其拖曳到时间标签的位置，如图 3-90 所示。

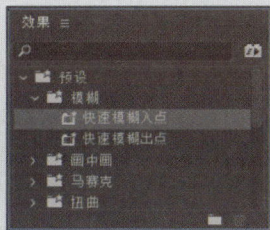
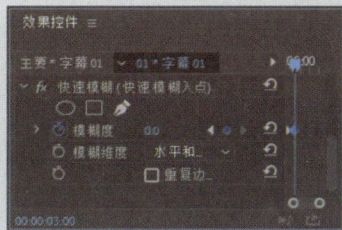

图 3-89　　　　　　　　　　　　　图 3-90

（10）选择"效果"面板，选中"快速模糊出点"特效，如图 3-91 所示。将"快速模糊出点"特效拖曳到"时间轴"面板中的"字幕 01"文件上。

（11）将时间标签放置在 00:00:06:00 的位置。在"效果控件"面板中，展开"快速模糊"栏，选择第 1 个关键帧，将其拖曳到时间标签的位置，如图 3-92 所示。旅行节目片头的宣传文字制作完成。

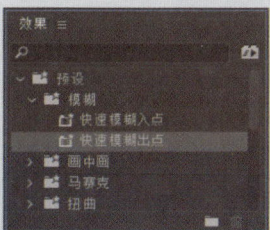
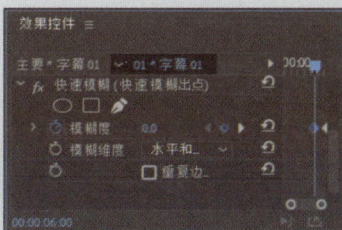

图 3-91　　　　　　　　　　　　　图 3-92

3.2.2　编辑字幕文字

1．编辑传统字幕

（1）在"字幕"编辑面板中输入文字并设置属性，如图 3-93 所示。选择"选择"工具 ，选取文字，将鼠标指针移至矩形框内，单击并按住左键拖曳，可移动文字对象，效果如图 3-94 所示。

图 3-93

图 3-94

（2）将鼠标指针移至矩形框的任意一个点，当鼠标指针呈 ↙、↔或↖状时，单击并按住左键拖曳，可缩放文字对象，效果如图 3-95 所示。将鼠标指针移至矩形框的任意一个点的外侧，当鼠标指针呈 ↷、↰或↻状时，单击并按住左键拖曳，可旋转文字对象，效果如图 3-96 所示。

图 3-95

图 3-96

2. 编辑图形字幕

（1）在"节目"窗口中输入文字，设置属性后，如图 3-97 所示。选择"选择"工具 ▶，选取文字，将鼠标指针移至矩形框内，单击并按住左键拖曳，可移动文字对象，效果如图 3-98 所示。

图 3-97

图 3-98

（2）将鼠标指针移至矩形框的任意一个点，当鼠标指针呈↖、↔或↘状时，单击并按住左键拖曳，可缩放文字对象，效果如图3-99所示。将鼠标指针移至矩形框的任意一个点的外侧，当鼠标指针呈↻、↺或↻状时，单击并按住左键拖曳，可旋转文字对象，效果如图3-100所示。

图 3-99

图 3-100

（3）将鼠标指针移至矩形框的锚点⊕处，当鼠标指针呈▶状时，单击并按住左键将其拖曳到适当的位置，如图3-101所示。将鼠标指针移至矩形框的任意一个点的外侧，当鼠标指针呈↻、↺或↻状时，单击并按住左键拖曳，可以锚点为中心旋转文字对象，效果如图3-102所示。

图 3-101

图 3-102

3. 编辑开放式字幕

（1）在"节目"窗口中预览开放式字幕，如图3-103所示。在"项目"面板中双击"开放式字幕"文件，打开"字幕"面板，设置字幕块位置为上方居中的位置，如图3-104所示。

图 3-103

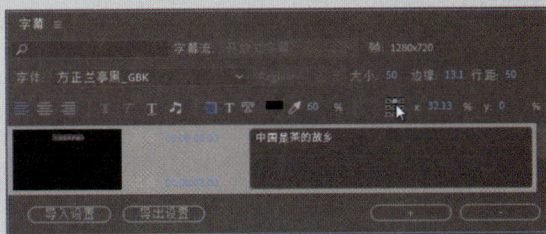
图 3-104

（2）在"节目"窗口中预览效果，如图 3-105 所示。在右侧设置水平和垂直位置，在"节目"窗口中预览效果，如图 3-106 所示。

图 3-105　　　　　　　　图 3-106

3.2.3　设置字幕属性

在 Premiere Pro 中可以非常方便地对字幕文字进行修饰，包括调整其位置、不透明度、文字的字体、大小、颜色和为文字添加阴影等。

1. 在"旧版标题属性"面板中编辑传统字幕属性

在"旧版标题属性"面板的"变换"栏中可以对字幕文字和图形的不透明度、位置、宽度、高度以及旋转等属性进行设置，如图 3-107 所示。在"属性"栏中可以对字幕文字的字体、大小、外观以及间距、扭曲等基本属性进行设置，如图 3-108 所示。在"填充"栏中可以设置字幕文字和图形的填充类型、颜色和不透明度等属性，如图 3-109 所示。

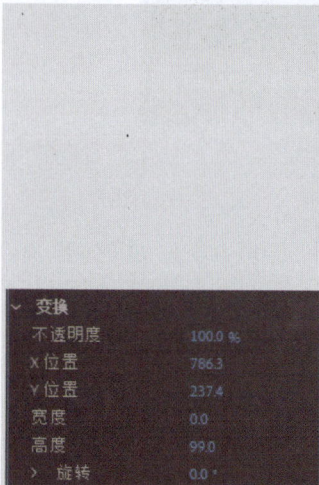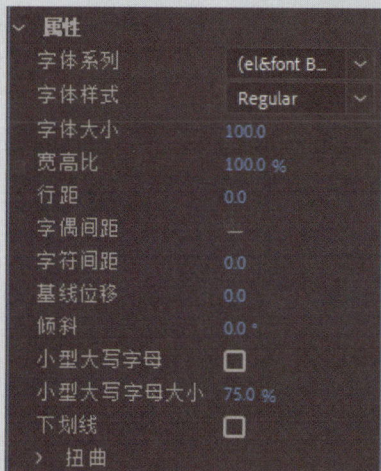

图 3-107　　　　　　　　图 3-108　　　　　　　　图 3-109

"描边"栏主要用于设置文字或者图形的描边效果，可以设置内描边和外描边，如图 3-110 所示。"阴影"栏用于添加阴影效果，如图 3-111 所示。"背景"栏用于设置字幕背景的填充类型、颜色和不透明度等属性，如图 3-112 所示。

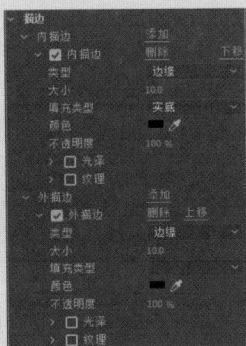
图 3-110

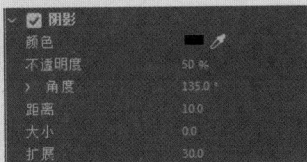
图 3-111

图 3-112

2. 在"效果控件"面板中编辑图形字幕属性

在"效果控件"面板中展开"文本"栏,展开"源文本"栏可以设置字体系列、字体样式、大小、行距等选项。在"外观"栏可以设置填充、描边及阴影等选项,如图 3-113 所示。在"变换"栏可以设置位置、缩放、旋转、不透明度、锚点等选项,如图 3-114 所示。

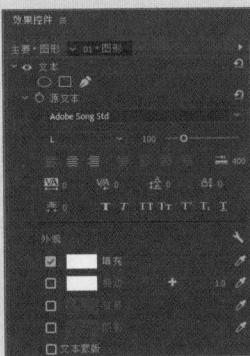
图 3-113

图 3-114

3. 在"基本图形"面板中编辑图形字幕属性

在"基本图形"面板中最上方为文字图层和响应设置,如图 3-115 所示。"对齐并变换"栏用于设置对齐、位置、旋转及比例等选项,"主样式"栏可以设置图形对象的主样式,如图 3-116 所示。"文本"栏可以设置字体、字体样式、大小、字距和行距等选项,"外观"栏可以设置填充、描边及阴影等选项,如图 3-117 所示。

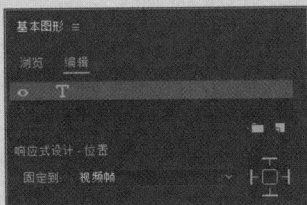
图 3-115

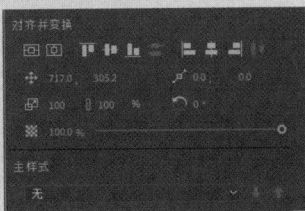
图 3-116

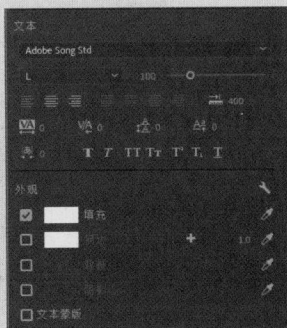
图 3-117

4. 在"字幕"面板中编辑开放式字幕属性

在"字幕"面板最上方包含筛选字幕内容、选择字幕流及帧数显示选项。中间部分为字幕属性设置区，可以设置字体、大小、边缘、对齐、颜色和字幕块位置等选项。下方为显示字幕、设置入点和出点及输入字幕文本等选项。最下方为导入设置、导出设置、添加字幕及删除字幕按钮，如图 3-118 所示。

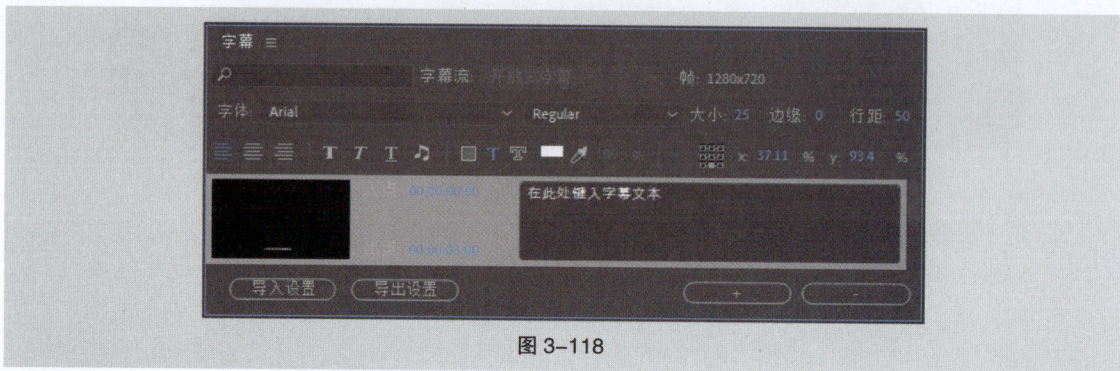

图 3-118

3.3 创建运动字幕

3.3.1 课堂案例——制作动物世界纪录片的滚动字幕

【案例学习目标】学习输入并编辑水平文字，并创建运动字幕。

【案例知识要点】使用"导入"命令导入素材文件，使用"基本图形"面板和"效果控件"面板制作滚动条，使用"旧版标题"命令创建文字，使用"滚动 / 游动选项"按钮制作滚动文字，最终效果如图 3-119 所示。

【效果所在位置】Ch03/ 制作动物世界纪录片的滚动字幕 / 制作动物世界纪录片的滚动字幕 .prproj。

图 3-119

（1）启动 Premiere Pro，选择"文件 > 新建 > 项目"命令，弹出"新建项目"对话框，如图 3-120 所示，单击"确定"按钮，新建项目。

（2）选择"文件 > 导入"命令，弹出"导入"对话框，选择本书云盘中的"Ch03/ 制作动物世界纪录片的滚动字幕 / 素材 /01"文件，如图 3-121 所示，单击"打开"按钮，将素材文件导入"项目"面板中，如图 3-122 所示。将"项目"面板中的"01"文件拖曳到"时间轴"面板的"V1"轨道中，生成"01"序列，如图 3-123 所示。

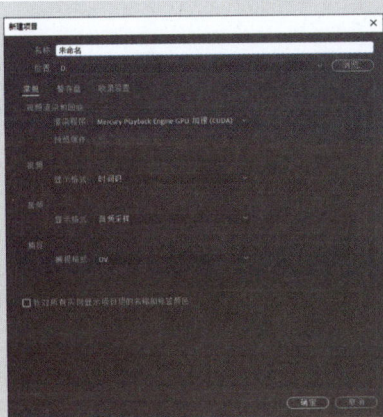
图 3-120

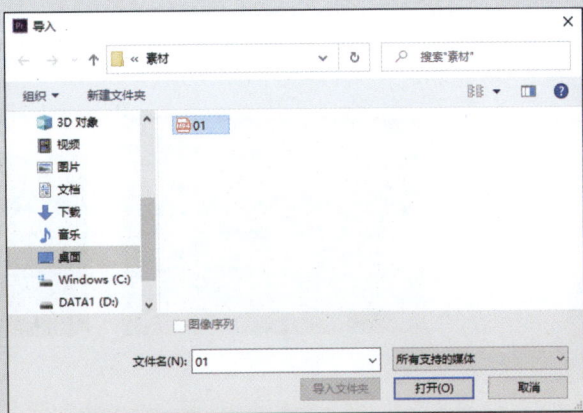
图 3-121

图 3-122

图 3-123

（3）选择"剪辑 > 速度 / 持续时间"命令，弹出对话框，将"速度"选项设置为 150%，如图 3-124 所示，单击"确定"按钮，"时间轴"面板如图 3-125 所示。

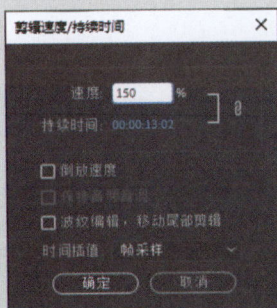
图 3-124

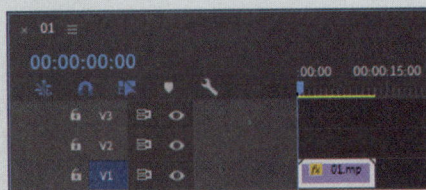
图 3-125

（4）选择"基本图形"面板，单击"编辑"选项卡，单击"新建图层"按钮█，在弹出的菜单中选择"矩形"命令，在"节目"窗口中生成矩形，如图 3-126 所示。在"时间轴"面板中的"V2"轨道中生成图形文件，如图 3-127 所示。

图 3-126

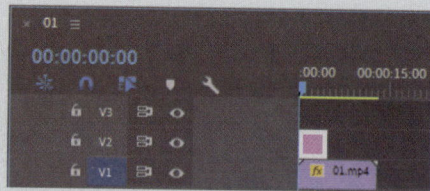

图 3-127

（5）在"基本图形"面板中选择"形状 01"图层，在"外观"栏中将"填充"选项设置为黑色，"对齐并变换"栏中的设置如图 3-128 所示，"节目"窗口中的矩形如图 3-129 所示。

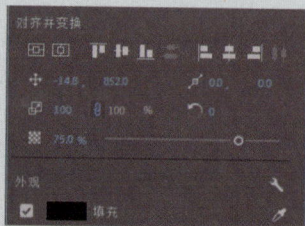

图 3-128

图 3-129

（6）在"节目"窗口中调整矩形的长宽比，如图 3-130 所示。将鼠标指针放在"图形"文件的结束位置，当鼠标指针呈 ◀▶ 状时，向右拖曳到"01"文件的结束位置，如图 3-131 所示。

图 3-130

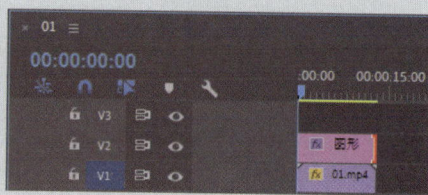

图 3-131

（7）选择"文件 > 新建 > 旧版标题"命令，弹出对话框，如图 3-132 所示，单击"确定"按钮，弹出"字幕"编辑面板。选择"旧版标题工具"面板中的"文字"工具 **T**，在"字幕"编辑面板中单击并输入需要的文字，设置适当的文字字体和大小，如图 3-133 所示。在"项目"面板中生成"字幕 01"文件。

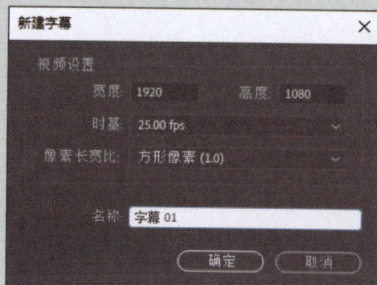

图 3-132

图 3-133

（8）在"字幕"编辑面板中单击"滚动／游动选项"按钮，在弹出的对话框中选中"向左游动"单选项，在"定时（帧）"栏中勾选"开始于屏幕外"和"结束于屏幕外"复选框，如图 3-134 所示，单击"确定"按钮，"字幕"编辑面板如图 3-135 所示。

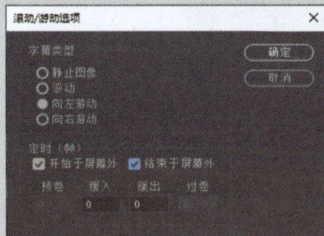

图 3-134

图 3-135

（9）在"项目"面板中，选中"字幕 01"文件并将其拖曳到"时间轴"面板中的"V3"轨道中，如图 3-136 所示。将鼠标指针放在"字幕 01"文件的结束位置，当鼠标指针呈 状时，向右拖曳到"图形"文件的结束位置，如图 3-137 所示。动物世界纪录片的滚动字幕制作完成。

图 3-136

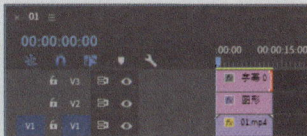

图 3-137

3.3.2　制作垂直滚动字幕

制作垂直滚动字幕的具体操作步骤如下。

1. 在"字幕"面板中制作垂直滚动字幕

（1）启动 Premiere Pro，在"项目"面板中导入素材并将其添加到"时间轴"面板中的视频轨道上。

（2）选择"文件＞新建＞旧版标题"命令，弹出"新建字幕"对话框，单击"确定"按钮。

（3）选择"旧版标题工具"面板中的"文字"工具 ，在"字幕"面板中拖曳绘制文本框，输入需要的文字并对属性进行相应的设置，如图 3-138 所示。

（4）在"字幕"面板中单击"滚动／游动选项"按钮，在弹出的对话框中选中"滚动"单选项，在"定时（帧）"栏中勾选"开始于屏幕外"和"结束于屏幕外"复选框，其他参数的设置如图 3-139 所示，单击"确定"按钮。

图 3-138

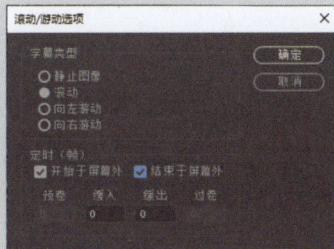

图 3-139

（5）制作的字幕会自动保存在"项目"面板中。从"项目"面板中将新建的字幕添加到"时间轴"面板的"V2"轨道上，并将其调整为与"V1"轨道中的素材等长，如图 3-140 所示。

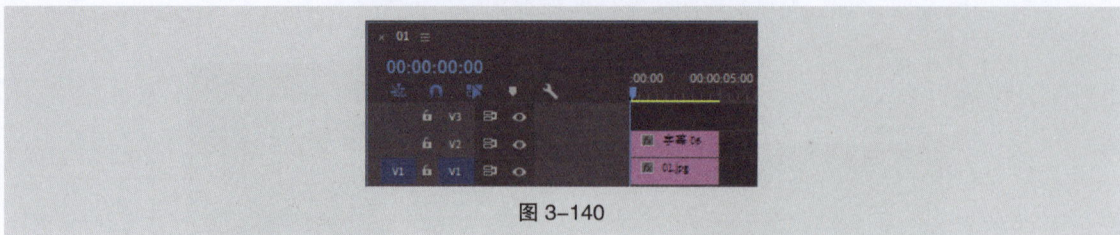

图 3-140

（6）单击"节目"窗口下方的"播放 - 停止切换"按钮 ▶ ，即可预览字幕的垂直滚动效果，如图 3-141 和图 3-142 所示。

图 3-141　　　　　　　　　　图 3-142

2. 在"基本图形"面板中制作垂直滚动字幕

在"基本图形"面板中取消文字图层的选取状态，如图 3-143 所示。勾选"滚动"复选框，在弹出的选项中设置滚动选项，可以制作垂直滚动字幕，如图 3-144 所示。

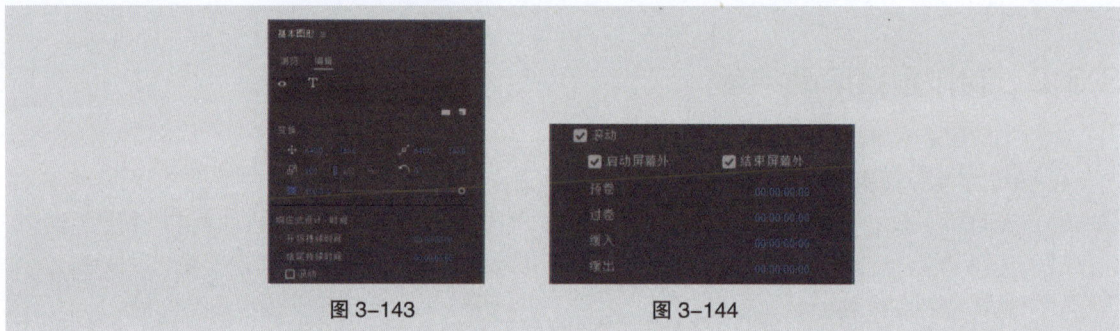

图 3-143　　　　　　　　　　图 3-144

3.3.3　制作水平游动字幕

制作水平游动字幕的具体操作步骤如下。

（1）启动 Premiere Pro，在"项目"面板中导入素材并将其添加到"时间轴"面板中的视频轨道上。

（2）选择"文件 > 新建 > 旧版标题"命令，弹出"新建字幕"对话框，单击"确定"按钮。

（3）选择"旧版标题工具"面板中的"文字"工具 **T** ，在"字幕"编辑面板中单击并输入需要的文字，并设置字幕样式和属性，如图 3-145 所示。

（4）单击"字幕"编辑面板左上方的"滚动 / 游动选项"按钮 ，在弹出的对话框中选中"向左游动"单选项，其他设置如图 3-146 所示，单击"确定"按钮。

图 3-145

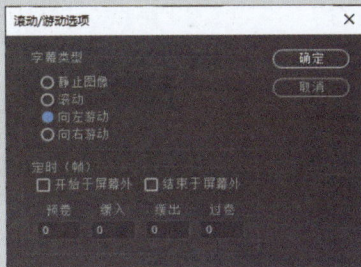

图 3-146

（5）制作的字幕会自动保存在"项目"面板中。从"项目"面板中将新建的字幕添加到"时间轴"面板的"V3"轨道上，如图 3-147 所示。选择"效果"面板，展开"视频效果"分类选项，单击"键控"文件夹前面的三角形按钮▷将其展开，选中"轨道遮罩键"特效，如图 3-148 所示。

图 3-147

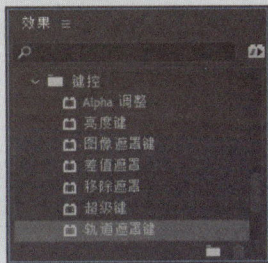

图 3-148

（6）将"轨道遮罩键"特效拖曳到"时间轴"面板"V2"轨道中的"02"文件上。选择"效果控件"面板，展开"轨道遮罩键"栏，设置如图 3-149 所示。

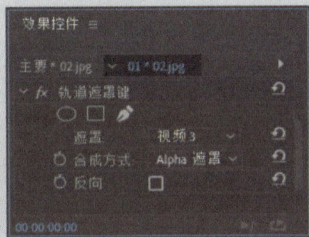

图 3-149

（7）单击"节目"窗口下方的"播放 – 停止切换"按钮▶，即可预览字幕的水平游动效果，如图 3-150 和图 3-151 所示。

图 3-150

图 3-151

课堂练习——制作霞浦旅游宣传片片头的消散文字

【练习知识要点】使用"导入"命令导入素材文件，使用"旧版标题"命令和"字幕"编辑面板添加文字，使用"旧版标题属性"面板编辑字幕，使用"自动颜色"特效和"快速颜色校正器"特效调整素材颜色，使用"粗糙边缘"特效和"效果控件"面板制作消散文字，最终效果如图 3-152 所示。

【效果所在位置】Ch03/ 制作霞浦旅游宣传片片头的消散文字 / 制作霞浦旅游宣传片片头的消散文字 . prproj。

图 3-152

慕课 04

制作霞浦旅游
宣传片片头的
消散文字

课后习题——制作京城故事宣传片片头的模糊文字

【习题知识要点】使用"导入"命令导入素材文件，使用"文字"工具添加文字，使用"基本图形"面板编辑文本，使用"快速颜色校正器"特效调整素材颜色，使用"高斯模糊"特效和"效果控件"面板制作模糊文字，最终效果如图 3-153 所示。

【效果所在位置】Ch03/ 制作京城故事宣传片片头的模糊文字 / 制作京城故事宣传片片头的模糊文字 . prproj。

图 3-153

慕课 05

制作京城故事
宣传片片头的
模糊文字

第 4 章

音频

04

▶ 本章介绍

　　本章对音频及音频特效的应用与编辑进行介绍，重点介绍调节音频、合成音频和添加音频特效等操作。通过对本章内容的学习，读者可以掌握 Premiere Pro 的音频特效制作。

学习目标

● 了解不同的调节音频的方法。
● 掌握使用时间轴面板合成音频的方法。
● 掌握添加音频特效的技巧。

技能目标

● 掌握"旅游纪录片的音频"的调整方法。
● 掌握"都市生活短视频片头的音频"的合成方法。
● 掌握"动物世界宣传片的音频特效"的添加方法。

素养目标

● 了解不同声效对视频的情感和氛围会产生不同影响。
● 掌握在不同时间段添加音效并使其与视频内容相适配。
● 培养对音效质量准确把控，确保视听效果的能力。

4.1 调节音频

4.1.1 课堂案例——调整旅游纪录片的音频

【案例学习目标】学习编辑音频，制作淡入淡出效果。

【案例知识要点】使用"导入"命令导入素材文件，使用"效果控件"面板调整音频的淡入淡出效果，最终效果如图 4-1 所示。

【效果所在位置】Ch04/ 调整旅游纪录片的音频 / 调整旅游纪录片的音频 . prproj。

慕课 06

调整旅游纪录片的音频

图 4-1

（1）启动 Premiere Pro，选择"文件 > 新建 > 项目"命令，弹出"新建项目"对话框，如图 4-2 所示，单击"确定"按钮，新建项目。选择"文件 > 新建 > 序列"命令，弹出"新建序列"对话框，单击"设置"选项卡，设置如图 4-3 所示，单击"确定"按钮，新建序列。

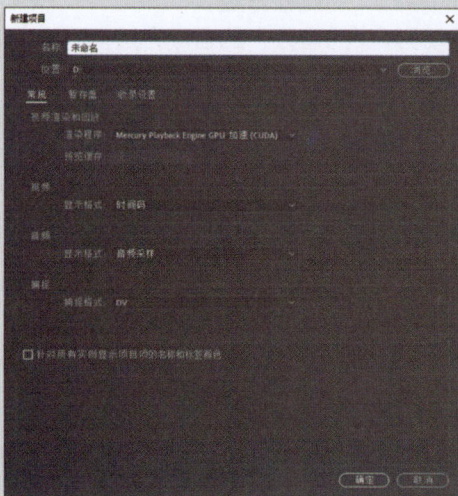

图 4-2

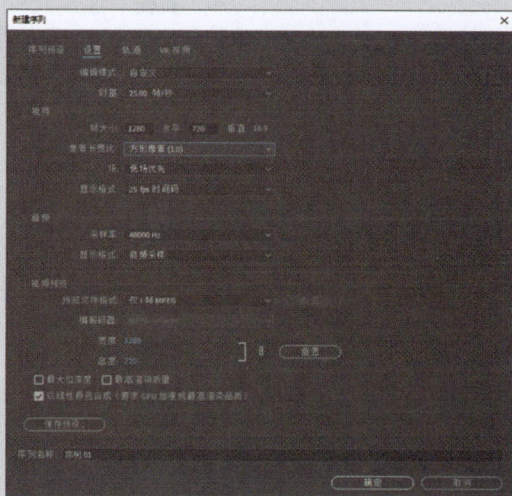

图 4-3

（2）选择"文件 > 导入"命令，弹出"导入"对话框，选择本书云盘中的"Ch04/调整旅游纪录片的音频 / 素材 /01～03"文件，如图 4-4 所示，单击"打开"按钮，将素材文件导入"项目"面板中，如图 4-5 所示。

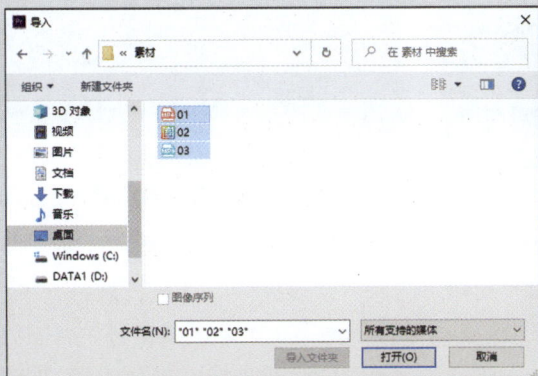

图 4-4 　　　　　　　　　　　　图 4-5

（3）在"项目"面板中，选中"01"文件并将其拖曳到"时间轴"面板中的"V1"轨道中，弹出"剪辑不匹配警告"对话框，单击"保持现有设置"按钮，在保持现有序列设置的情况下将"01"文件放置在"V1"轨道中，如图 4-6 所示。将时间标签放置在 00:00:10:00 的位置。将鼠标指针放在"01"文件的结束位置，当鼠标指针呈 ◄ 状时，向左拖曳到 00:00:10:00 的位置，如图 4-7 所示。

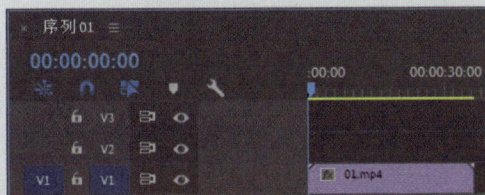
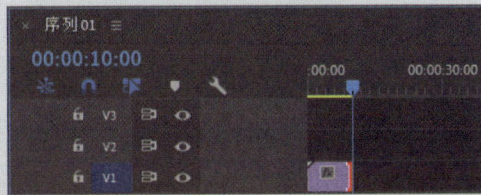

图 4-6 　　　　　　　　　　　　图 4-7

（4）将时间标签放置在 0 s 的位置。选择"效果"面板，展开"视频效果"分类选项，单击"调整"文件夹前面的三角形按钮 ▶ 将其展开，选中"色阶"特效，如图 4-8 所示，将其拖曳到"时间轴"面板中的"01"文件上。选择"效果控件"面板，展开"色阶"特效，将"（RGB）输入黑色阶"选项设置为 40，如图 4-9 所示。

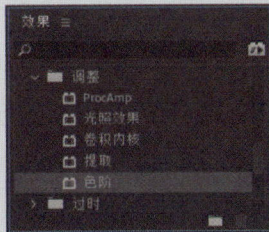
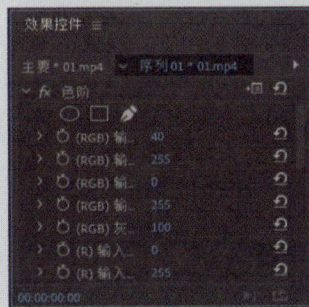

图 4-8 　　　　　　　　　　　　图 4-9

（5）在"项目"面板中，选中"02"文件并将其拖曳到"时间轴"面板中的"V2"轨道中，如图 4-10 所示。将鼠标指针放在"02"文件的结束位置，当鼠标指针呈◀状时，向右拖曳到"01"文件的结束位置，如图 4-11 所示。

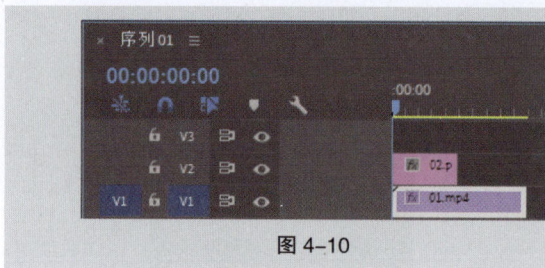

图 4-10

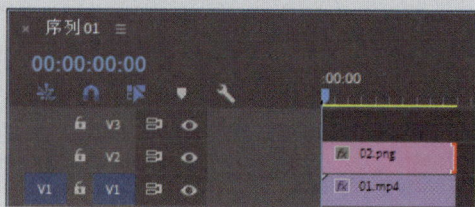

图 4-11

（6）选中"时间轴"面板中的"02"文件。选择"效果控件"面板，展开"不透明度"栏，将"不透明度"选项设置为 0.0%，如图 4-12 所示，记录第 1 个动画关键帧。将时间标签放置在 00:00:00:16 的位置。在"效果控件"面板中，将"不透明度"选项设置为 100.0%，如图 4-13 所示，记录第 2 个动画关键帧。

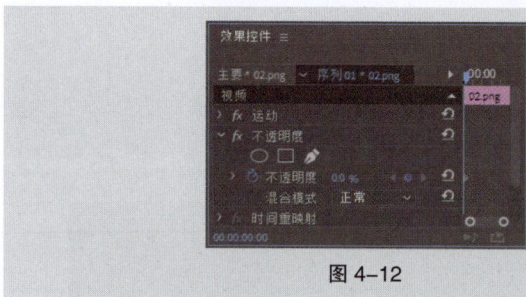

图 4-12

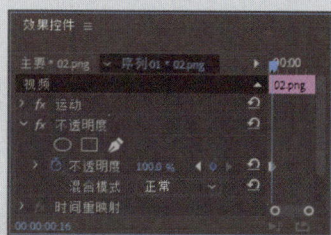

图 4-13

（7）在"项目"面板中，选中"03"文件并将其拖曳到"时间轴"面板中的"A1"轨道中，如图 4-14 所示。将鼠标指针放在"03"文件的结束位置，当鼠标指针呈◀状时，向左拖曳到"01"文件的结束位置，如图 4-15 所示。

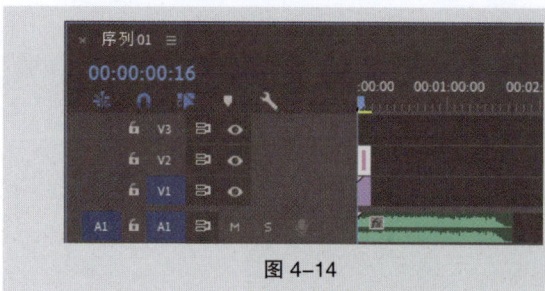

图 4-14

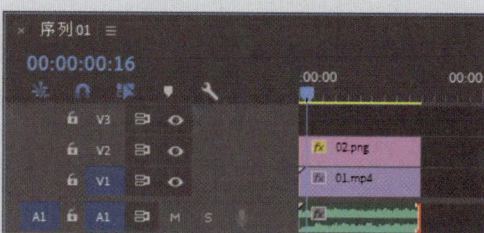

图 4-15

（8）选择"效果"面板，展开"音频效果"分类选项，选中"高音"特效，如图 4-16 所示，将其拖曳到"时间轴"面板中的"03"文件上。选择"效果控件"面板，展开"高音"栏，将"提升"选项设置为 5.0 dB，如图 4-17 所示。

（9）选择"效果"面板，展开"音频效果"分类选项，选中"平衡"特效，如图 4-18 所示，将其拖曳到"时间轴"面板中的"03"文件上。选择"效果控件"面板，展开"平衡"栏，将"平衡"选项设置为 12.0，如图 4-19 所示。

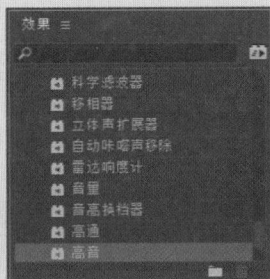

图 4-16

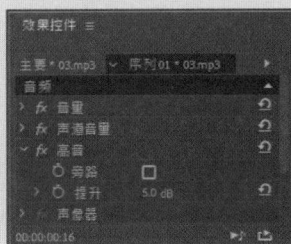

图 4-17

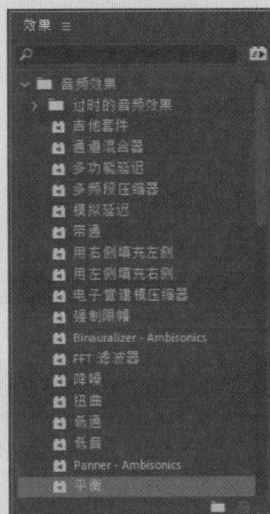

图 4-18

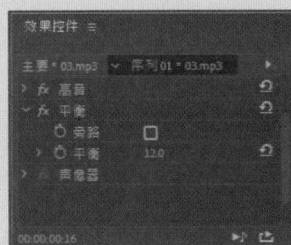

图 4-19

（10）选择"效果"面板，展开"音频效果"分类选项，选中"低通"特效，如图 4-20 所示，将其拖曳到"时间轴"面板中的"03"文件上。选择"效果控件"面板，展开"低通"栏，将"屏蔽度"选项设置为 1373.5 Hz，如图 4-21 所示。

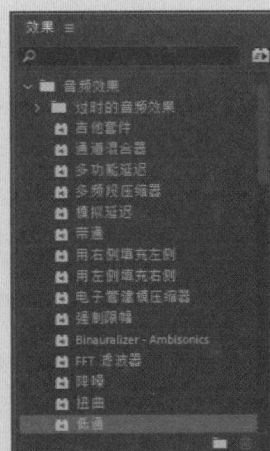

图 4-20

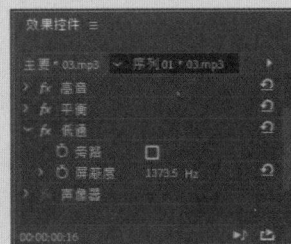

图 4-21

（11）选中"时间轴"面板中的"03"文件。将时间标签放置在 0 s 的位置。选择"效果控件"面板，展开"音量"栏，将"级别"选项设置为 - 999.0 dB，如图 4-22 所示，记录第 1 个动画关键帧。将时间标签放置在 00:00:00:16 的位置。在"效果控件"面板中，将"级别"选项设置为 0.0 dB，如图 4-23 所示，记录第 2 个动画关键帧。

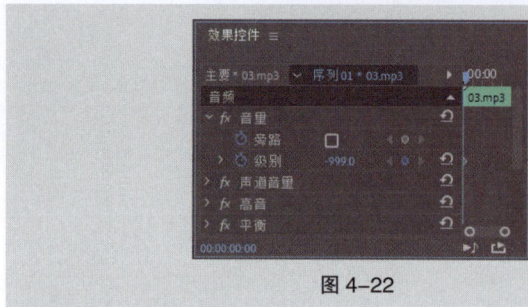

图 4-22

图 4-23

（12）将时间标签放置在 00:00:09:15 的位置。在"效果控件"面板中，将"级别"选项设置为 0.0 dB，如图 4-24 所示，记录第 3 个动画关键帧。将时间标签放置在 00:00:10:00 的位置。在"效果控件"面板中，将"级别"选项设置为 - 999.0 dB，如图 4-25 所示，记录第 4 个动画关键帧。旅游纪录片的音频调整完成。

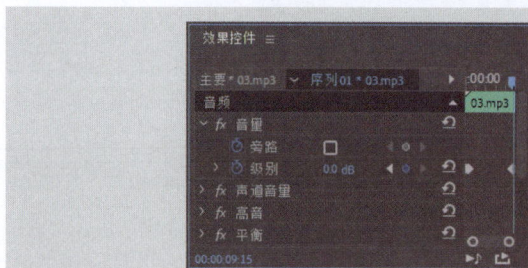

图 4-24

图 4-25

4.1.2　使用淡化器调节音频

（1）在默认情况下，音频轨道面板卷展栏关闭，如图 4-26 所示。双击轨道左侧的空白处，展开轨道，如图 4-27 所示。

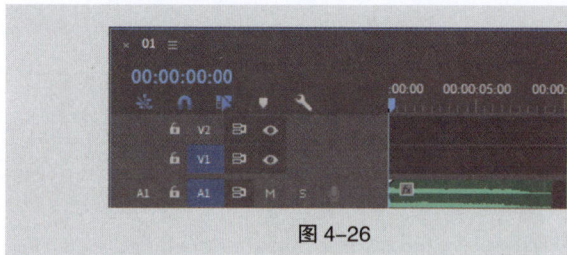

图 4-26

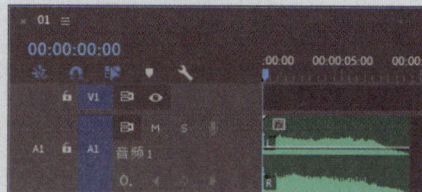

图 4-27

（2）选择"钢笔"工具 或"选择"工具 ，使用该工具拖曳音频素材（或轨道）上的白线即可调整音量，如图 4-28 所示。

（3）按住 Ctrl 键的同时，将鼠标指针移动到音频淡化器上，鼠标指针将变为带有加号的箭头，单击添加关键帧，如图 4-29 所示。

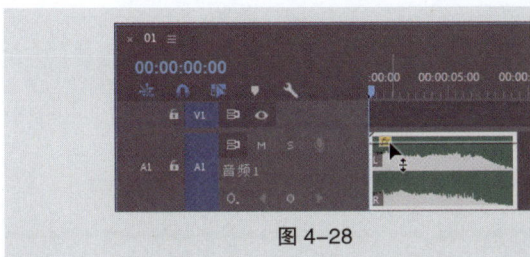
图 4-28

图 4-29

（4）用户也可以根据需要添加多个关键帧。单击并按住左键上下拖曳关键帧，关键帧之间的直线指示音频素材淡入或者淡出：递增的直线表示音频淡入，递减的直线表示音频淡出，如图 4-30 所示。

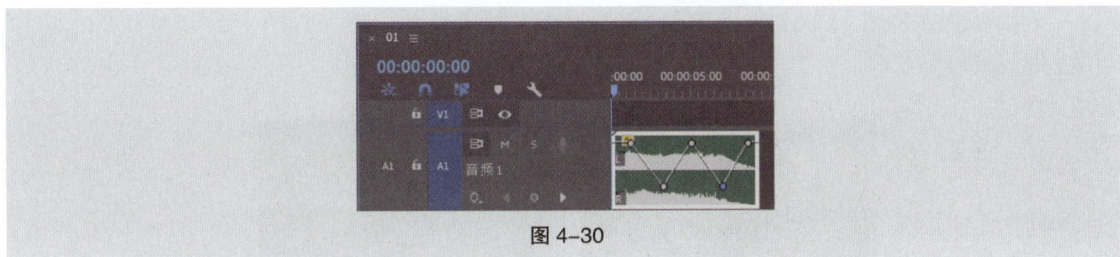
图 4-30

4.1.3 实时调节音频

使用 Premiere Pro 的"音轨混合器"面板调节音量非常方便，用户可以在播放音频时实时进行音量调节。使用音轨混合器调节音频的方法如下。

（1）在"时间轴"面板的轨道控制面板左侧单击按钮 ，在弹出的列表中选择"轨道关键帧 > 音量"选项。

（2）在"音轨混合器"面板上方需要进行调节的轨道上单击"读取"下拉列表框，选择"写入"选项，如图 4-31 所示。

（3）单击"播放-停止切换"按钮 ，"时间轴"面板中的音频素材开始播放。拖曳音量控制滑杆进行调节，调节完成后，系统自动记录结果，如图 4-32 所示。

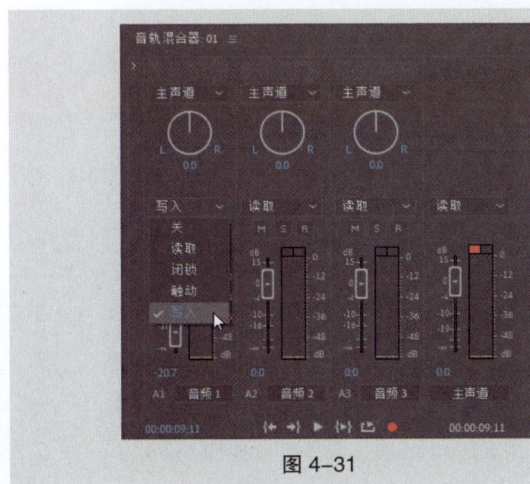
图 4-31

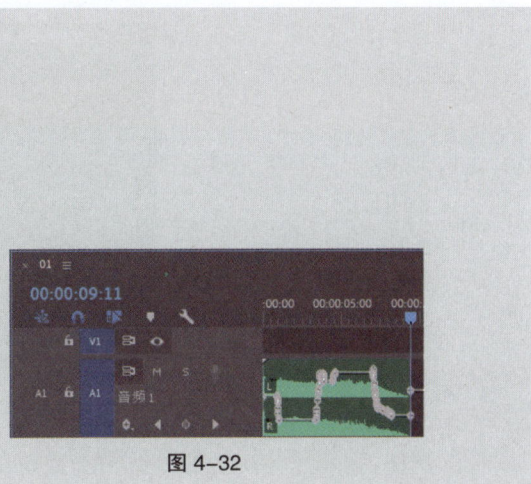
图 4-32

4.2 合成音频

4.2.1 课堂案例——合成都市生活短视频片头的音频

【**案例学习目标**】学习编辑音频以调整声道、速度与音调的方法。

【**案例知识要点**】使用"导入"命令导入素材文件，使用"球面化"特效、"线性擦除"特效和"效果控件"面板等制作文字动画，使用"速度/持续时间"命令调整音频，使用"平衡"特效调整音频的左右声道，最终效果如图 4-33 所示。

【**效果所在位置**】Ch04/ 合成都市生活短视频片头的音频 / 合成都市生活短视频片头的音频 .prproj。

慕课 07

合成都市生活
短视频片头的
音频

图 4-33

1. 调整素材并制作字幕

（1）启动 Premiere Pro，选择"文件 > 新建 > 项目"命令，弹出"新建项目"对话框，如图 4-34 所示，单击"确定"按钮，新建项目。

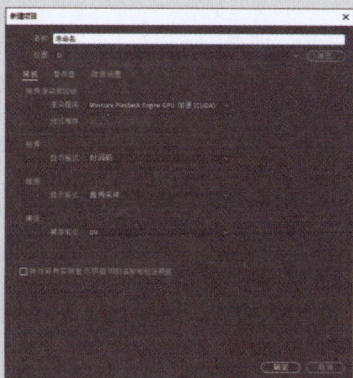

图 4-34

（2）选择"文件 > 导入"命令，弹出"导入"对话框，选择本书云盘中的"Ch04/ 合成都市生活短视频片头的音频 / 素材 /01 ~ 04"文件，如图 4-35 所示，单击"打开"按钮，将素材文件导入"项目"面板中,如图 4-36 所示。将"项目"面板中的"01"文件拖曳到"时间轴"面板的"V1"轨道中，生成"01"序列，如图 4-37 所示。

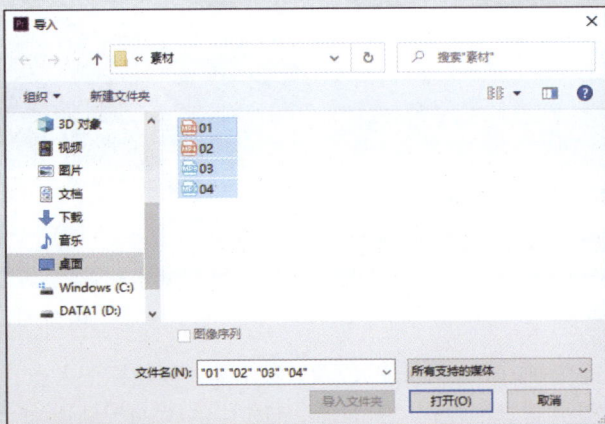

图 4-35

图 4-36

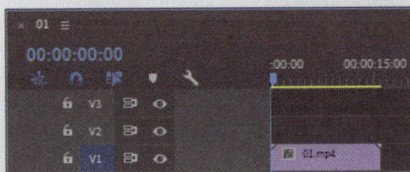

图 4-37

（3）将时间标签放置在 00:00:03:00 的位置。将鼠标指针放在"01"文件的结束位置，当鼠标指针呈 ⊣ 状时，向左拖曳到 00:00:03:00 的位置，如图 4-38 所示。

（4）双击"项目"面板中的"02"文件，在"源"窗口中打开"02"文件。将时间标签放置在 00:00:07:01 的位置。按 I 键，创建标记入点。将时间标签放置在 00:00:09:00 的位置。按 O 键，创建标记出点，如图 4-39 所示。

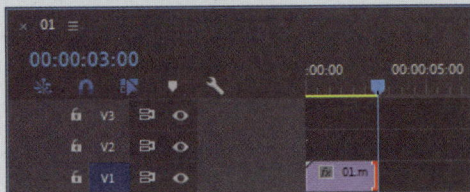

图 4-38

图 4-39

（5）选中"源"窗口中的"02"文件并将其拖曳到"时间轴"面板的"V1"轨道中，如图 4-40 所示。选中"源"窗口，选择"标记>清除入点和出点"命令，清除入点和出点，如图 4-41 所示。

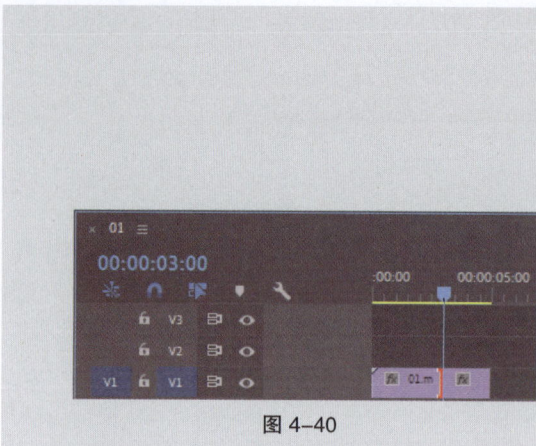

图 4-40

图 4-41

（6）将时间标签放置在 00:00:22:00 的位置。按 I 键，创建标记入点，如图 4-42 所示。选中"源"窗口中的"02"文件并将其拖曳到"时间轴"面板中的"V1"轨道中，如图 4-43 所示。

图 4-42

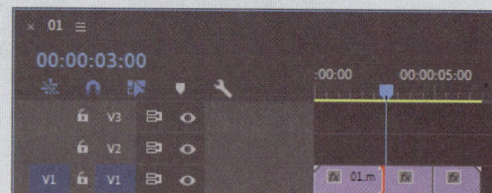

图 4-43

（7）选择"文件 > 新建 > 旧版标题"命令，弹出"新建字幕"对话框，如图 4-44 所示，单击"确定"按钮，弹出"字幕"编辑面板。选择"旧版标题工具"中的"文字"工具 **T**，在"字幕"编辑面板中单击并输入需要的文字，如图 4-45 所示。

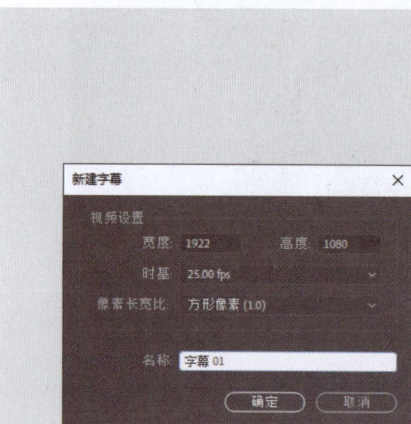

图 4-44

图 4-45

（8）在"旧版标题属性"面板中，展开"属性"栏，设置如图4-46所示。展开"描边"栏，单击"内描边"右侧的"添加"按钮，将"颜色"选项设置为白色，其他选项的设置如图4-47所示。取消"填充"栏的选取状态，"字幕"编辑面板中的效果如图4-48所示。在"项目"面板中生成"字幕01"文件。

图 4-46   图 4-47   图 4-48

（9）选择"项目"面板中生成的"字幕01"文件，按Ctrl+C组合键，复制文件。按Ctrl+V组合键，粘贴文件，并重命名为"字幕02"，如图4-49所示。双击"字幕02"文件，弹出"字幕"编辑面板。取消"描边"栏的选取状态。展开"填充"栏，将"颜色"选项设置为白色，如图4-50所示，"字幕"编辑面板中的效果如图4-51所示。

图 4-49   图 4-50   图 4-51

（10）将时间标签放置在00:00:00:17的位置。选择"项目"面板中生成的"字幕01"文件，将其拖曳到"时间轴"面板的"V2"轨道中，如图4-52所示。选择"项目"面板中生成的"字幕02"文件，将其拖曳到"时间轴"面板的"V3"轨道中，如图4-53所示。

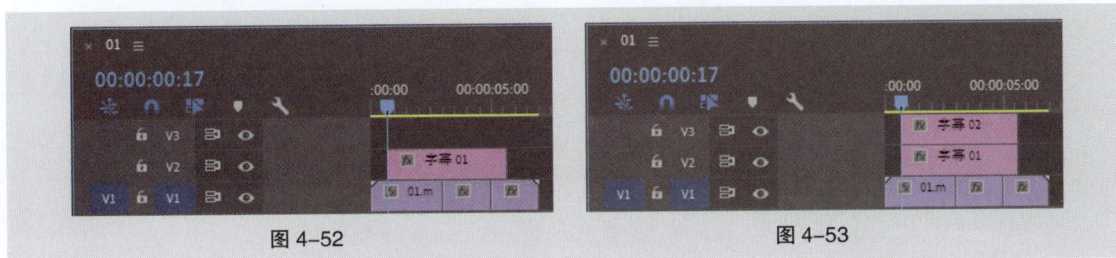

图 4-52   图 4-53

2. 添加视频特效和过渡

（1）选择"效果"面板，展开"视频效果"分类选项，单击"扭曲"文件夹前面的三角形按钮 ❯ 将其展开，选中"球面化"特效，如图 4-54 所示。将"球面化"特效拖曳到"时间轴"面板中的"字幕 02"文件上。

（2）在"效果控件"面板中，展开"球面化"栏，将"半径"选项设置为 250.0，"球面中心"选项设置为 258.0 和 540.0，单击"球面中心"选项左侧的"切换动画"按钮 🕐，如图 4-55 所示，记录第 1 个动画关键帧。

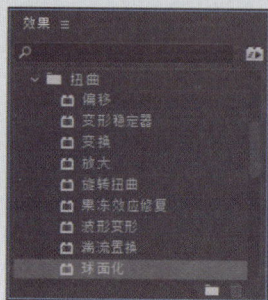

图 4-54　　　　　　　　　　　图 4-55

（3）将时间标签放置在 00:00:04:17 的位置。在"效果控件"面板中，将"球面中心"选项设置为 1683.0 和 540.0，记录第 2 个动画关键帧，如图 4-56 所示。

（4）选择"效果"面板，单击"过渡"文件夹前面的三角形按钮 ❯ 将其展开，选中"线性擦除"特效，如图 4-57 所示。将"线性擦除"特效拖曳到"时间轴"面板中的"字幕 02"文件上。

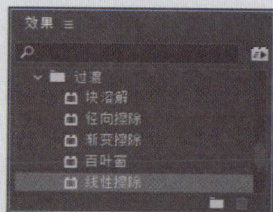

图 4-56　　　　　　　　　　　图 4-57

（5）将时间标签放置在 00:00:00:17 的位置。在"效果控件"面板中，展开"线性擦除"栏，将"擦除角度"选项设置为 -90.0°，"过渡完成"选项设置为 100%，单击"过渡完成"选项左侧的"切换动画"按钮 🕐，如图 4-58 所示，记录第 1 个动画关键帧。将时间标签放置在 00:00:04:17 的位置。在"效果控件"面板中，将"过渡完成"选项设置为 0%，记录第 2 个动画关键帧，如图 4-59 所示。

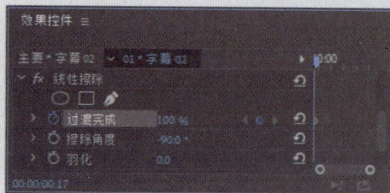
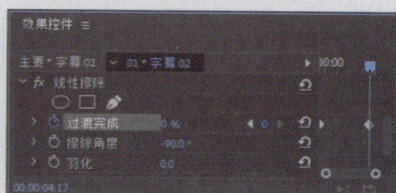

图 4-58　　　　　　　　　　　图 4-59

（6）选择"效果"面板，展开"视频过渡"分类选项，单击"溶解"文件夹前面的三角形按钮 ▶将其展开，选中"交叉溶解"特效，如图 4-60 所示。将"交叉溶解"特效拖曳到"时间轴"面板中的"01"文件的结束位置和第 1 个"02"文件的开始位置。再将其拖曳到"时间轴"面板中的第 1 个"02"文件的结束位置和第 2 个"02"文件的开始位置，如图 4-61 所示。

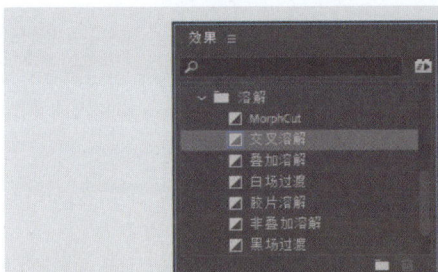 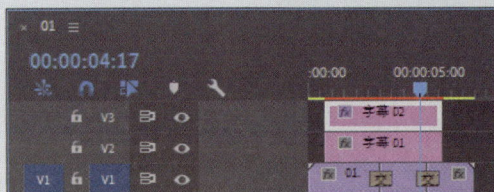

图 4-60   图 4-61

3. 添加并调整音频

（1）选择"项目"面板中的"03"文件，将其拖曳到"时间轴"面板中的"A1"轨道中，如图 4-62 所示。选择"时间轴"面板中的"03"文件。选择"剪辑 > 速度 / 持续时间"命令，弹出对话框，选项的设置如图 4-63 所示，单击"确定"按钮。

（2）将鼠标指针放在"03"文件的结束位置，当鼠标指针呈 ◄ 状时，向左拖曳到"02"文件的结束位置，如图 4-64 所示。

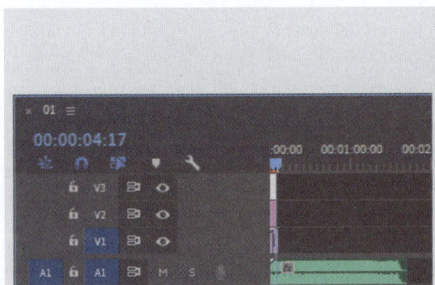 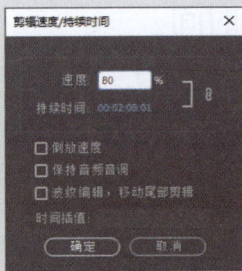 

图 4-62   图 4-63   图 4-64

（3）选择"项目"面板中的"04"文件，将其拖曳到"时间轴"面板中的"A2"轨道中，如图 4-65 所示。将鼠标指针放在"04"文件的结束位置，当鼠标指针呈 ◄ 状时，向左拖曳到"03"文件的结束位置，如图 4-66 所示。

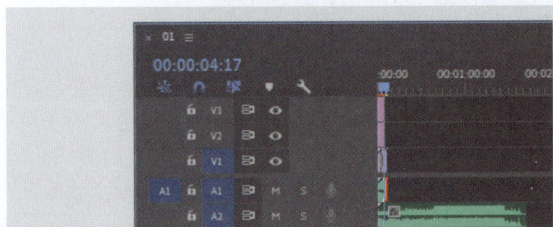 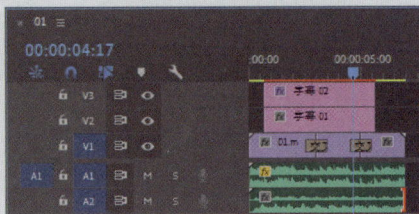

图 4-65   图 4-66

（4）选择"效果"面板，展开"音频效果"分类选项，选中"平衡"特效，如图 4-67 所示。将"平衡"特效分别拖曳到"时间轴"面板中的"03"文件和"04"文件上。

（5）选择"时间轴"面板中的"03"文件。选择"效果控件"面板，展开"平衡"栏，将"平衡"选项设置为50.0，如图4-68所示。选择"时间轴"面板中的"04"文件。选择"效果控件"面板，展开"平衡"栏，将"平衡"选项设置为-30.0，如图4-69所示。都市生活短视频片头的音频合成完成。

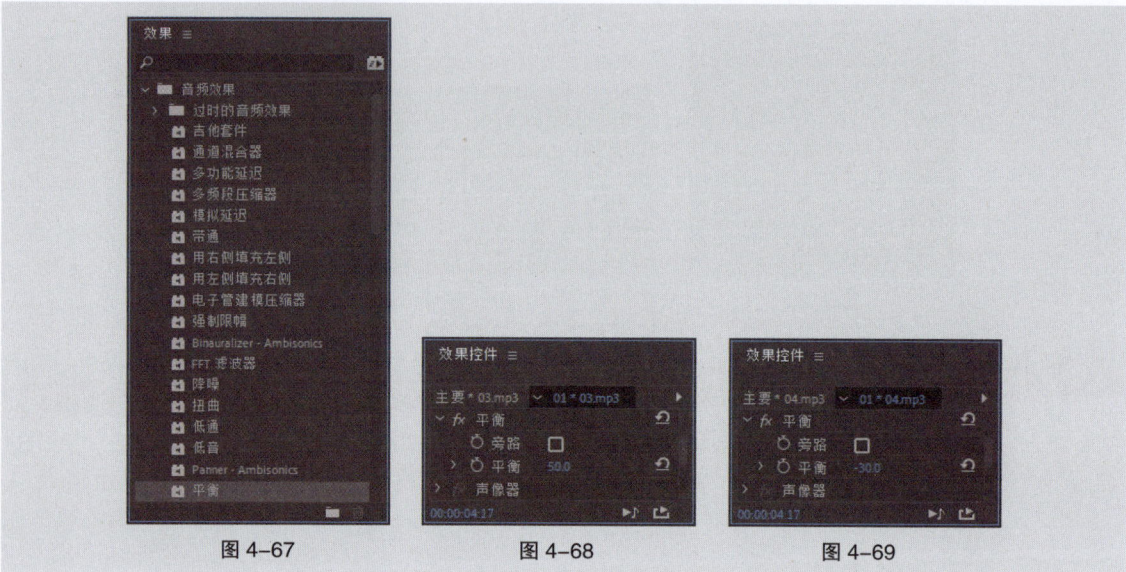

图 4-67　　　　　　　　图 4-68　　　　　　　　图 4-69

4.2.2　调整音频速度和持续时间

与视频素材的编辑一样，在应用音频素材时，可以对其播放速度和时间长度进行修改设置，具体操作步骤如下。

（1）选中要调整的音频素材。选择"剪辑 > 速度 / 持续时间"命令，弹出"剪辑速度 / 持续时间"对话框，在"持续时间"文本框中可以对音频素材的持续时间进行调整，如图4-70所示。

（2）在"时间轴"面板中直接拖曳音频轨道的边缘，可改变音频轨道上音频素材的长度。也可利用"剃刀"工具 ✎，将音频素材多余的部分切除，如图4-71所示。

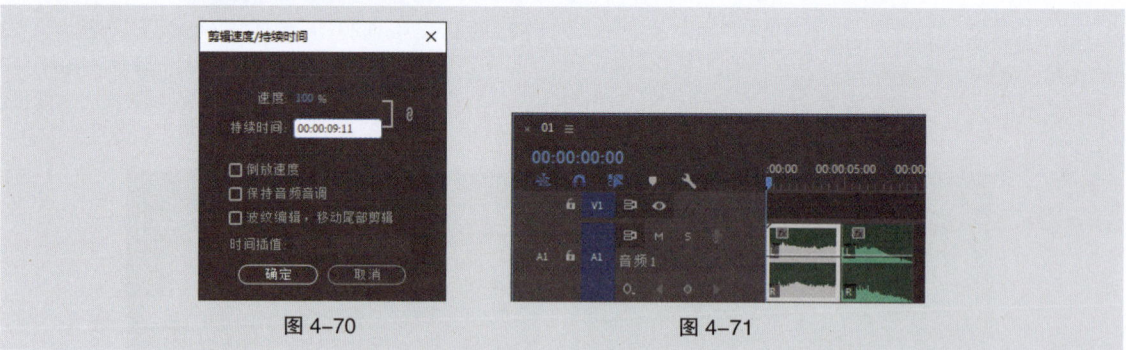

图 4-70　　　　　　　　　　　　图 4-71

4.2.3　音频增益

音频增益指的是音频信号的声调高低。当一个视频片段同时拥有几个音频素材时，就需要平衡这几个素材的音频增益。因为如果一个音频素材的音频信号的声调太高或太低，就会严重影响播放时的音频效果。用户可通过以下步骤设置音频增益。

（1）选择"时间轴"面板中需要调整的音频素材，被选择的音频素材周围会出现灰色实线，如图 4-72 所示。

（2）选择"剪辑>音频选项>音频增益"命令，弹出"音频增益"对话框，将鼠标指针移动到对话框的数值上，当鼠标指针变为手形标记时，单击并按住左键左右拖曳，增益值将被改变。直接输入数值也可以修改增益值，如图 4-73 所示。

（3）完成设置后，单击"确定"按钮，可以通过"源"窗口查看处理后的音频波形变化，播放修改后的音频素材，试听音频效果。

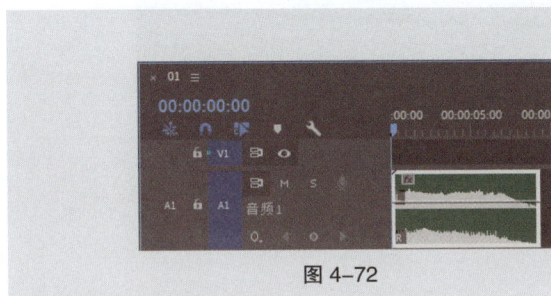

图 4-72

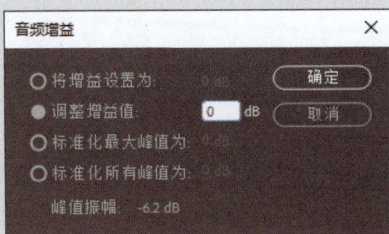

图 4-73

4.3　添加音频特效

4.3.1　课堂案例——添加动物世界宣传片的音频特效

【案例学习目标】学习编辑音频以添加音频的低音效果。

【案例知识要点】使用"缩放"选项改变画面大小，使用"色阶"命令调整图像亮度，使用"显示轨道关键帧"选项制作音频的淡入与淡出效果，使用"低通"命令制作音频低音效果，最终效果如图 4-74 所示。

【效果所在位置】Ch04/ 添加动物世界宣传片的音频特效 / 添加动物世界宣传片的音频特效 .prproj。

慕课 08
添加动物世界宣传片的音频特效

图 4-74

（1）启动 Premiere Pro，选择"文件 > 新建 > 项目"命令，弹出"新建项目"对话框，如图 4-75 所示，单击"确定"按钮，新建项目。选择"文件 > 新建 > 序列"命令，弹出"新建序列"对话框，单击"设置"选项卡，设置如图 4-76 所示，单击"确定"按钮，新建序列。

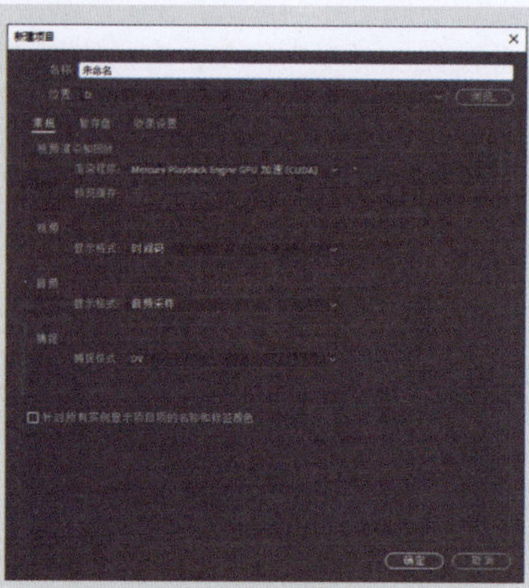

图 4-75 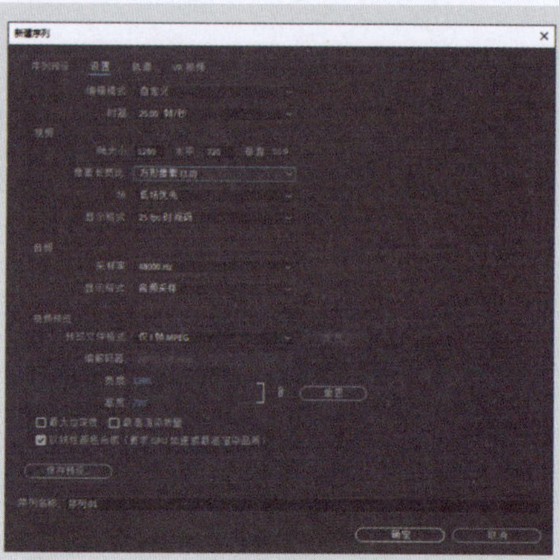   图 4-76

（2）选择"文件 > 导入"命令，弹出"导入"对话框，选择本书云盘中的"Ch04/ 添加动物世界宣传片的音频特效 / 素材 /01 和 02"文件，如图 4-77 所示，单击"打开"按钮，将素材文件导入"项目"面板中，如图 4-78 所示。

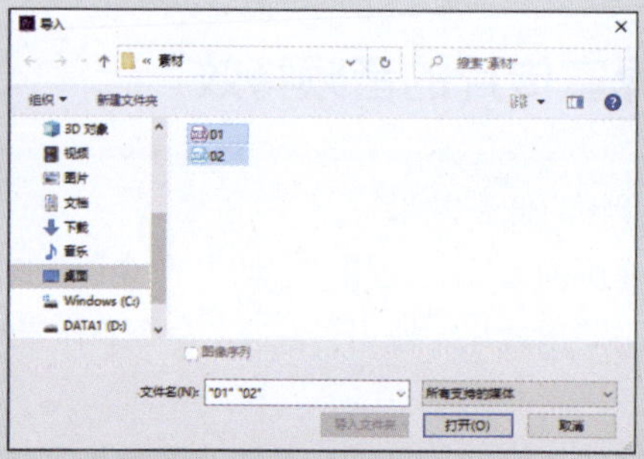

图 4-77 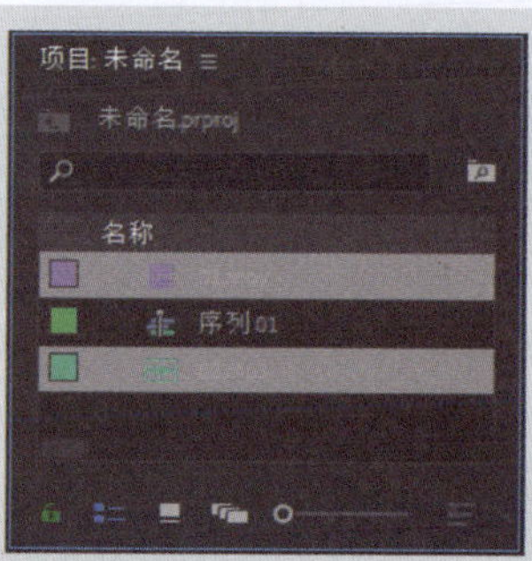   图 4-78

（3）在"项目"面板中，选中"01"文件并将其拖曳到"时间轴"面板中的"V1"轨道中，弹出"剪辑不匹配警告"对话框，单击"保持现有设置"按钮，在保持现有序列设置的情况下将"01"文件放置在"V1"轨道中，如图 4-79 所示。选择"时间轴"面板中的"01"文件。选择"效果控件"面板，展开"运动"栏，将"位置"选项设置为 640.0 和 438.0，"缩放"选项设置为 163.0，如图 4-80 所示。

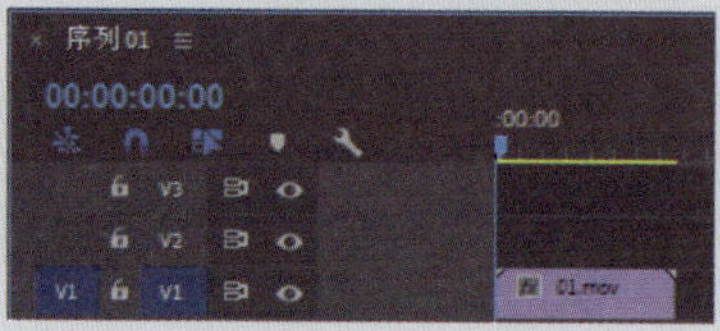

图 4-79 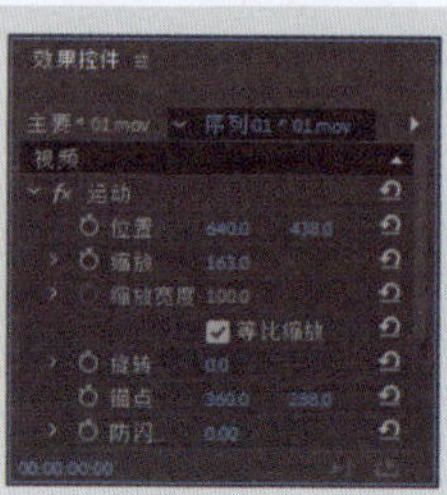   图 4-80

（4）选择"效果"面板，展开"视频效果"分类选项，单击"调整"文件夹前面的三角形按钮▶将其展开，选中"色阶"特效，如图4-81所示，将其拖曳到"时间轴"面板中的"01"文件上。选择"效果控件"面板，展开"色阶"栏，将"（RGB）输入黑色阶"选项设置为50，"（RGB）输入白色阶"选项设置为196，其他选项的设置如图4-82所示。

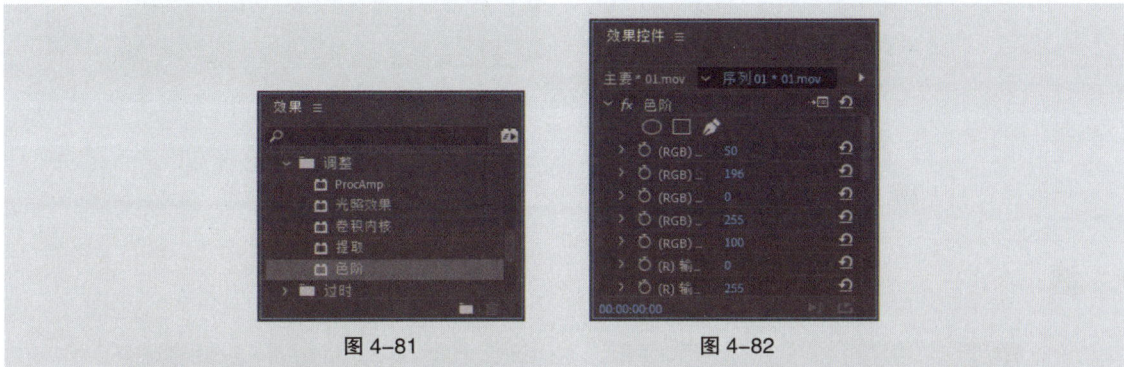

图4-81   图4-82

（5）在"项目"面板中选中"02"文件，将其拖曳到"时间轴"面板中的"A1"轨道中，如图4-83所示。在"A1"轨道上选中"02"文件，将鼠标指针放在"02"文件的尾部，当鼠标指针呈◄┤状时，向左拖曳到"01"文件的结束位置，如图4-84所示。

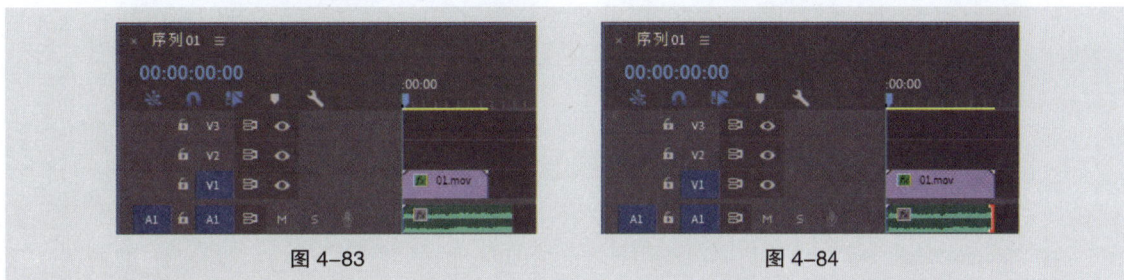

图4-83   图4-84

（6）在"时间轴"面板中选中"02"文件。按住Alt键的同时，将"02"文件拖曳到"A2"轨道中，复制文件，如图4-85所示。在"A2"轨道上的"02"文件上单击鼠标右键，在弹出的快捷菜单中选择"重命名"命令。弹出"重命名剪辑"对话框，设置如图4-86所示，单击"确定"按钮。

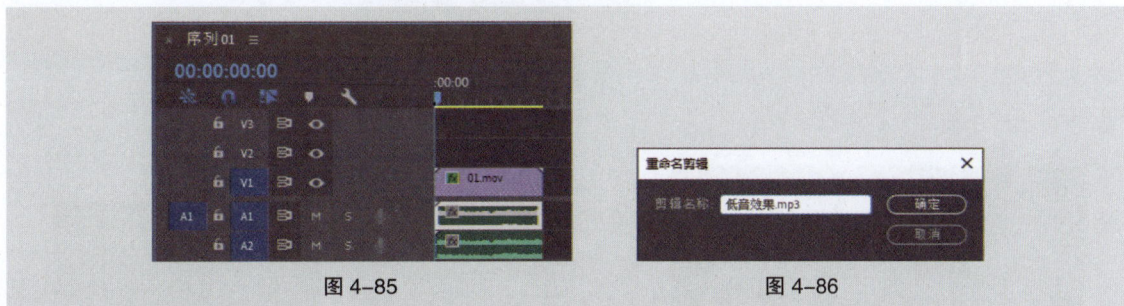

图4-85   图4-86

（7）展开"A1"轨道，单击轨道左侧的"显示关键帧"按钮◎，在弹出的列表中选择"轨道关键帧>音量"选项，如图4-87所示。单击"02"文件前面的"添加-移除关键帧"按钮◎，添加第1个关键帧，在"时间轴"面板中将"02"文件中的关键帧移至底层，如图4-88所示。

图 4-87

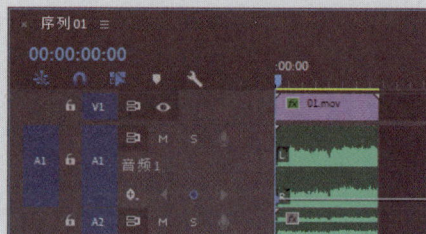

图 4-88

（8）将时间标签放置在 00:00:01:24 的位置。单击"A1"轨道中的"02"文件前面的"添加 – 移除关键帧"按钮◊，添加第 2 个关键帧。将"02"文件中的关键帧移至顶层，如图 4-89 所示。将时间标签放置在 00:00:05:24 的位置。单击"A1"轨道中的"02"文件前面的"添加 – 移除关键帧"按钮◊，如图 4-90 所示，添加第 3 个关键帧。

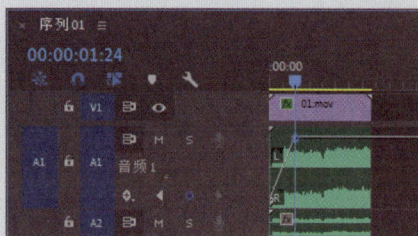

图 4-89

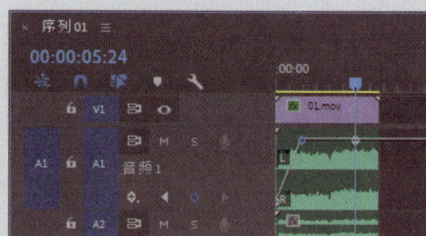

图 4-90

（9）将时间标签放置在 00:00:07:13 的位置。单击"A1"轨道中的"02"文件前面的"添加 – 移除关键帧"按钮◊，将"02"文件中的关键帧移至底层，如图 4-91 所示，添加第 4 个关键帧。

（10）选择"效果"面板，展开"音频效果"分类选项，选中"低通"特效，如图 4-92 所示。将"低通"特效拖曳到"时间轴"面板"A2"轨道中的"低音效果"文件上。选择"效果控件"面板，展开"低通"栏，将"屏蔽度"选项设置为 400.0 Hz，如图 4-93 所示。

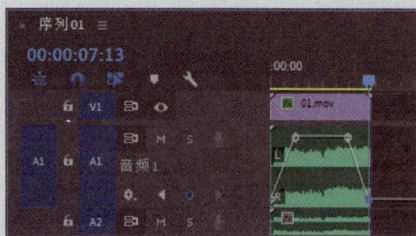

图 4-91

图 4-92

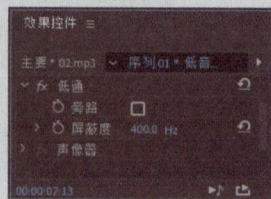

图 4-93

（11）选择"剪辑 > 音频选项 > 音频增益"命令，弹出对话框，设置如图 4-94 所示，单击"确定"按钮。选择"音轨混合器"面板，播放试听最终音频效果，如图 4-95 所示。动物世界宣传片的音频特效添加完成。

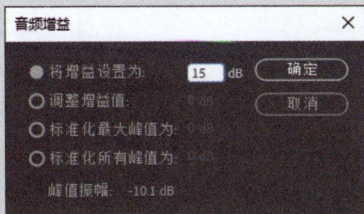
图 4-94

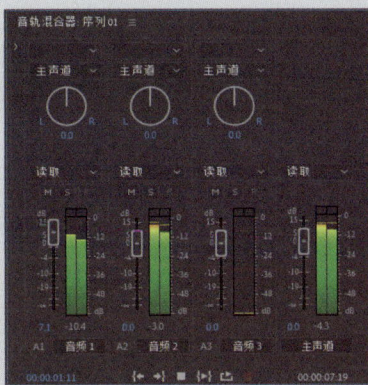
图 4-95

4.3.2 为音频素材添加效果

音频素材的特效添加方法与视频素材的特效添加方法相同，这里不再赘述。可以在"效果"面板中展开"音频效果"分类选项，分别在不同的文件夹中选择音频特效进行添加，如图 4-96 所示。在"音频过渡"分类选项下，Premiere Pro 还为音频素材提供简单的切换方式，如图 4-97 所示。为音频素材添加切换方式的方法与视频素材的相同。

图 4-96

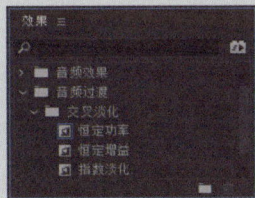
图 4-97

4.3.3 设置轨道效果

除了可以对轨道上的音频素材进行设置外，还可以直接为轨道添加音频特效。

首先在"音轨混合器"面板中，单击左上方的"显示 / 隐藏效果和发送"按钮 ❭，展开目标轨道的效果设置栏，单击右侧设置栏上的小三角，弹出音频效果下拉列表，如图 4-98 所示，选择需要使用的音频效果即可。可以在同一个轨道上添加多个音频效果并分别控制，如图 4-99 所示。

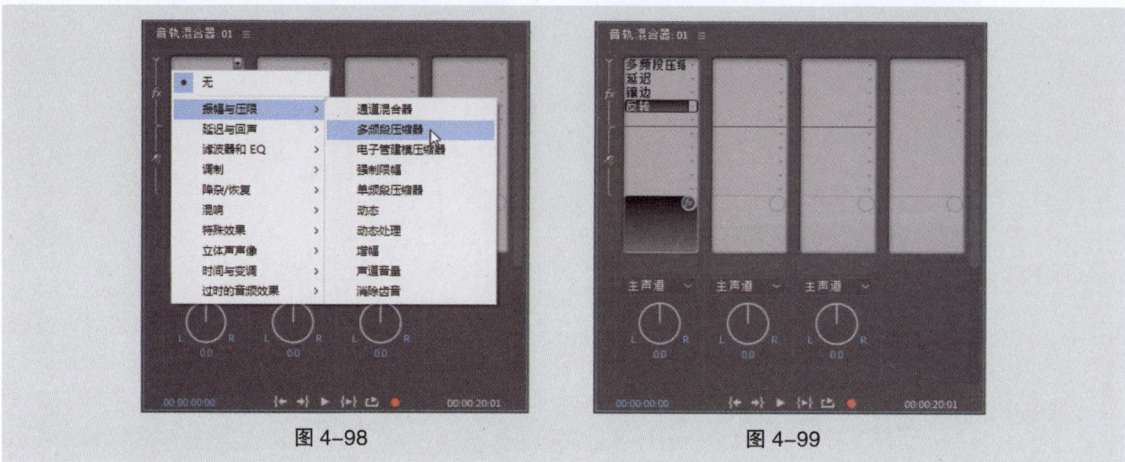

图 4-98

图 4-99

如果要调节轨道的音频特效，可以单击鼠标右键，在弹出的快捷菜单中选择设置。

在下拉列表中选择"编辑"选项，如图 4-100 所示，可以在弹出的特效设置对话框中进行更加详细的设置，图 4-101 所示为"镶边"的详细调整对话框。

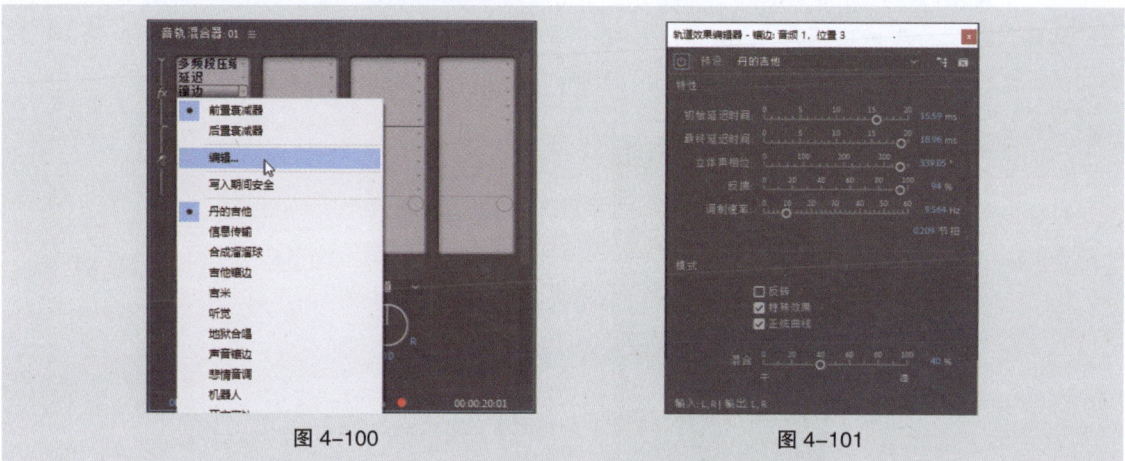

图 4-100

图 4-101

课堂练习——编辑壮丽黄河纪录片的音效

【练习知识要点】使用"导入"命令导入素材文件，使用"自动颜色"特效调整素材颜色，使用"投影"特效和"预设"特效制作文字效果，使用"立体声扩展器"特效和"高音"特效为音频添加特效，最终效果如图 4-102 所示。

【效果所在位置】Ch04/ 编辑壮丽黄河纪录片的音效 / 编辑壮丽黄河纪录片的音效 .prproj。

慕课 09

编辑壮丽黄河纪录片的音效

图 4-102

课后习题——调整都市生活短视频的音频

【习题知识要点】使用"导入"命令导入素材文件，使用"投影"特效和"预设"特效制作文字效果，使用"效果控件"面板调整音频的淡出效果，使用"低通"特效为音频添加特效，最终效果如图 4-103 所示。

【效果所在位置】Ch04/ 调整都市生活短视频的音频 / 调整都市生活短视频的音频 .prproj。

慕课10

调整都市生活
短视频的音频

图 4-103

05

剪辑

▶ **本章介绍**

　　本章主要对 Premiere Pro 中剪辑影片的基本技术和操作进行详细介绍，其中包括使用 Premiere Pro 剪辑素材、编辑素材和创建新元素等。通过对本章的学习，读者可以掌握剪辑技术的使用方法和应用技巧。

学习目标

- 熟练掌握剪辑素材的技巧。
- 掌握编辑素材的方法。
- 掌握创建新元素的方法。

技能目标

- 掌握"武汉城市形象宣传片视频"的剪辑方法。
- 掌握"汤圆短视频"的剪辑方法。
- 掌握"超市宣传短视频"的调整方法。
- 掌握"番茄的故事宣传片视频"的重组方法。
- 掌握"旅游宣传片视频"的重组方法。
- 掌握"篮球公园宣传片中的彩条"的添加方法。

素养目标

- 培养获取有效信息的能力。
- 培养良好的组织和管理能力。
- 培养通过学习和实践不断进取的能力。

5.1 剪辑素材

5.1.1 课堂案例——剪辑武汉城市形象宣传片视频

【案例学习目标】学习导入视频文件，并使用入点、出点和编辑点剪辑视频。

【案例知识要点】使用"导入"命令导入视频文件，使用入点和出点在"源"窗口中剪辑视频，使用编辑点的拖曳在"时间轴"面板中剪辑素材，最终效果如图 5-1 所示。

【效果所在位置】Ch05/ 剪辑武汉城市形象宣传片视频 / 剪辑武汉城市形象宣传片视频 .prproj。

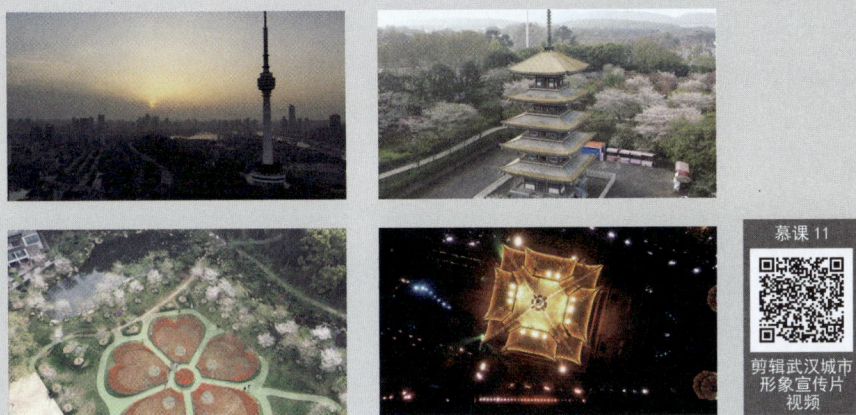

图 5-1

（1）启动 Premiere Pro 2020，选择"文件 > 新建 > 项目"命令，弹出"新建项目"对话框，如图 5-2 所示，单击"确定"按钮，新建项目。

（2）选择"文件 > 导入"命令，弹出"导入"对话框，选择本书云盘中的"Ch05/ 剪辑武汉城市形象宣传片视频 / 素材 /01 ～ 04"文件，如图 5-3 所示，单击"打开"按钮，将素材文件导入"项目"面板中，如图 5-4 所示。双击"项目"面板中的"01"文件，在"源"窗口中打开"01"文件，如图 5-5 所示。

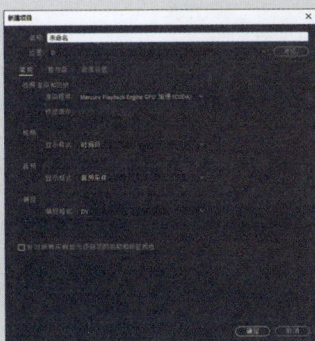

图 5-2

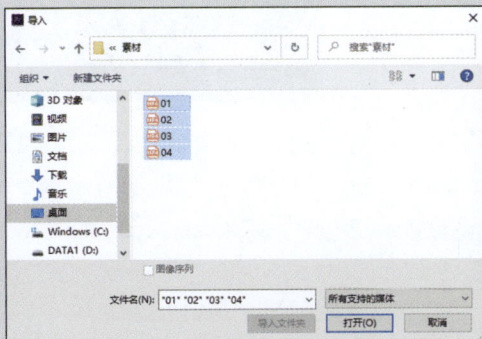

图 5-3

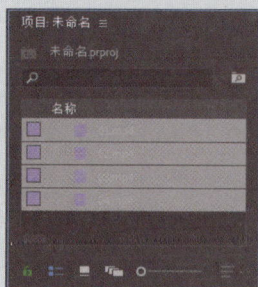

图 5-4

图 5-5

（3）将时间标签放置在 00:00:05:06 的位置。按 I 键，创建标记入点，如图 5-6 所示。将时间标签放置在 00:00:16:06 的位置。按 O 键，创建标记出点，如图 5-7 所示。选中"源"窗口中的"01"文件并将其拖曳到"时间轴"面板的"V1"轨道中，生成"01"序列，如图 5-8 所示。

图 5-6

图 5-7

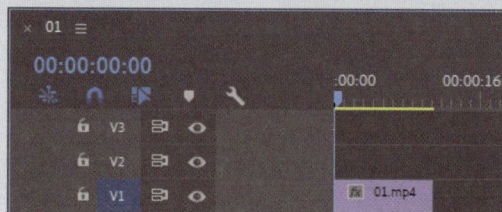

图 5-8

（4）双击"项目"面板中的"02"文件，在"源"窗口中打开"02"文件。将时间标签放置在 00:00:06:10 的位置。按 I 键，创建标记入点，如图 5-9 所示。将时间标签放置在 00:00:09:13 的位置。按 O 键，创建标记出点，如图 5-10 所示。选中"源"窗口中的"02"文件并将其拖曳到"时间轴"面板的"V1"轨道中，如图 5-11 所示。

图 5-9

图 5-10

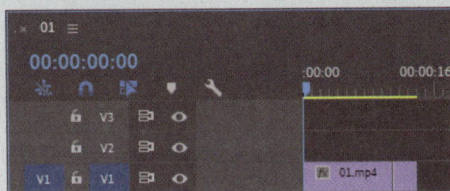

图 5-11

（5）双击"项目"面板中的"03"文件，在"源"窗口中打开"03"文件。将时间标签放置在00:00:04:08 的位置。按 I 键，创建标记入点，如图 5-12 所示。选中"源"窗口中的"03"文件并将其拖曳到"时间轴"面板的"V1"轨道中，如图 5-13 所示。

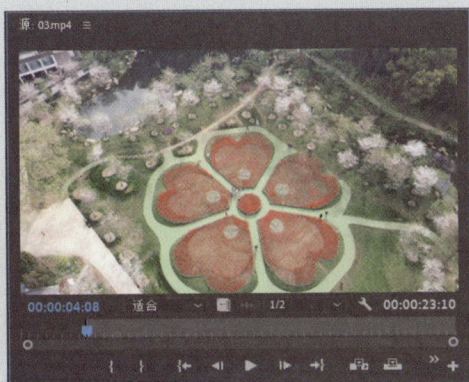

图 5-12

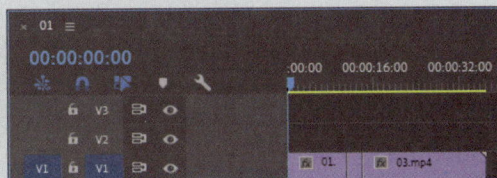

图 5-13

（6）将时间标签放置在 00:00:20:00 的位置，如图 5-14 所示。将鼠标指针放在"03"文件的结束位置，当鼠标指针呈 状时，向左拖曳到 00:00:20:00 的位置，如图 5-15 所示。

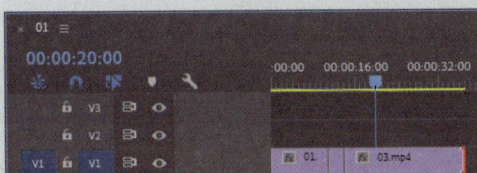

图 5-14

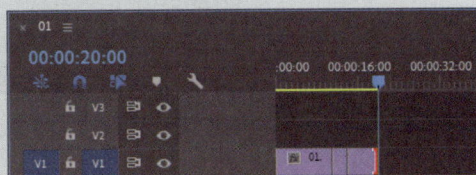

图 5-15

（7）双击"项目"面板中的"04"文件，在"源"窗口中打开"04"文件。将时间标签放置在00:00:17:05 的位置。按 I 键，创建标记入点，如图 5-16 所示。选中"源"窗口中的"04"文件并将其拖曳到"时间轴"面板的"V1"轨道中，如图 5-17 所示。武汉城市形象宣传片视频剪辑完成。

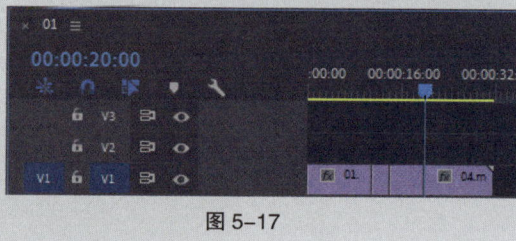

图 5-16   图 5-17

5.1.2 入点和出点

在 Premiere Pro 中，可以在"源"窗口设置素材的入点和出点。素材开始帧的位置被称为入点，素材结束帧的位置被称为出点。

1. 视音频同步设置

在为素材设置入点和出点时，该设置对素材的音频和视频部分同时有效。在"源"窗口中创建标记入点和标记出点的方法如下。

（1）在"项目"面板中双击要设置入点和出点的素材，将其在"源"窗口中打开。

（2）在"源"窗口中拖动时间标签█或按空格键，找到要使用片段的开始位置。

（3）单击"源"窗口下方的"标记入点"按钮█或按 I 键，创建标记入点，如图 5-18 所示，"源"窗口中显示当前素材的入点画面。

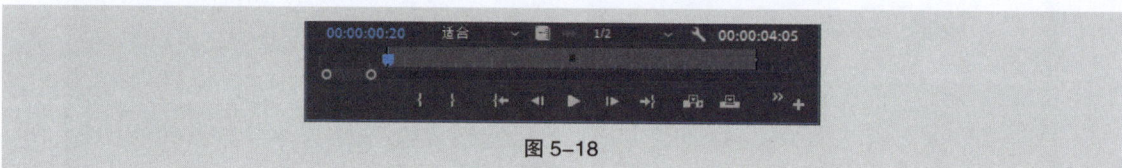

图 5-18

（4）继续播放素材，找到使用片段的结束位置。单击"源"窗口下方的"标记出点"按钮█或按 O 键，创建标记出点，如图 5-19 所示。入点和出点之间显示为灰色，两点之间的片段即入点与出点之间的素材片段。

图 5-19

（5）单击"转到入点"按钮█可以自动跳到素材的入点位置，单击"转到出点"按钮█可以自动跳到素材出点的位置。

2. 视音频单独设置

在 Premiere Pro 中，可以为一个同时含有影像和声音的素材单独设置视音频部分的入点和出点。为素材的视频或音频部分单独设置入点和出点的方法如下。

（1）在"源"窗口打开要设置入点和出点的素材。

（2）在"源"窗口中拖动时间标签 或按空格键，找到要使用的片段的开始位置和结束位置。选择"标记 > 标记拆分"命令，弹出子菜单，如图 5-20 所示。

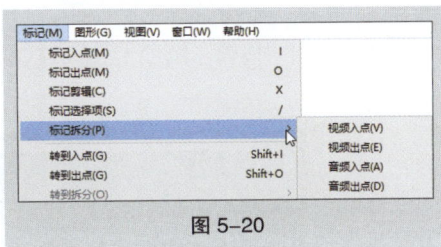

图 5-20

（3）在弹出的子菜单中选择"视频入点"和"视频出点"命令，为两点之间的视频部分设置入点和出点，如图 5-21 所示。继续播放素材，找到使用音频片段的开始和结束位置。选择"音频入点"和"音频出点"命令，为两点之间的音频部分设置入点和出点，如图 5-22 所示。

图 5-21

图 5-22

5.1.3 课堂案例——剪辑汤圆短视频

【案例学习目标】学习导入视频文件并设置剪辑点。

【案例知识要点】使用"导入"命令导入素材文件，使用"不透明度"选项制作文字动画，使用"高斯模糊"特效和"方向模糊"特效制作素材文件的模糊效果并制作动画，最终效果如图 5-23 所示。

【效果所在位置】Ch05/ 剪辑汤圆短视频 / 剪辑汤圆短视频 .prproj。

慕课 12

剪辑汤圆
短视频

图 5-23

（1）启动 Premiere Pro，选择"文件 > 新建 > 项目"命令，弹出"新建项目"对话框，如图 5-24 所示，单击"确定"按钮，新建项目。选择"文件 > 新建 > 序列"命令，弹出"新建序列"对话框，单击"设置"选项卡，设置如图 5-25 所示，单击"确定"按钮，新建序列。

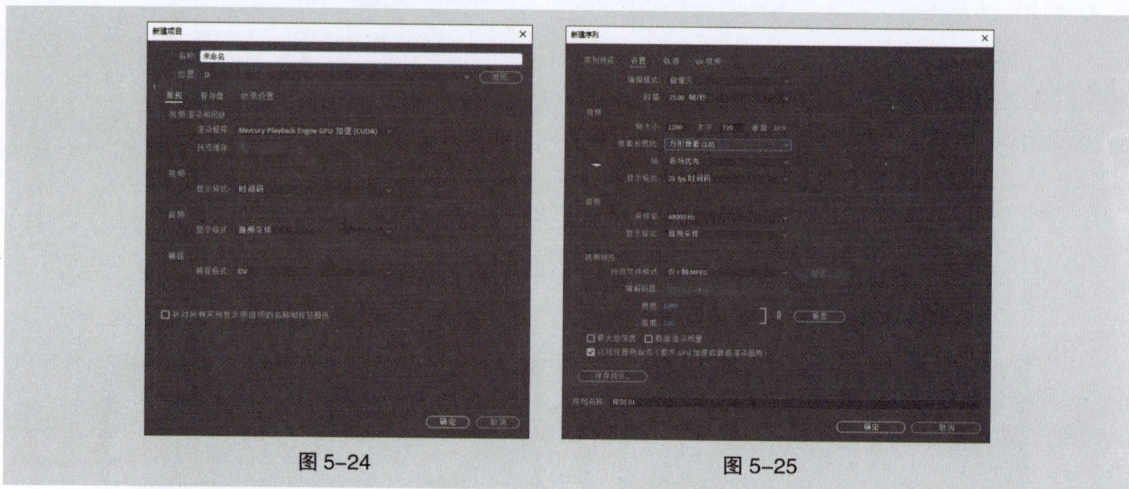

图 5-24

图 5-25

（2）选择"文件 > 导入"命令，弹出"导入"对话框，选择本书云盘中的"Ch05/ 剪辑汤圆短视频 / 素材 /01 ～ 03"文件，如图 5-26 所示，单击"打开"按钮，将素材文件导入"项目"面板中，如图 5-27 所示。

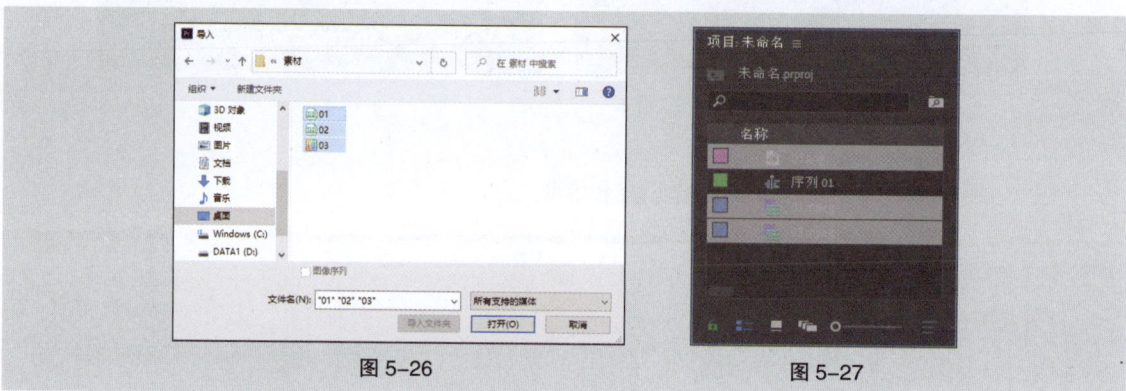

图 5-26

图 5-27

（3）在"项目"面板中，选中"01"文件并将其拖曳到"时间轴"面板的"V1"轨道中，弹出"剪辑不匹配警告"对话框，单击"保持现有设置"按钮，在保持现有序列设置的情况下将"01"文件放置在"V1"轨道中，如图 5-28 所示。将时间标签放置在 00:00:07:16 的位置。将鼠标指针放置在"01"文件的结束位置，当鼠标指针呈➡状时单击，显示编辑点，按 E 键，将所选编辑点扩展到时间标签的位置，如图 5-29 所示。

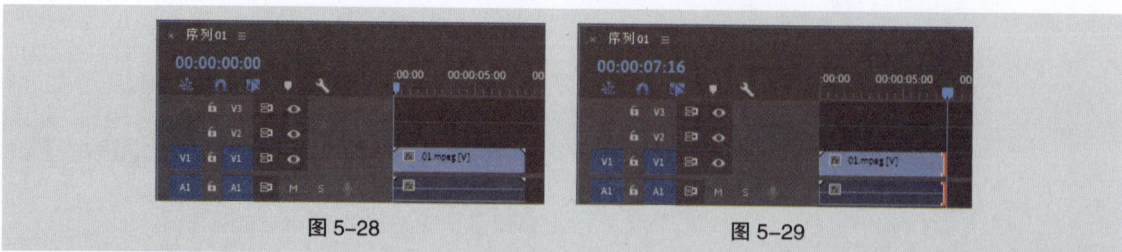

图 5-28

图 5-29

（4）在"项目"面板中，选中"02"文件并将其拖曳到"时间轴"面板的"V1"轨道中，如图 5-30 所示。在"项目"面板中，选中"03"文件并将其拖曳到"时间轴"面板的"V2"轨道中，如图 5-31 所示。

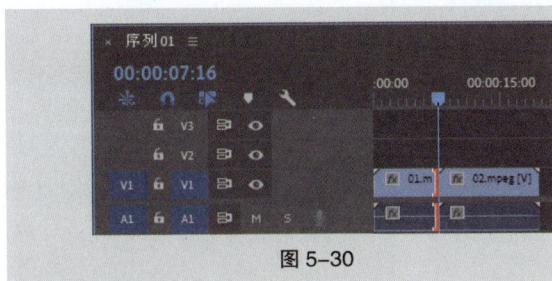

图 5-30

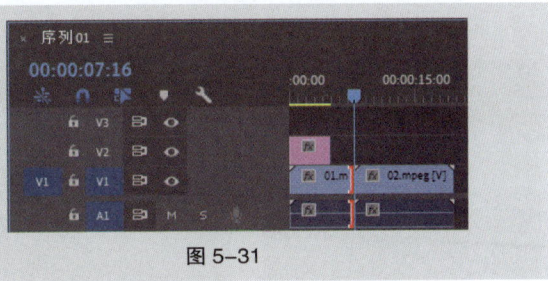

图 5-31

（5）将时间标签放置在 00:00:02:23 的位置。将鼠标指针放置在"03"文件的结束位置，当鼠标指针呈◀▶状时单击，显示编辑点，按 E 键，将所选编辑点扩展到时间标签的位置，如图 5-32 所示。将时间标签放置在 0 s 的位置。选择"效果"面板，展开"视频效果"分类选项，单击"模糊与锐化"文件夹前面的三角形按钮▶将其展开，选中"高斯模糊"效果，如图 5-33 所示。

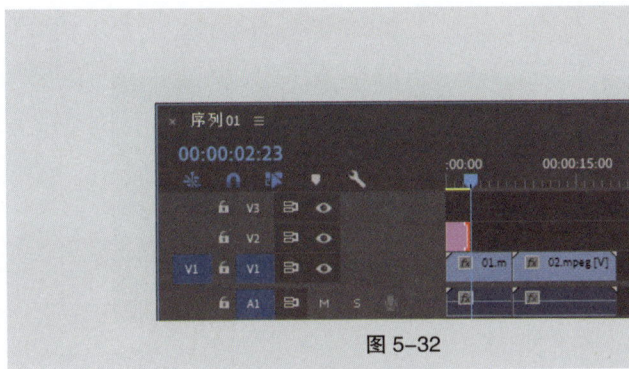

图 5-32

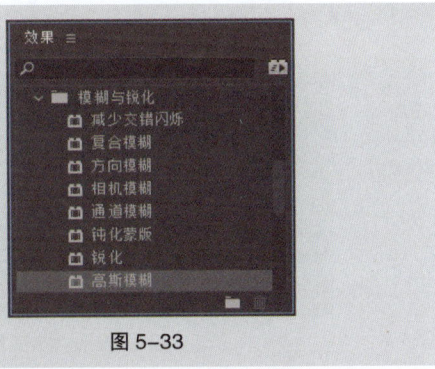

图 5-33

（6）将"高斯模糊"效果拖曳到"时间轴"面板中的"01"文件上。选择"效果控件"面板，展开"高斯模糊"栏，将"模糊度"选项设置为 200.0，单击"模糊度"选项左侧的"切换动画"按钮◎，如图 5-34 所示，记录第 1 个动画关键帧。将时间标签放置在 00:00:01:15 的位置。将"模糊度"选项设置为 0.0，如图 5-35 所示，记录第 2 个动画关键帧。

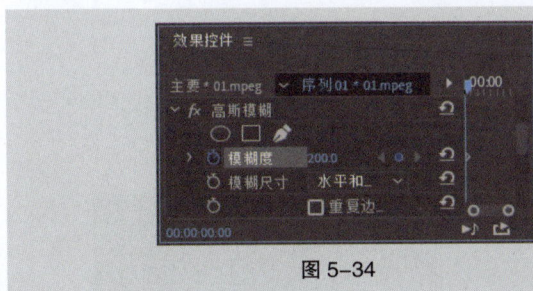

图 5-34

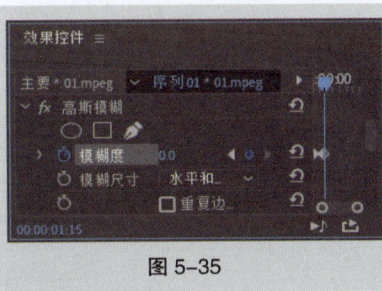

图 5-35

（7）将时间标签放置在 00:00:07:16 的位置。选择"效果"面板，展开"视频效果"分类选项，单击"模糊与锐化"文件夹前面的三角形按钮▶将其展开，选中"方向模糊"效果，如图 5-36 所示。将"方向模糊"效果拖曳到"时间轴"面板中的"02"文件上。

（8）选择"效果控件"面板，展开"方向模糊"栏，将"方向"选项设置为0.0，"模糊长度"选项设置为200.0，单击"方向"和"模糊长度"选项左侧的"切换动画"按钮 ，如图5-37所示，记录第1个动画关键帧。将时间标签放置在00:00:09:20的位置。将"方向"选项设置为30.0°，"模糊长度"选项设置为0.0，如图5-38所示，记录第2个动画关键帧。

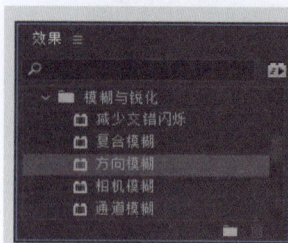

图5-36

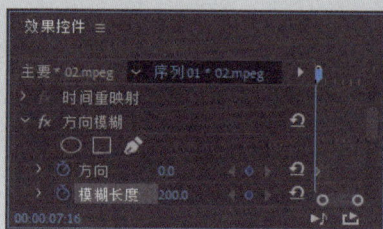

图5-37

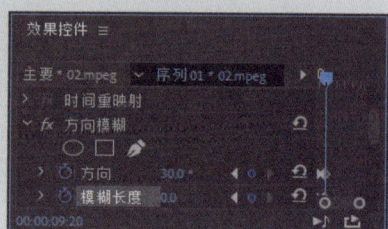

图5-38

（9）将时间标签放置在0 s的位置。选择"时间轴"面板中的"03"文件。选择"效果控件"面板，展开"不透明度"栏，将"不透明度"选项设置为0.0%，如图5-39所示，记录第1个动画关键帧。将时间标签放置在00:00:00:18的位置。将"不透明度"选项设置为100.0%，如图5-40所示，记录第2个动画关键帧。汤圆短视频剪辑完成。

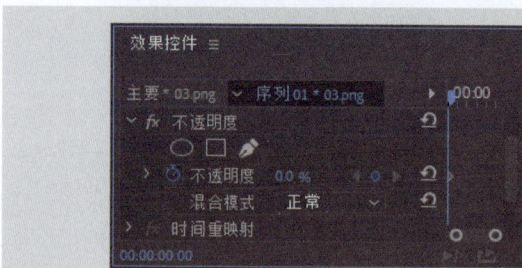

图5-39

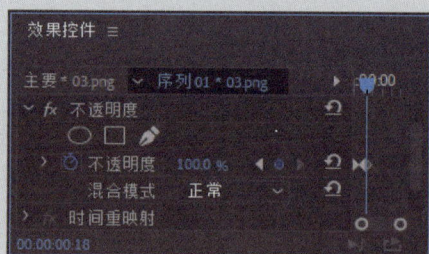

图5-40

5.1.4　设置剪辑点

在 Premiere Pro 中，可以在"时间轴"面板中增加或删除帧来剪辑素材，以改变素材的长度。使用剪辑点剪辑素材的方法如下。

（1）将"项目"面板中要剪辑的素材拖曳到"时间轴"面板中。

（2）将"时间轴"面板中的时间标签 放置到要剪辑的位置，如图5-41所示。

（3）将鼠标指针放置在素材文件的开始位置，当鼠标指针呈 状时单击，显示编辑点，如图5-42所示。

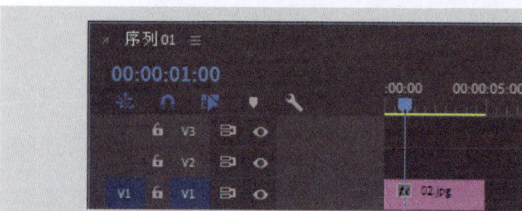

图5-41

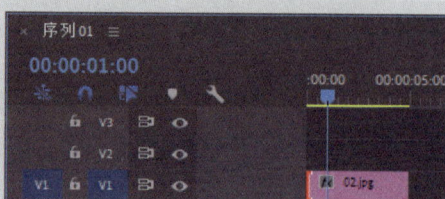

图5-42

（4）向右拖曳到时间标签 的位置，如图 5-43 所示，松开鼠标，效果如图 5-44 所示。

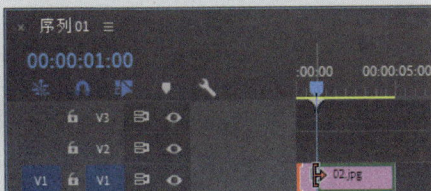

图 5-43

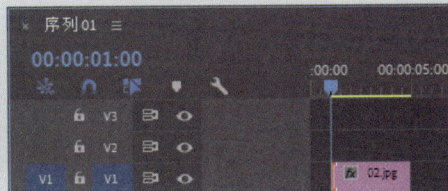

图 5-44

（5）将"时间轴"面板中的时间标签 再次移到要剪辑的位置。将鼠标指针放置在素材文件的结束位置，当鼠标指针呈 状时单击，显示编辑点，如图 5-45 所示。按 E 键，将所选编辑点扩展到时间标签 的位置，如图 5-46 所示。

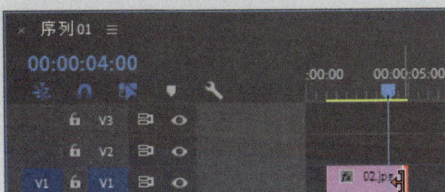

图 5-45

图 5-46

5.2 编辑素材

5.2.1 课堂案例——调整超市宣传短视频

【案例学习目标】学习调整视频的播放速度和持续时间。

【案例知识要点】使用"导入"命令导入视频文件，使用"速度/持续时间"命令调整影片播放速度和持续时间，最终效果如图 5-47 所示。

【效果所在位置】Ch05/ 调整超市宣传短视频 / 调整超市宣传短视频 .prproj。

慕课 13

调整超市宣传
短视频

图 5-47

（1）启动 Premiere Pro，选择"文件 > 新建 > 项目"命令，弹出"新建项目"对话框，如图 5-48 所示，单击"确定"按钮，新建项目。选择"文件 > 新建 > 序列"命令，弹出"新建序列"对话框，单击"设置"选项卡，设置如图 5-49 所示，单击"确定"按钮，新建序列。

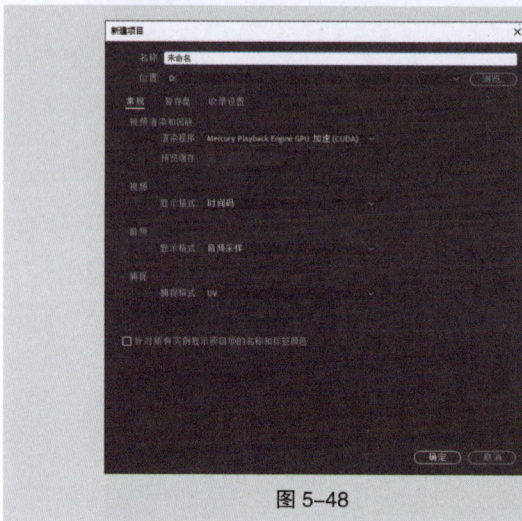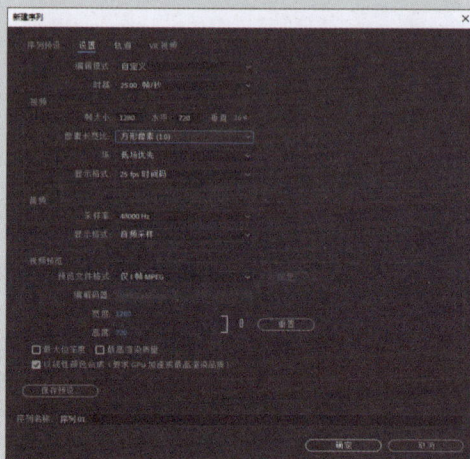

图 5-48   图 5-49

（2）选择"文件 > 导入"命令，弹出"导入"对话框，选择本书云盘中的"Ch05/ 调整超市宣传短视频 / 素材 /01 和 02"文件，如图 5-50 所示，单击"打开"按钮，将素材文件导入"项目"面板中，如图 5-51 所示。

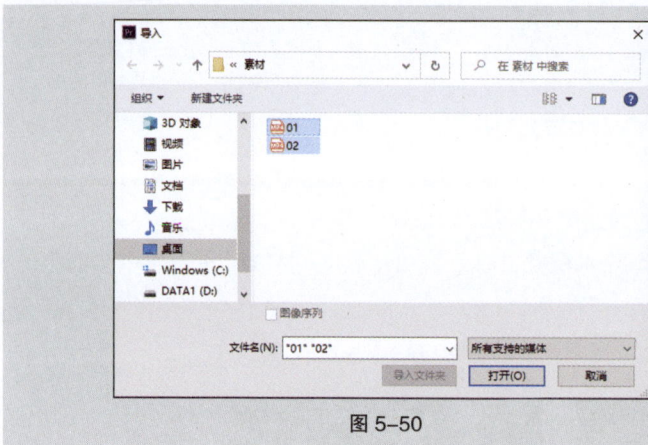

图 5-50   图 5-51

（3）在"项目"面板中，选中"01"文件并将其拖曳到"时间轴"面板的"V1"轨道中，弹出"剪辑不匹配警告"对话框，单击"保持现有设置"按钮，在保持现有序列设置的情况下将"01"文件放置在"V1"轨道中，如图 5-52 所示。

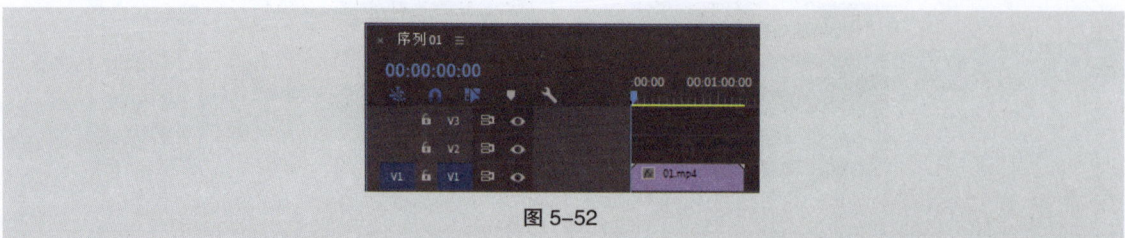

图 5-52

（4）选择"时间轴"面板中的"01"文件。选择"剪辑＞速度／持续时间"命令，在弹出的对话框中进行设置，如图5-53所示，单击"确定"按钮。

（5）在"项目"面板中，选中"02"文件并将其拖曳到"时间轴"面板的"V1"轨道中，如图5-54所示。选择"时间轴"面板中的"02"文件。选择"剪辑＞速度／持续时间"命令，在弹出的对话框中进行设置，如图5-55所示。超市宣传短视频调整完成。

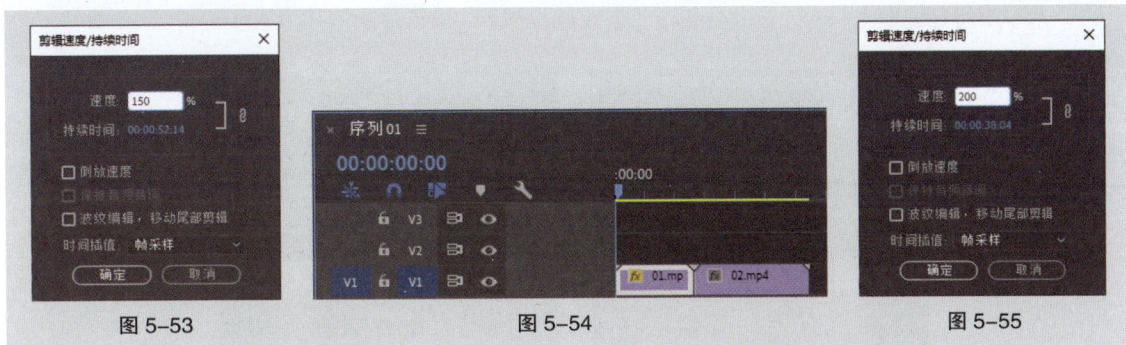

图 5-53　　　　　　　　　　图 5-54　　　　　　　　　　图 5-55

5.2.2　速度／持续时间

在Premiere Pro中，可以根据需求随意更改影片片段的播放速度和持续时间。具体操作步骤如下。

（1）在"时间轴"面板中的某一个文件上单击鼠标右键，在弹出的快捷菜单中选择"速度／持续时间"命令，弹出图5-56所示的对话框。

"速度"：在此设置播放速度的百分比，以此决定影片的播放速度。

"持续时间"：单击选项右侧的时间码，当时间码变为如图5-57所示时，在此导入时间值。时间值越长，影片播放的速度越慢；时间值越短，影片播放的速度越快。

"倒放速度"：勾选此复选框，影片片段将向反方向播放。

"保持音频音调"：勾选此复选框，将保持影片片段的音频播放速度不变。

"波纹编辑，移动尾部剪辑"：勾选此复选框，使剪辑后方的影片素材保持跟随。

"时间插值"：包含帧采样、帧混合和光流法3个选项。

（2）设置完成后，单击"确定"按钮，完成更改播放速度和持续时间的任务，返回到主页面。

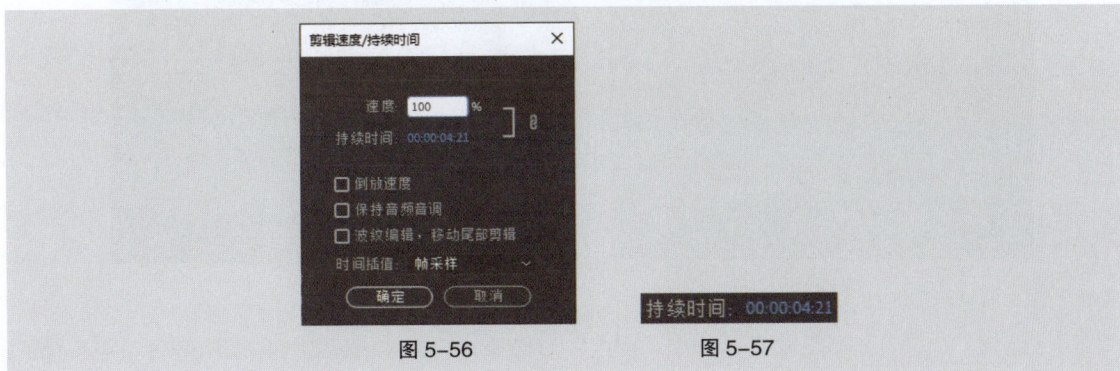

图 5-56　　　　　　　　　　图 5-57

5.2.3　课堂案例——重组番茄的故事宣传片视频

【案例学习目标】学习使用"导入"命令和"插入"按钮编辑视频素材。

【案例知识要点】使用"导入"命令导入视频文件，使用"效果控件"面板调整画面大小，使用"插入"按钮插入视频文件，最终效果如图 5-58 所示。

【效果所在位置】Ch05/ 重组番茄的故事宣传片视频 / 重组番茄的故事宣传片视频 .prproj。

慕课 14

重组番茄的故事宣传片视频

图 5-58

（1）启动 Premiere Pro，选择"文件 > 新建 > 项目"命令，弹出"新建项目"对话框，如图 5-59 所示，单击"确定"按钮，新建项目。选择"文件 > 新建 > 序列"命令，弹出"新建序列"对话框，单击"设置"选项卡，设置如图 5-60 所示，单击"确定"按钮，新建序列。

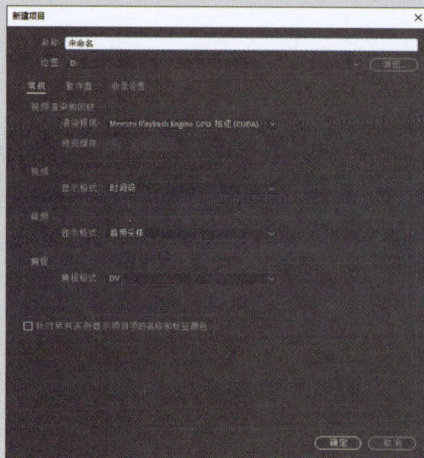

图 5-59

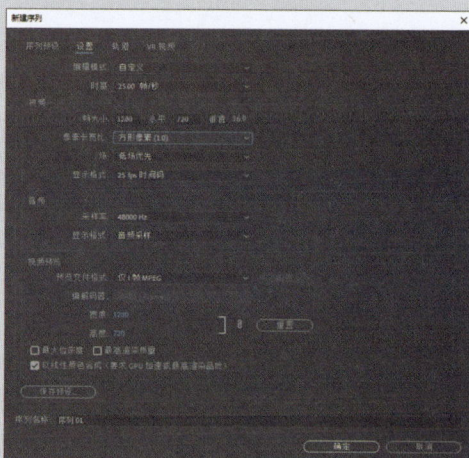

图 5-60

（2）选择"文件 > 导入"命令，弹出"导入"对话框，选择本书云盘中的"Ch05/ 重组番茄的故事宣传片视频 / 素材 /01 和 02"文件，如图 5-61 所示，单击"打开"按钮，将素材文件导入"项目"面板中，如图 5-62 所示。

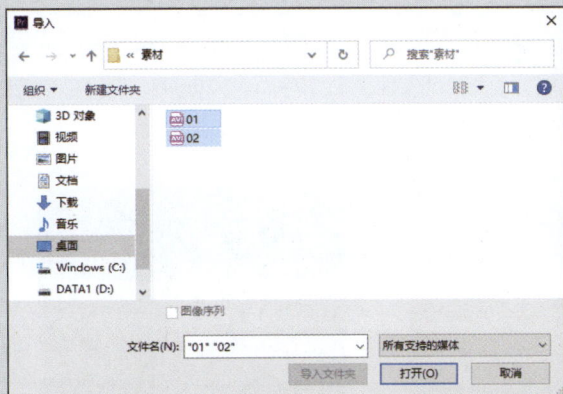

图 5-61

图 5-62

（3）在"项目"面板中，选中"01"文件并将其拖曳到"时间轴"面板中，如图 5-63 所示。选择"时间轴"面板中的"01"文件。选择"效果控件"面板，展开"运动"栏，将"缩放"选项设置为 170.0，如图 5-64 所示。

图 5-63

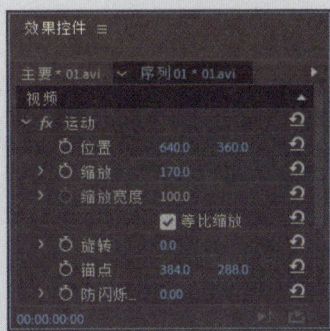

图 5-64

（4）将时间标签放置在 00:00:06:00 的位置。在"项目"面板中双击"02"文件，将其在"源"窗口中打开，如图 5-65 所示。单击"源"面板下方的"插入"按钮 ，将"02"文件插入"时间轴"面板中，如图 5-66 所示。

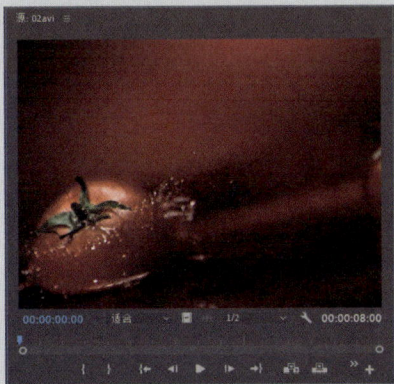

图 5-65

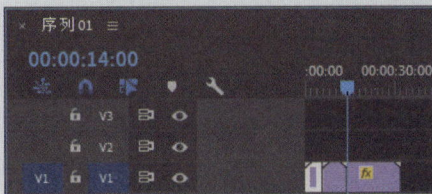

图 5-66

（5）将时间标签放置在00:00:25:00的位置。在"V1"轨道上选中"01"文件，将鼠标指针放在"01"文件的结束位置，当鼠标指针呈◀状时，向左拖曳到00:00:25:00的位置，如图5-67所示。

（6）选择"时间轴"面板中的"02"文件。选择"效果控件"面板，展开"运动"栏，将"缩放"选项设置为170.0，如图5-68所示。番茄的故事宣传片视频重组完成。

 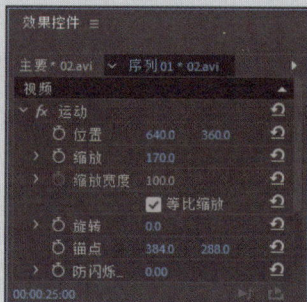

图 5-67　　　　　　　　　　　　　　图 5-68

5.2.4　切割素材

在Premiere Pro中，当素材被添加到"时间轴"面板的轨道中后，可以使用"工具"面板中的"剃刀"工具对此素材进行切割。具体操作步骤如下。

（1）在"时间轴"面板中添加要切割的素材。

（2）选择"工具"面板中的"剃刀"工具◈，将鼠标指针移到需要切割的位置并单击，该素材即被切割为两个素材，每一个素材都有独立的长度以及入点与出点，如图5-69所示。

（3）如果要将多个轨道上的素材在同一点切割，则按住Shift键，显示多重刀片，轨道上未锁定的素材都将在该位置被切割为两段，如图5-70所示。

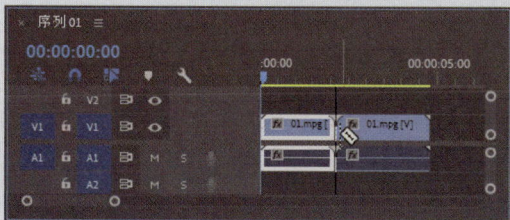 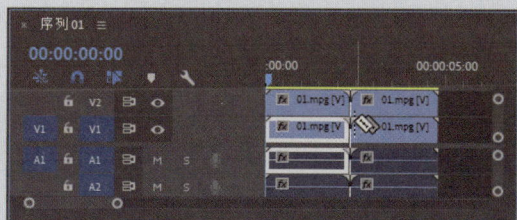

图 5-69　　　　　　　　　　　　　　图 5-70

5.2.5　插入和覆盖

"插入"按钮 ▮▮ 和"覆盖"按钮 ▮ 可以将"源"窗口中的片段直接置入"时间轴"面板中的时间标签 ▮ 所在的当前轨道中。

1. 插入

使用"插入"按钮插入素材的具体操作步骤如下。

（1）在"源"窗口中选中要插入"时间轴"面板中的素材。

（2）在"时间轴"面板中将时间标签 ▮ 移动到需要插入素材的时间点位置，如图5-71所示。

（3）单击"源"窗口下方的"插入"按钮 ▮▮ ，将选择的素材插入"时间轴"面板中，插入的新素材会把原有素材分为两段，原有素材的后半部分将会被向后推移，接在新素材之后，效果如图 5-72 所示。

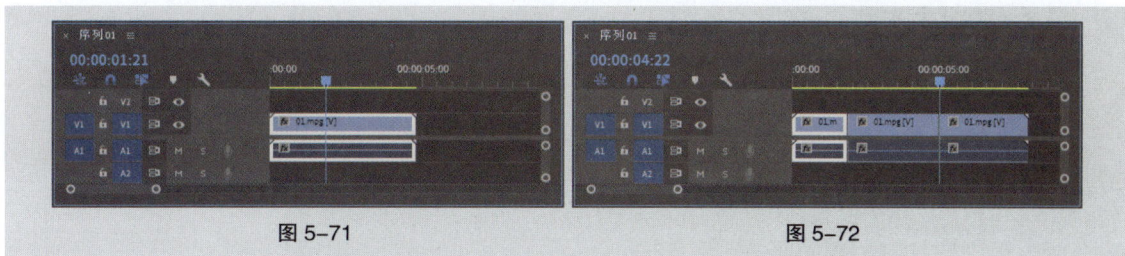

图 5-71   图 5-72

2. 覆盖

使用"覆盖"按钮插入素材的具体操作步骤如下。

（1）在"源"窗口中选中要插入"时间轴"面板中的素材。

（2）在"时间轴"面板中将时间标签 移动到需要插入素材的时间点位置。

（3）单击"源"窗口下方的"覆盖"按钮 ，将选择的素材插入"时间轴"面板中，插入的新素材在时间标签 处将覆盖原有素材，效果如图 5-73 所示。

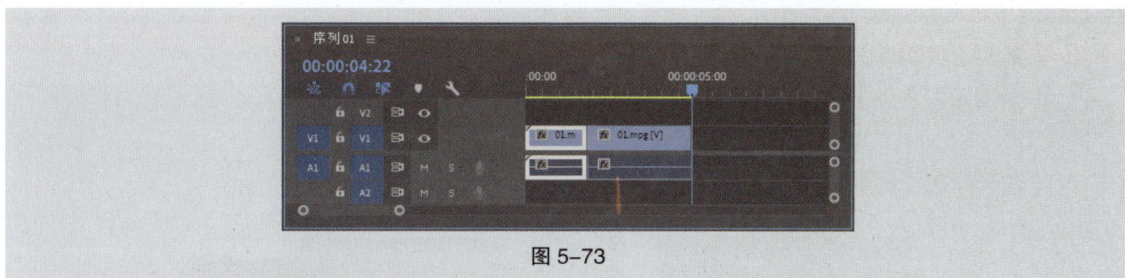

图 5-73

5.2.6   提升和提取

使用"提升"按钮 和"提取"按钮 可以在"时间轴"面板的指定轨道上删除指定的一段素材。

1. 提升

使用"提升"按钮的具体操作步骤如下。

（1）在"节目"窗口中为需要提升的素材部分设置入点、出点。设置的入点和出点同时显示在"时间轴"面板的标尺上，如图 5-74 所示。

（2）单击"节目"窗口下方的"提升"按钮 ，入点和出点之间的素材被删除，删除后的区域留下空白，如图 5-75 所示。

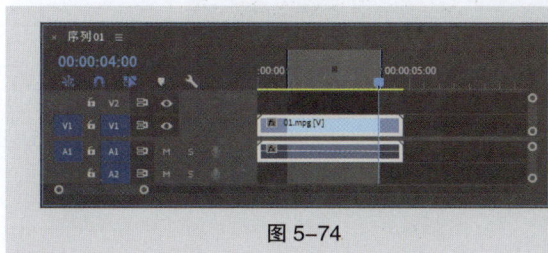
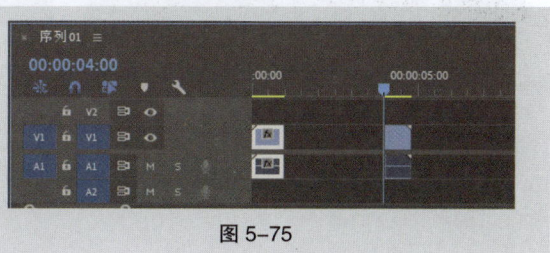

图 5-74   图 5-75

2. 提取

使用提取按钮的具体操作步骤如下。

（1）在"节目"窗口中为需要提取的素材部分设置入点、出点。设置的入点和出点同时显示在"时间轴"面板的标尺上。

（2）单击"节目"窗口下方的"提取"按钮 ，入点和出点之间的素材被删除，其后面的素材自动前移，填补空缺，如图 5-76 所示。

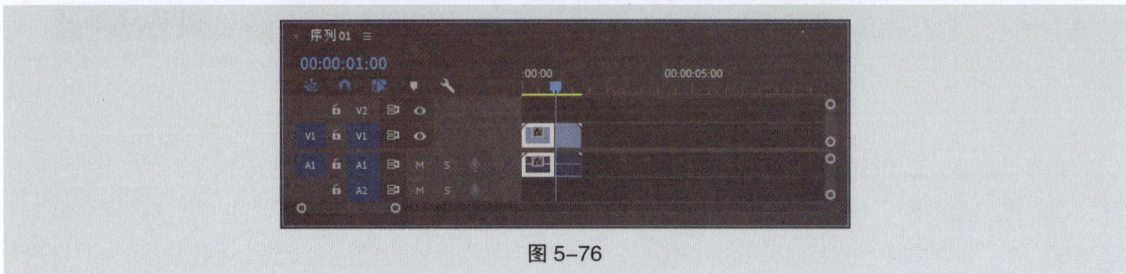

图 5-76

5.2.7 课堂案例——重组旅游宣传片视频

【案例学习目标】学习调整视音频链接。

【案例知识要点】使用"导入"命令导入视频文件，使用"取消链接"命令调整素材文件的视音频链接，最终效果如图 5-77 所示。

【效果所在位置】Ch05/ 重组旅游宣传片视频 / 重组旅游宣传片视频 .prproj。

图 5-77

（1）启动 Premiere Pro，选择"文件 > 新建 > 项目"命令，弹出"新建项目"对话框，如图 5-78 所示，单击"确定"按钮，新建项目。选择"文件 > 新建 > 序列"命令，弹出"新建序列"对话框，单击"设置"选项卡，设置如图 5-79 所示，单击"确定"按钮，新建序列。

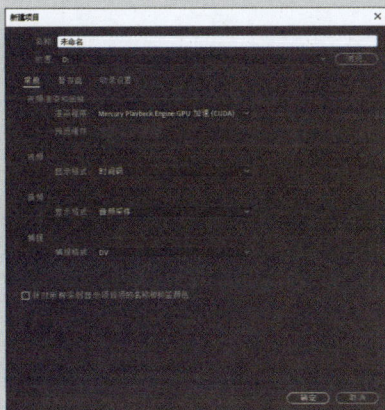

图 5-78

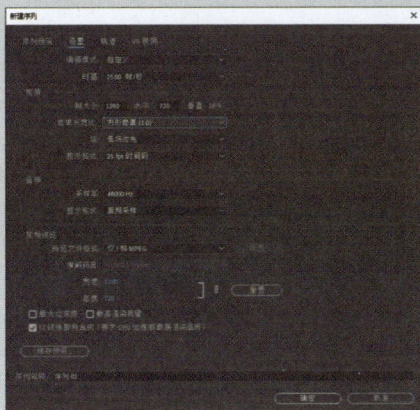

图 5-79

（2）选择"文件 > 导入"命令，弹出"导入"对话框，选择本书云盘中的"Ch05/ 重组旅游宣传片视频 / 素材 /01 ～ 04"文件，如图 5-80 所示，单击"打开"按钮，将素材文件导入"项目"面板中，如图 5-81 所示。

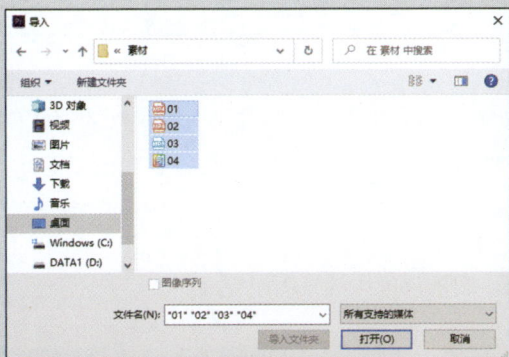

图 5-80

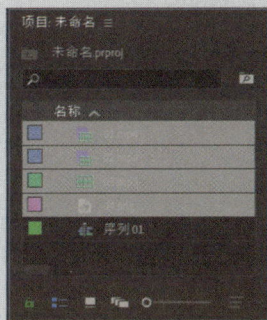

图 5-81

（3）在"项目"面板中，选中"02"文件并将其拖曳到"时间轴"面板中的"V1"轨道中，弹出"剪辑不匹配警告"对话框，单击"保持现有设置"按钮，在保持现有序列设置的情况下将"02"文件放置在"V1"轨道中，如图 5-82 所示。在"时间轴"面板中的"02"文件上单击鼠标右键，在弹出的快捷菜单中选择"取消链接"命令，取消视音频的链接，如图 5-83 所示。

图 5-82

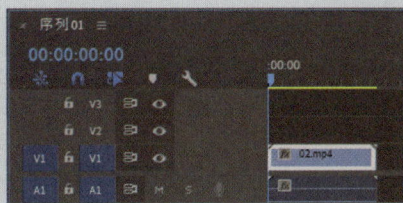

图 5-83

（4）选择下方的音频文件，按 Delete 键，删除文件，如图 5-84 所示。在"项目"面板中，选中"01"文件并将其拖曳到"时间轴"面板中的"V1"轨道中。在按住 Alt 键的同时单击"01"文件的音频，按 Delete 键，删除音频文件，如图 5-85 所示。

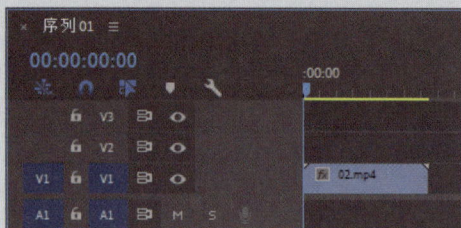

图 5-84   图 5-85

（5）在"项目"面板中，选中"03"文件并将其拖曳到"时间轴"面板中的"A1"轨道中，如图 5-86 所示。将鼠标指针放在"03"文件的结束位置单击，显示编辑点，当鼠标指针呈◀▶状时，向左拖曳到"01"文件的结束位置，如图 5-87 所示。

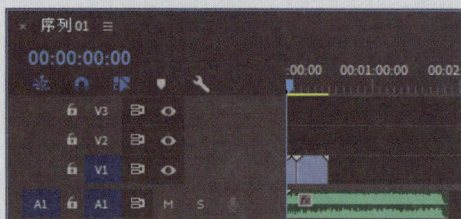
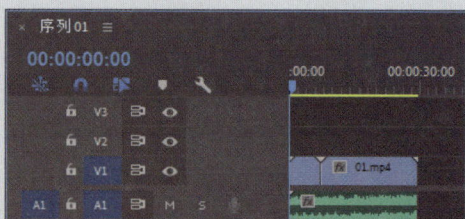

图 5-86   图 5-87

（6）在"项目"面板中，选中"04"文件并将其拖曳到"时间轴"面板中的"V2"轨道中，如图 5-88 所示。将鼠标指针放在"04"文件的结束位置单击，显示编辑点，当鼠标指针呈◀▶状时，向右拖曳到"01"文件的结束位置，如图 5-89 所示。

（7）选择"时间轴"面板中的"04"文件。选择"效果控件"面板，展开"运动"栏，将"位置"选项设为 1199.0 和 667.0，如图 5-90 所示。旅游宣传片视频重组完成。

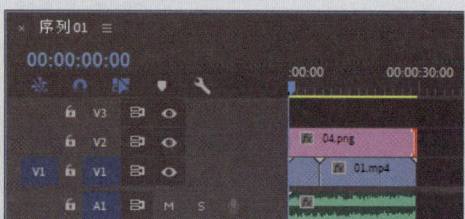

图 5-88   图 5-89

图 5-90

5.2.8 粘贴素材

Premiere Pro 提供标准的 Windows 编辑命令，用于剪切、复制和粘贴素材，这些命令都在"编辑"命令下。使用"粘贴插入"命令的具体操作步骤如下。

（1）选择"时间轴"面板中的素材，选择"编辑 > 复制"命令。

（2）在"时间轴"面板中将时间标签 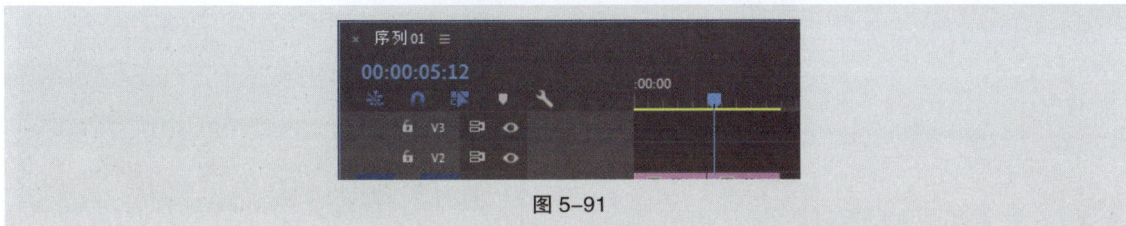 移动到需要粘贴素材的位置，如图 5-91 所示。

图 5-91

（3）选择"编辑 > 粘贴插入"命令，复制的素材被粘贴到时间标签 所在位置，其后的素材自动后移，如图 5-92 所示。

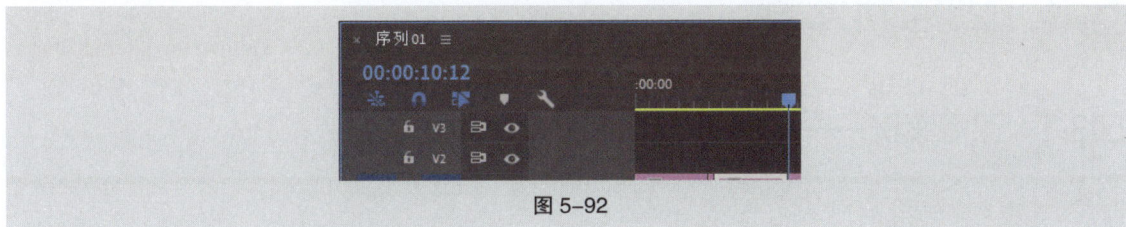

图 5-92

5.2.9 分离和链接视音频

在编辑工作中，经常需要将"时间轴"面板中的视音频链接素材的视频部分和音频部分分离。用户可以完全打断或者暂时释放链接素材的链接关系并重新设置各部分。

Premiere Pro 中音频素材和视频素材有两种链接关系：硬链接和软链接。如果链接的视频和音频来自一个影片文件，那么它们是硬链接，"项目"面板中只显示一个素材。硬链接是在素材导入Premiere Pro 之前就建立的，链接的视频和音频在"时间轴"面板中显示为相同的颜色，如图 5-93所示。软链接是在"时间轴"面板建立的链接，用户可以在"时间轴"面板为音频素材和视频素材建立软链接，软链接类似于硬链接，但软链接的素材在"项目"面板保持着各自的完整性，在序列中显示为不同的颜色，如图 5-94 所示。

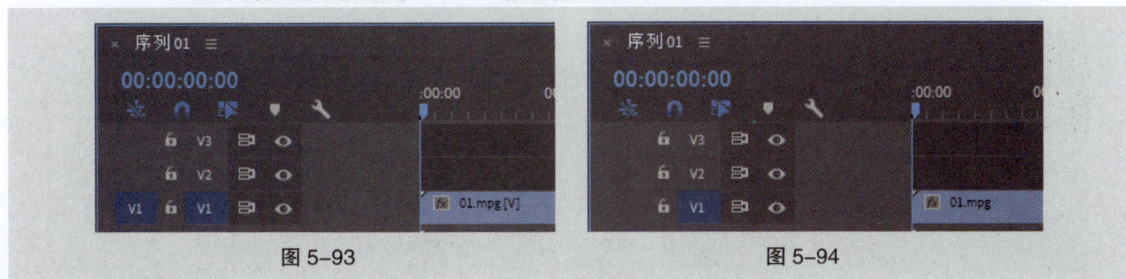

图 5-93   图 5-94

如果要分离链接在一起的视音频，可在轨道上选择对象，单击鼠标右键，在弹出的快捷菜单中选择"取消链接"命令即可，如图 5-95 所示。如果要把分离的视音频素材链接在一起作为一个整体进行操作，则只需要框选需要链接的视音频，单击鼠标右键，在弹出的快捷菜单中选择"链接"命令即可，如图 5-96 所示。

链接在一起的素材被分离后，分别移动音频部分和视频部分使其错位，然后再将其链接在一起，系统会在片段上标记警告并标识错位的时间，如图 5-97 所示，负值表示向前偏移，正值表示向后偏移。

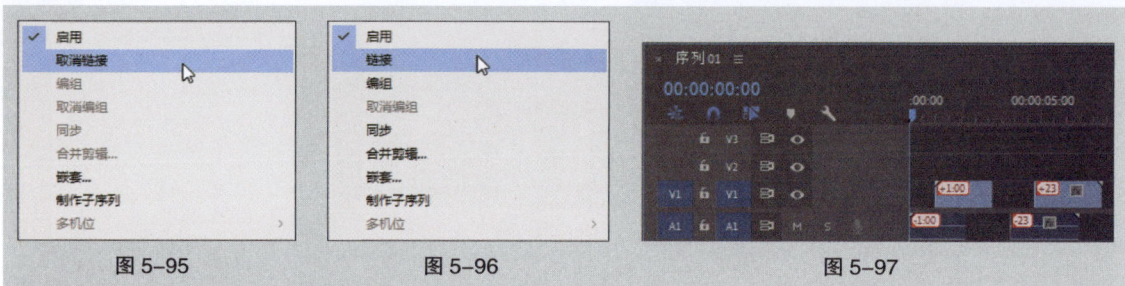

图 5-95　　　　　　图 5-96　　　　　　　　图 5-97

5.3　创建新元素

5.3.1　课堂案例——添加篮球公园宣传片中的彩条

【案例学习目标】学习使用"新建"命令制作 HD 彩条。

【案例知识要点】使用"导入"命令导入视频文件，使用"剃刀"工具切割视频素材，使用"插入"命令插入素材文件，使用"新建"命令新建 HD 彩条，最终效果如图 5-98 所示。

【效果所在位置】Ch05/ 添加篮球公园宣传片中的彩条 / 添加篮球公园宣传片中的彩条 .prproj。

慕课 16

添加篮球公园宣传片中的彩条

图 5-98

（1）启动 Premiere Pro，选择"文件 > 新建 > 项目"命令，弹出"新建项目"对话框，如图 5-99 所示，单击"确定"按钮，新建项目。

（2）选择"文件 > 导入"命令，弹出"导入"对话框，选择本书云盘中的"Ch05/ 添加篮球公园宣传片中的彩条 / 素材 /01 ～ 03"文件，如图 5-100 所示，单击"打开"按钮，将素材文件导入"项目"面板中，如图 5-101 所示。在"项目"面板中，选中"01"文件并将其拖曳到"时间轴"面板的"V1"轨道中，生成"01"序列，如图 5-102 所示。

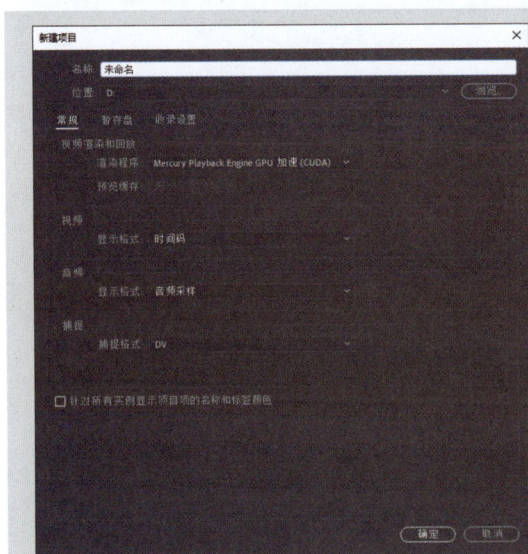

图 5-99

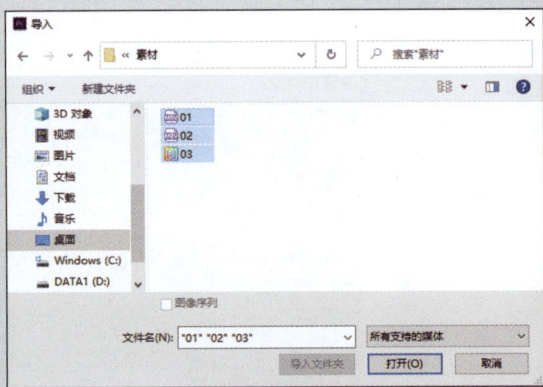

图 5-100

图 5-101

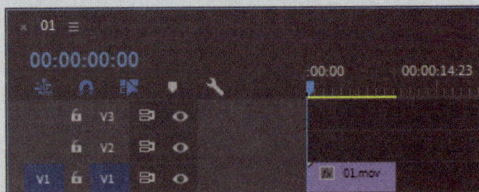

图 5-102

（3）将时间标签放置在 00:00:05:00 的位置。在"项目"面板中选中"02"文件，单击鼠标右键，在弹出的快捷菜单中选择"插入"命令，在"时间轴"面板中时间标签的位置插入"02"文件，效果如图 5-103 所示。

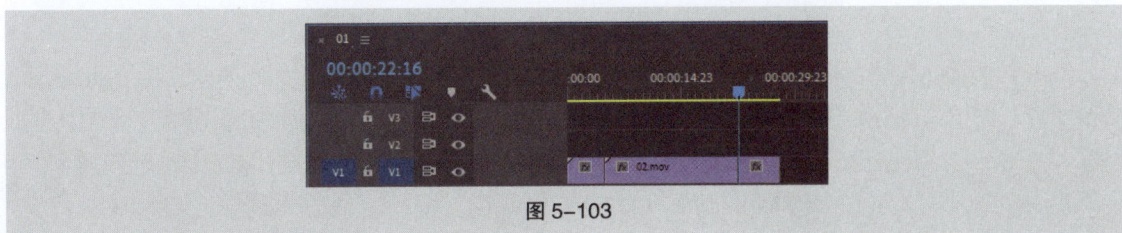

图 5-103

（4）将时间标签放置在 00:00:08:00 的位置。选择"剃刀"工具 ，将鼠标指针移到"时间轴"面板中的"02"文件上单击，切割素材，如图 5-104 所示。

（5）选择"选择"工具 ▶，选中切割后右侧的"02"文件，单击鼠标右键，在弹出的快捷菜单中选择"波纹删除"命令，删除所选文件且右侧的"01"文件自动前移，如图 5-105 所示。

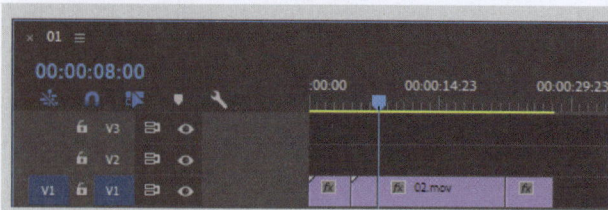

图 5-104

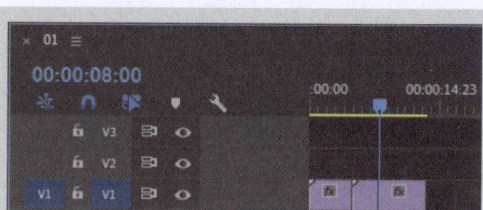

图 5-105

（6）选择"项目"面板，选择"文件 > 新建 > HD 彩条"命令，弹出"新建 HD 彩条"对话框，如图 5-106 所示，单击"确定"按钮，在"项目"面板中新建"HD 彩条"文件，如图 5-107 所示。

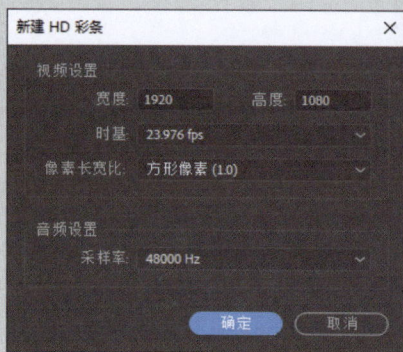

图 5-106

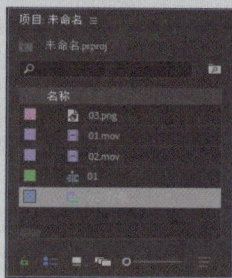

图 5-107

（7）在"项目"面板中，选中"HD 彩条"文件并将其拖曳到"时间轴"面板的"V2"轨道中，如图 5-108 所示。将时间标签放置在 00:00:05:08 的位置。将鼠标指针放在"HD 彩条"文件的结束位置单击，显示编辑点。当鼠标指针呈 ◀ 状时，向左拖曳到 00:00:05:08 的位置，如图 5-109 所示。

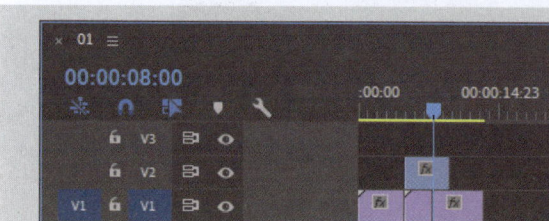

图 5-108

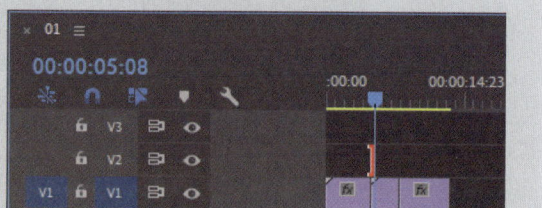

图 5-109

（8）在按住 Alt 键的同时，选择"A2"轨道中的音频文件，如图 5-110 所示，按 Delete 键，删除文件。在"项目"面板中，选中"03"文件并将其拖曳到"时间轴"面板的"V3"轨道中，如图 5-111 所示。将鼠标指针放在"03"文件的结束位置单击，显示编辑点。当鼠标指针呈 ◀ 状时，向右拖曳到"01"文件的结束位置，如图 5-112 所示。

（9）选择"时间轴"面板中的"03"文件。选择"效果控件"面板，展开"运动"栏，将"位置"选项设为 1640.0 和 902.0，"缩放"选项设置为 27.0，如图 5-113 所示。

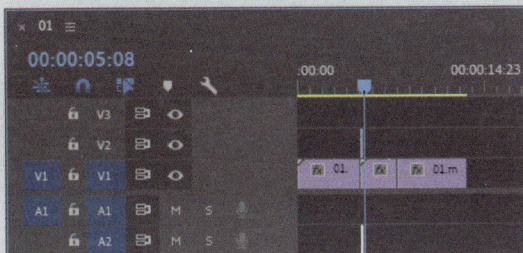

图 5-110

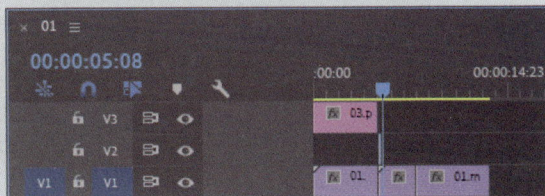

图 5-111

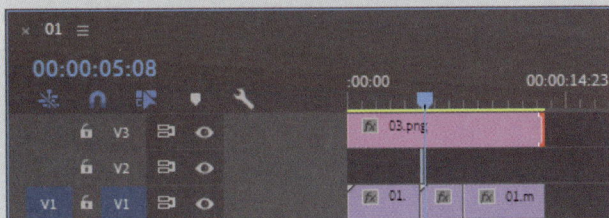

图 5-112

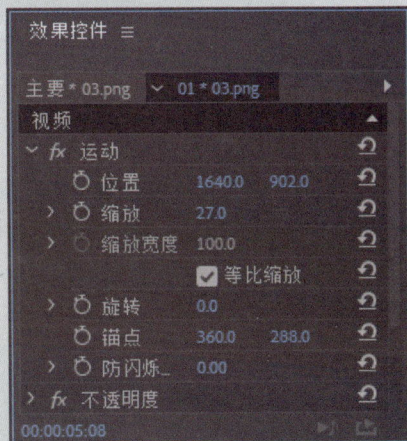

图 5-113

（10）将时间标签放置在 00:00:04:23 的位置。选择"效果控件"面板，展开"不透明度"栏，单击"不透明度"选项右侧的"添加 / 移除关键帧"按钮 ◇，如图 5-114 所示，记录第 1 个动画关键帧。将时间标签放置在 00:00:05:00 的位置。将"不透明度"选项设置为 0.0%，如图 5-115 所示，记录第 2 个动画关键帧。

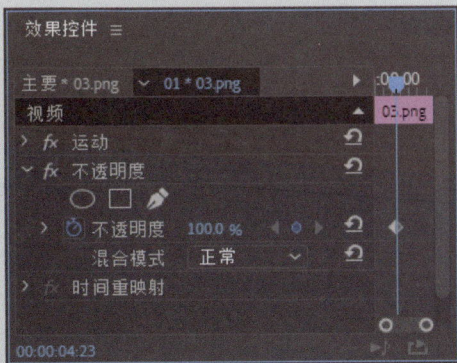

图 5-114

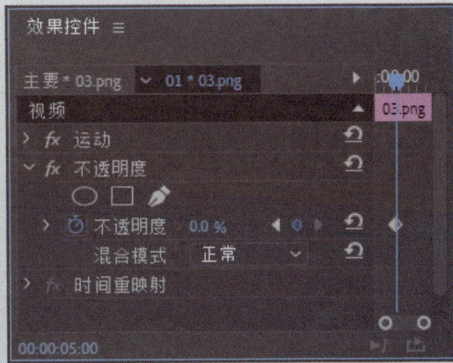

图 5-115

（11）将时间标签放置在 00:00:05:07 的位置。单击"不透明度"选项右侧的"添加 / 移除关键帧"按钮 ◇，如图 5-116 所示，记录第 3 个动画关键帧。将时间标签放置在 00:00:05:08 的位置。将"不透明度"选项设置为 100.0%，如图 5-117 所示，记录第 4 个动画关键帧。篮球公园宣传片中的彩条添加完成。

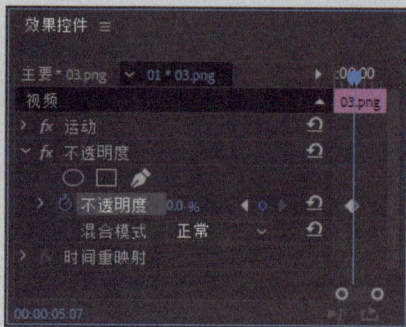

图 5-116

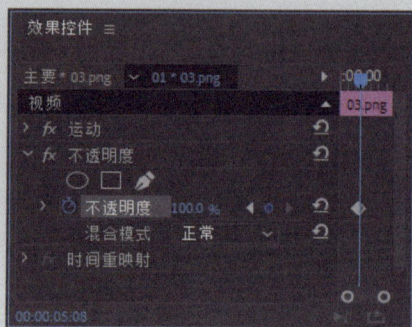

图 5-117

5.3.2 通用倒计时片头

通用倒计时片头通常用于影片开始前的倒计时准备。Premiere Pro 为用户提供现成的通用倒计时素材，用户可以非常便捷地创建一个标准的倒计时素材，并可以在 Premiere Pro 中随时对其进行修改，如图 5-118 所示。创建倒计时素材的具体操作步骤如下。

图 5-118

（1）单击"项目"面板下方的"新建项"按钮 ，在弹出的列表中选择"通用倒计时片头"选项，弹出"新建通用倒计时片头"对话框，如图 5-119 所示。设置完成后，单击"确定"按钮，弹出"通用倒计时设置"对话框，如图 5-120 所示。

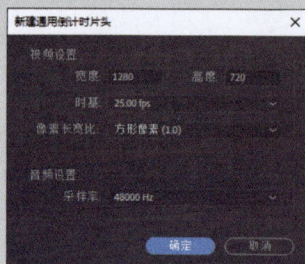

图 5-119

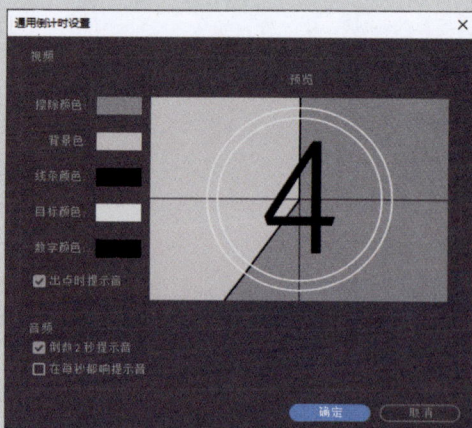

图 5-120

（2）设置完成后，单击"确定"按钮，Premiere Pro 自动将该段倒计时素材加入"项目"面板。

（3）在"项目"面板或"时间轴"面板中双击倒计时素材，可以随时打开"通用倒计时设置"对话框进行修改。

5.3.3 彩条和黑场

1. 彩条

Premiere Pro 可以为影片加入一段彩条，如图 5-121 所示。

在"项目"面板下方单击"新建项"按钮，在弹出的列表中选择"彩条"选项，即可创建彩条。

图 5-121

2. 黑场

Premiere Pro 可以在影片中创建一段黑场。在"项目"面板下方单击"新建项"按钮，在弹出的列表中选择"黑场视频"选项，即可创建黑场。

5.3.4 颜色蒙版

Premiere Pro 还可以为影片创建一个颜色蒙版。用户可以将颜色蒙版当作背景，也可利用"透明度"命令来设定与它相关的颜色的透明性。具体操作步骤如下。

（1）在"项目"面板下方单击"新建项"按钮，在弹出的列表中选择"颜色遮罩"选项，弹出"新建颜色遮罩"对话框，如图 5-122 所示。进行参数设置后，单击"确定"按钮，弹出"拾色器"对话框，如图 5-123 所示。

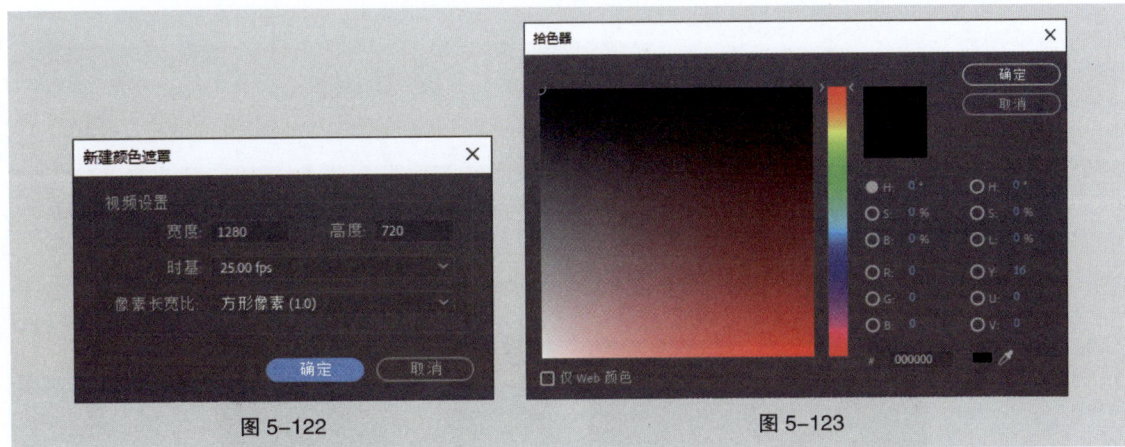

图 5-122

图 5-123

（2）在"拾色器"对话框中选取蒙版所要使用的颜色，单击"确定"按钮。

（3）在"项目"面板或"时间轴"面板中双击颜色蒙版，可以随时打开"拾色器"对话框进行修改。

5.3.5 透明视频

在 Premiere Pro 中，用户可以创建一个透明的视频层，它能够将效果应用到一系列的影片剪辑中而无须重复地复制和粘贴属性。只要应用一个效果到透明视频轨道上，效果将自动出现在下面的所有视频轨道中。

课堂练习——剪辑古镇游记短视频

【练习知识要点】使用"导入"命令导入视频文件，使用入点和出点在"源"窗口中剪辑视频，使用"插入"命令插入素材文件，使用"速度/持续时间"命令调整影片播放速度，最终效果如图 5-124 所示。

【效果所在位置】Ch05/ 剪辑古镇游记短视频 / 剪辑古镇游记短视频 .prproj。

慕课 17

剪辑古镇游记
短视频

图 5-124

课后习题——重组璀璨烟火宣传片视频

【习题知识要点】使用"导入"命令导入视频文件，使用"插入"按钮插入视频文件，使用"剃刀"工具切割素材文件，使用"基本图形"面板添加文本，最终效果如图 5-125 所示。

【效果所在位置】Ch05/ 重组璀璨烟火宣传片视频 / 重组璀璨烟火宣传片视频 .prproj。

慕课 18

重组璀璨烟火
宣传片视频

图 5-125

第6章

转场

▶ **本章介绍**

　　本章主要介绍如何在 Premiere Pro 的视频素材或图片素材之间建立丰富多彩的转场。每一个转场都具有很多可调节的选项。本章内容对于影视剪辑中的镜头转场有着非常实用的意义，它可以使剪辑的画面更加富于变化，更加生动、多彩。

学习目标

● 掌握转场特技的设置。
● 熟练掌握高级转场特技的应用和设置。

技能目标

● 掌握"滑雪运动宣传片的转场"的添加方法。
● 掌握"美食创意宣传片的转场"的添加方法。
● 掌握"家居短视频的转场"的添加方法。
● 掌握"花世界电子相册的转场"的添加方法。

素养目标

● 培养确保与目标效果一致的思维能力。
● 培养准确观察和分析对象特点的能力。

6.1 应用转场

6.1.1 课堂案例——添加滑雪运动宣传片的转场

【案例学习目标】学习使用转场制作视频之间的过渡。

【案例知识要点】使用“导入”命令导入素材文件，使用“立方体旋转”转场、“带状内滑”转场和“圆划像”转场制作视频之间的过渡，最终效果如图 6-1 所示。

【效果所在位置】Ch06/ 添加滑雪运动宣传片的转场 / 添加滑雪运动宣传片的转场 .prproj。

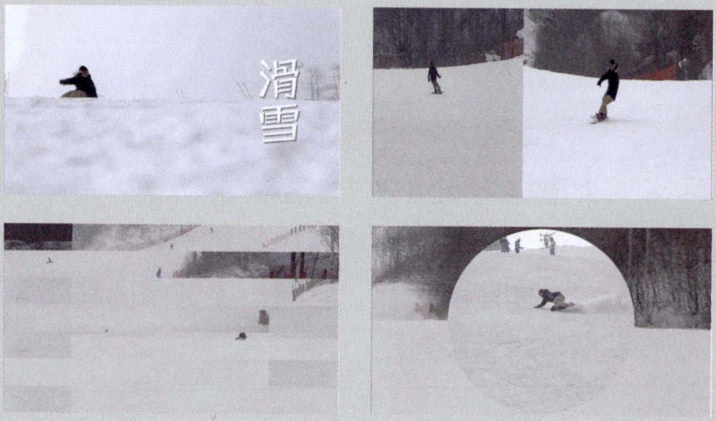

慕课 19

添加滑雪运动宣传片的转场

图 6-1

（1）启动 Premiere Pro，选择“文件 > 新建 > 项目”命令，弹出“新建项目”对话框，如图 6-2 所示，单击“确定”按钮，新建项目。选择“文件 > 新建 > 序列”命令，弹出“新建序列”对话框，单击“设置”选项卡，设置如图 6-3 所示，单击“确定”按钮，新建序列。

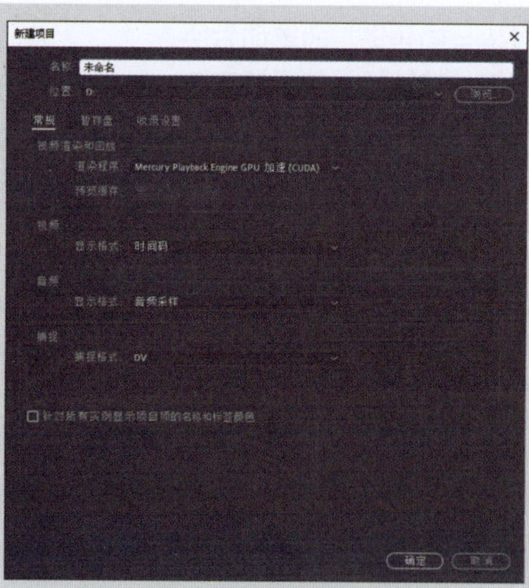

图 6-2

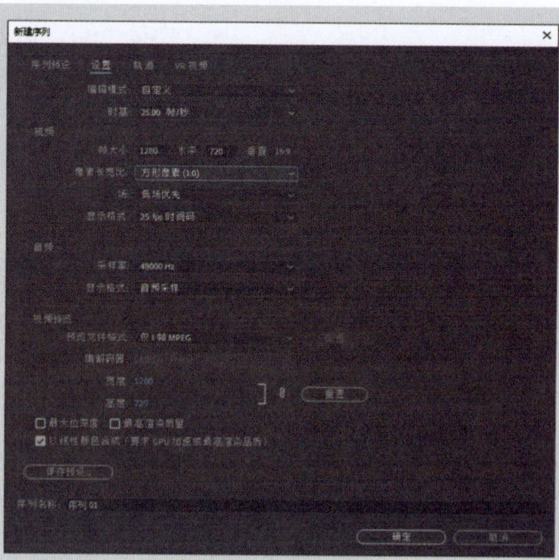

图 6-3

（2）选择"文件>导入"命令，弹出"导入"对话框，选择本书云盘中的"Ch06/添加滑雪运动宣传片的转场/素材/01～05"文件，如图6-4所示，单击"打开"按钮，将素材文件导入"项目"面板中，如图6-5所示。

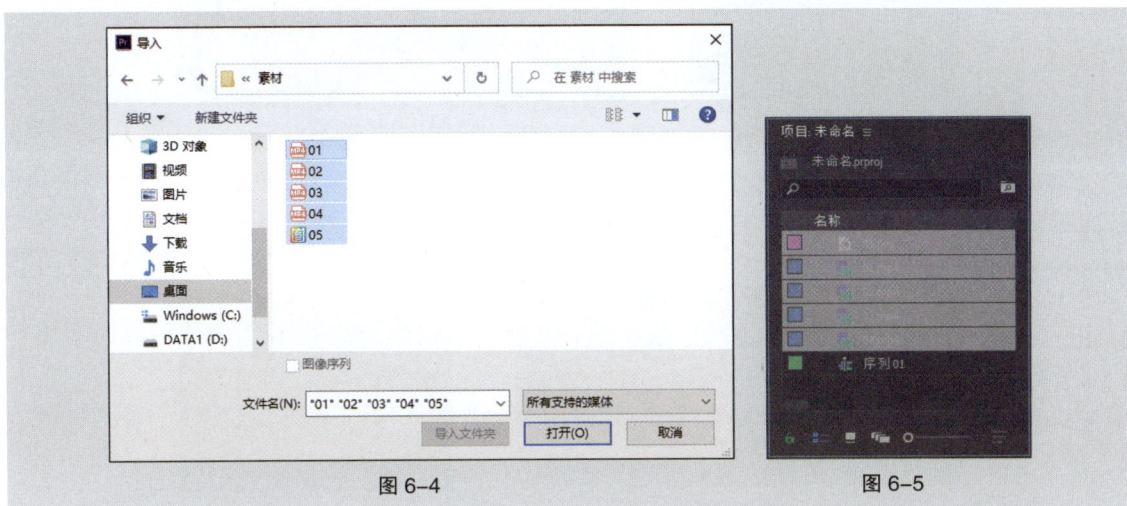

图 6-4　　　　　　　　　　　图 6-5

（3）在"项目"面板中，分别选中"01～04"文件并将其拖曳到"时间轴"面板中的"V1"轨道中，弹出"剪辑不匹配警告"对话框，如图6-6所示，单击"保持现有设置"按钮，在保持现有序列设置的情况下将文件放置在"V1"轨道中，如图6-7所示。

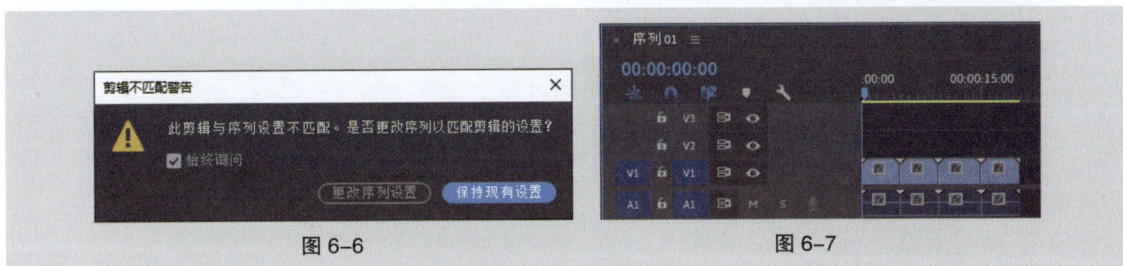

图 6-6　　　　　　　　　　　图 6-7

（4）选择"效果"面板，展开"视频过渡"分类选项，单击"3D运动"文件夹前面的三角形按钮▶将其展开，选中"立方体旋转"效果，如图6-8所示。将"立方体旋转"效果拖曳到"时间轴"面板"V1"轨道中的"01"文件的结束位置与"02"文件的开始位置，如图6-9所示。

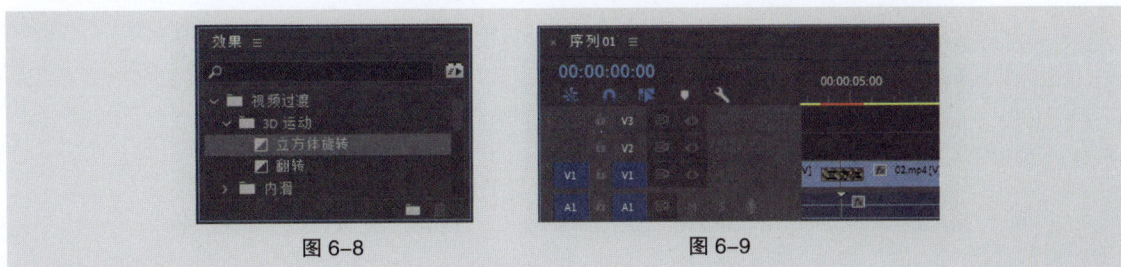

图 6-8　　　　　　　　　　　图 6-9

（5）选择"效果"面板，展开"视频过渡"分类选项，单击"内滑"文件夹前面的三角形按钮▶将其展开，选中"带状内滑"效果，如图6-10所示。将"带状内滑"效果拖曳到"时间轴"面板中的"V1"轨道中的"02"文件的结束位置与"03"文件的开始位置，如图6-11所示。

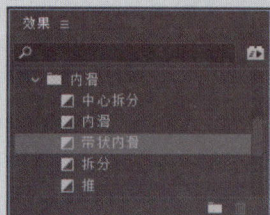
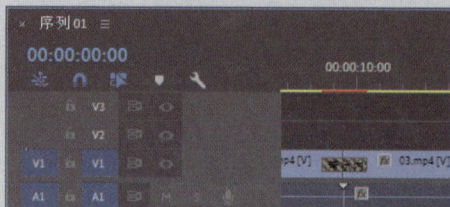

图 6-10　　　　　　　　　　　　　　图 6-11

（6）选择"时间轴"面板中的"带状内滑"效果，如图 6-12 所示。选择"效果控件"面板，将"持续时间"选项设置为 00:00:01:20，如图 6-13 所示。

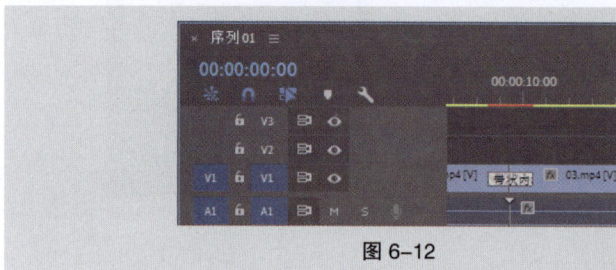
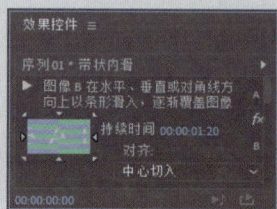

图 6-12　　　　　　　　　　　　　　图 6-13

（7）选择"效果"面板，展开"视频过渡"分类选项，单击"划像"文件夹前面的三角形按钮▶将其展开，选中"圆划像"效果，如图 6-14 所示。将"圆划像"效果拖曳到"时间轴"面板"V1"轨道中的"03"文件的结束位置与"04"文件的开始位置，如图 6-15 所示。

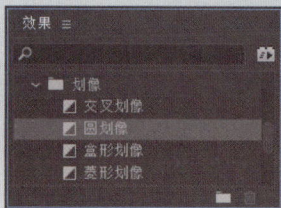
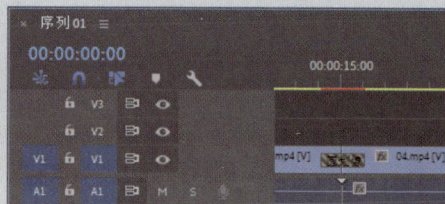

图 6-14　　　　　　　　　　　　　　图 6-15

（8）选择"时间轴"面板中的"圆划像"效果，如图 6-16 所示。选择"效果控件"面板，设置如图 6-17 所示。

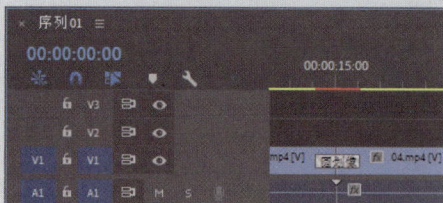
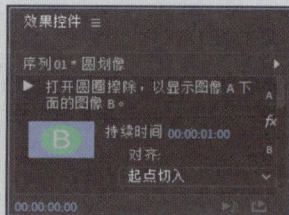

图 6-16　　　　　　　　　　　　　　图 6-17

（9）在"项目"面板中，选中"05"文件并将其拖曳到"时间轴"面板中的"V2"轨道中，如图 6-18 所示。选中"时间轴"面板中的"05"文件。选择"效果控件"面板，展开"运动"栏，将"位置"选项设置为 1357.0 和 360.0，如图 6-19 所示。

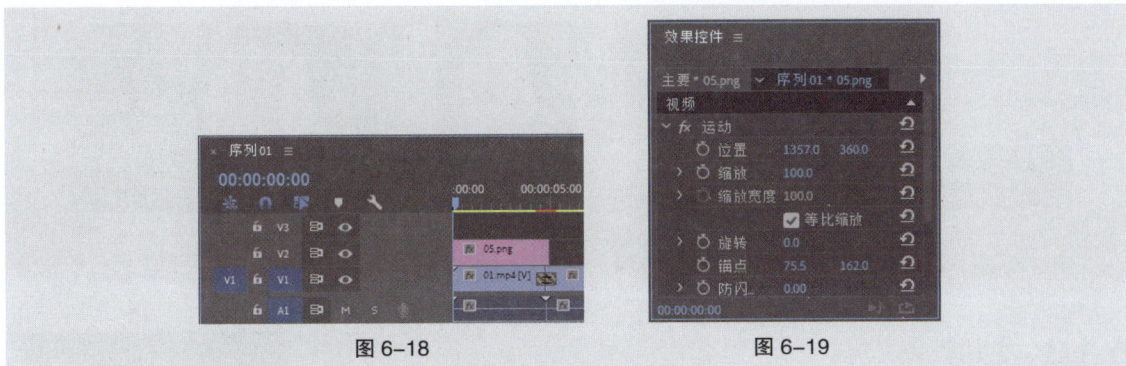

图 6-18

图 6-19

（10）单击"位置"选项左侧的"切换动画"按钮，如图 6-20 所示，记录第 1 个动画关键帧。将时间标签放置在 00:00:00:18 的位置。将"位置"选项设置为 1051.0 和 360.0，如图 6-21 所示，记录第 2 个动画关键帧。

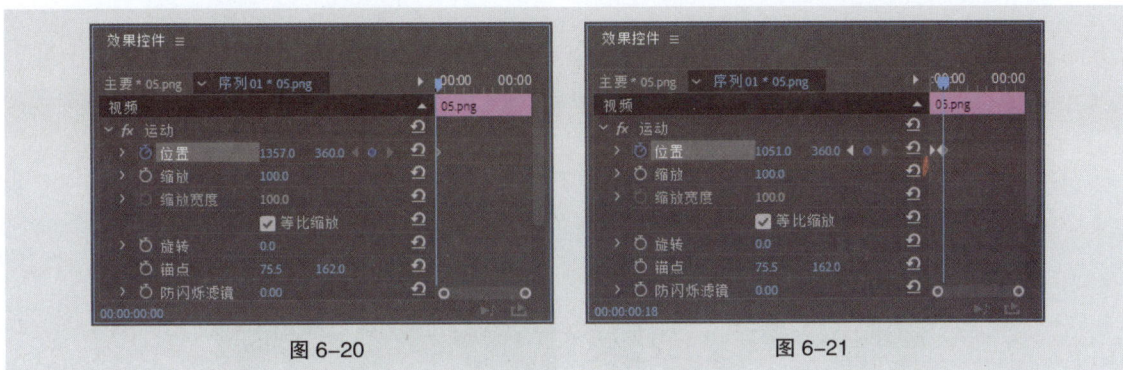

图 6-20

图 6-21

（11）将时间标签放置在 00:00:02:21 的位置。单击"位置"选项右侧的"添加／移除关键帧"按钮，如图 6-22 所示，记录第 3 个动画关键帧。将时间标签放置在 00:00:03:13 的位置。将"位置"选项设置为 1355.0 和 360.0，如图 6-23 所示，记录第 4 个动画关键帧。滑雪运动宣传片的转场添加完成。

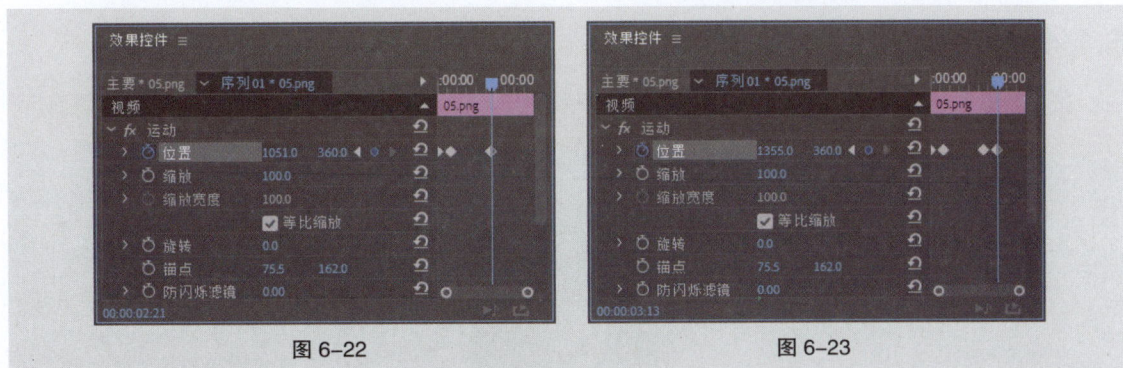

图 6-22

图 6-23

6.1.2 3D 运动

在"3D 运动"文件夹中，共包含 2 种视频切换效果，如图 6-24 所示。使用不同的转场后，效果如图 6-25 所示。

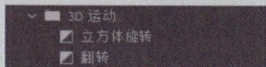

图 6-24	立方体旋转　　　翻转　图 6-25

6.1.3　划像

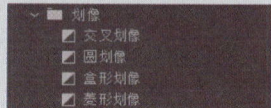

在"划像"文件夹中，共包含 4 种切换视频效果，如图 6-26 所示。为图像应用不同的转场的对比效果如图 6-27 所示。

图 6-26

交叉划像　　　　　　　　　圆划像

盒形划像　　　　　　　　　菱形划像

图 6-27

6.1.4　擦除

在"擦除"文件夹中，共包含 17 种切换视频效果，如图 6-28 所示。为图像应用不同的转场的对比效果如图 6-29 所示。

图 6-28

划出

双侧平推门

带状擦除

径向擦除

插入

时钟式擦除

棋盘

棋盘擦除

楔形擦除

水波块

油漆飞溅

渐变擦除

百叶窗

螺旋框

随机块

随机擦除

风车

图6-29

6.1.5　课堂案例——添加美食创意宣传片的转场

【案例学习目标】学习使用转场制作视频之间的过渡。

【案例知识要点】使用"导入"命令导入视频文件，使用"划出"转场、"随机块"转场、"VR 光线"转场、"插入"转场和"随机擦除"转场制作视频之间的过渡，使用"效果控件"面板编辑过渡，最终效果如图 6-30 所示。

【效果所在位置】Ch06/ 添加美食创意宣传片的转场 / 添加美食创意宣传片的转场 .prproj。

图 6-30

1.　添加并调整素材

（1）启动 Premiere Pro，选择"文件 > 新建 > 项目"命令，弹出"新建项目"对话框，如图 6-31 所示，单击"确定"按钮，新建项目。

（2）选择"文件 > 导入"命令，弹出"导入"对话框，选择本书云盘中的"Ch06/ 添加美食创意宣传片的转场 / 素材 /01"文件，如图 6-32 所示，单击"打开"按钮，将素材文件导入"项目"面板中，如图 6-33 所示。在"项目"面板中，选中"01"文件并将其拖曳到"时间轴"面板的"V1"轨道中，生成"01"序列，如图 6-34 所示。

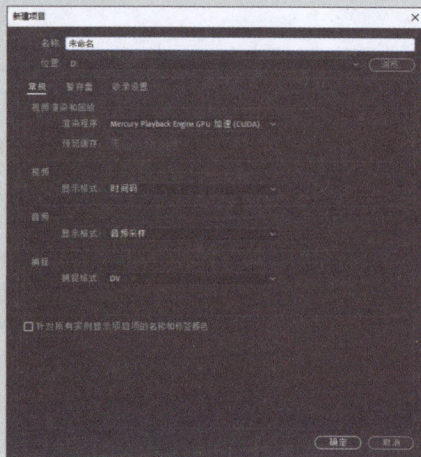

图 6-31

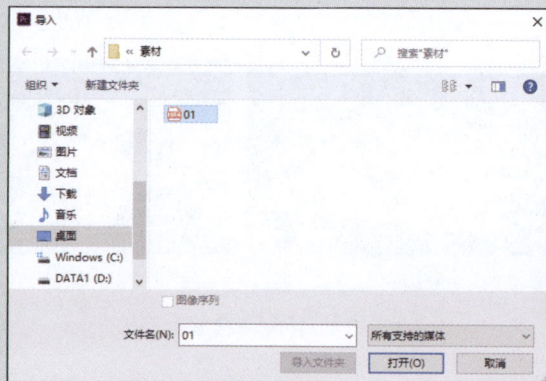

图 6-32

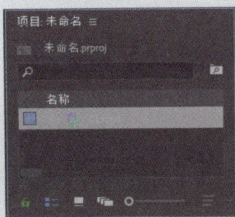

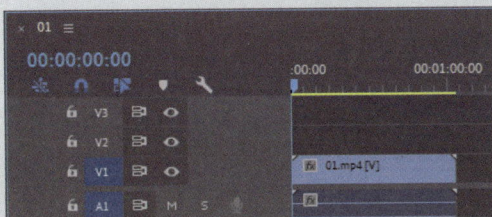

图 6-33 图 6-34

（3）按住 Alt 键的同时，选择下方的音频，如图 6-35 所示。按 Delete 键，删除音频，如图 6-36 所示。

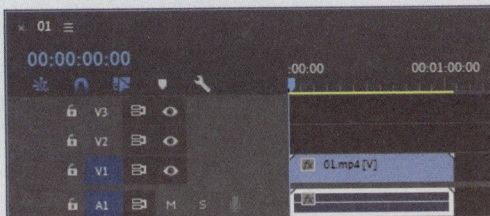

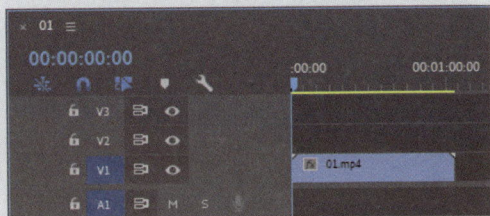

图 6-35 图 6-36

（4）选择"时间轴"面板中的"01"文件。在"01"文件上单击鼠标右键，在弹出的快捷菜单中选择"速度 / 持续时间"命令，在弹出的对话框中进行设置，如图 6-37 所示，单击"确定"按钮，效果如图 6-38 所示。

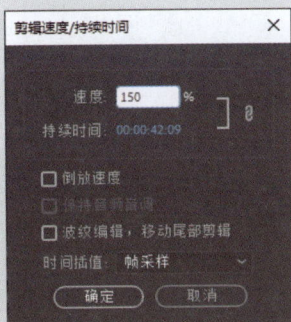

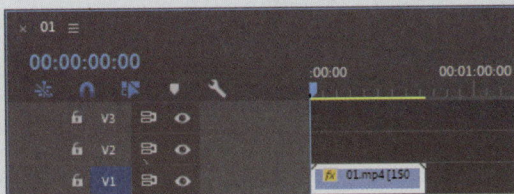

图 6-37 图 6-38

（5）将时间标签放置在 00∶00∶05∶20 的位置。选择"剃刀"工具 ，在鼠标指针的位置单击切割文件，如图 6-39 所示。将时间标签放置在 00∶00∶08∶17 的位置。在鼠标指针的位置单击切割文件，如图 6-40 所示。

图 6-39 图 6-40

（6）选择"选择"工具 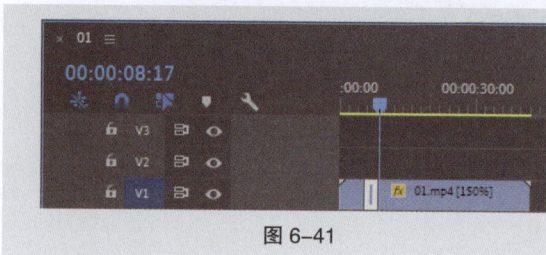，选中切割后左侧的文件，如图 6-41 所示。选择"编辑 > 波纹删除"命令，删除选中的文件，如图 6-42 所示。

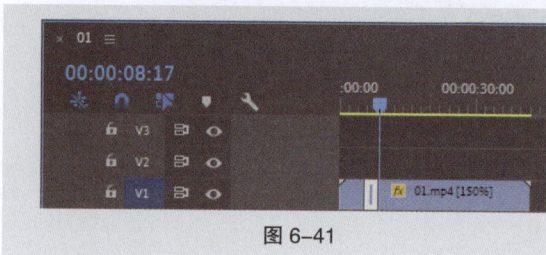
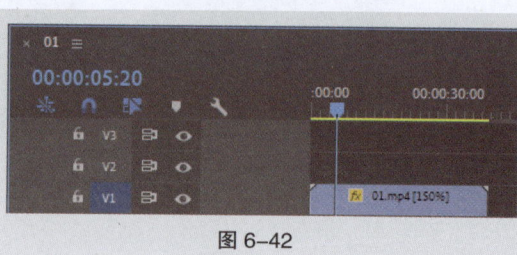

图 6-41　　　　　　　　　　　　　　　　图 6-42

（7）将时间标签放置在 00：00：11：20 的位置。选择"剃刀"工具 ，在鼠标指针的位置单击切割文件，如图 6-43 所示。选择"选择"工具 ，选中切割后左侧的文件。在文件上单击鼠标右键，在弹出的快捷菜单中选择"速度 / 持续时间"命令，弹出对话框，勾选"波纹编辑，移动尾部剪辑"复选框，其他选项的设置如图 6-44 所示，单击"确定"按钮，效果如图 6-45 所示。

（8）将时间标签放置在 00：00：12：16 的位置。选择"剃刀"工具 ，在鼠标指针的位置单击切割文件，如图 6-46 所示。

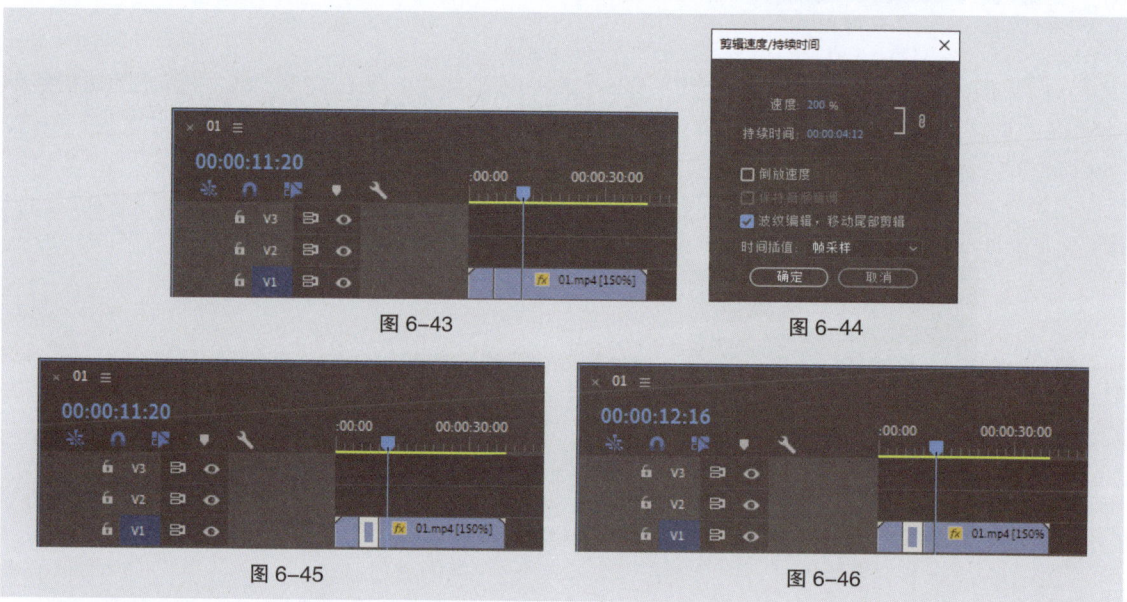
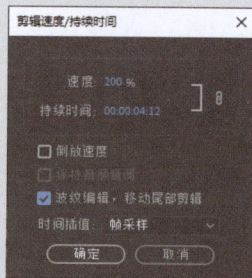

图 6-43　　　　　　　　　　　　　　　　图 6-44

图 6-45　　　　　　　　　　　　　　　　图 6-46

（9）选择"选择"工具 ，选中切割后左侧的文件。选择"编辑 > 波纹删除"命令，删除选中的文件，如图 6-47 所示。将时间标签放置在 00：00：12：03 的位置。选择"剃刀"工具 ，在鼠标指针的位置单击切割文件，如图 6-48 所示。

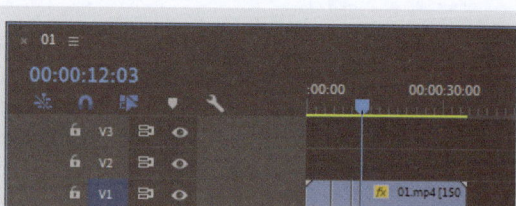

图 6-47　　　　　　　　　　　　　　　　图 6-48

（10）选择"选择"工具 ▶，选中切割后左侧的文件。在文件上单击鼠标右键，在弹出的快捷菜单中选择"速度/持续时间"命令，弹出对话框，选项的设置如图 6-49 所示，单击"确定"按钮，效果如图 6-50 所示。

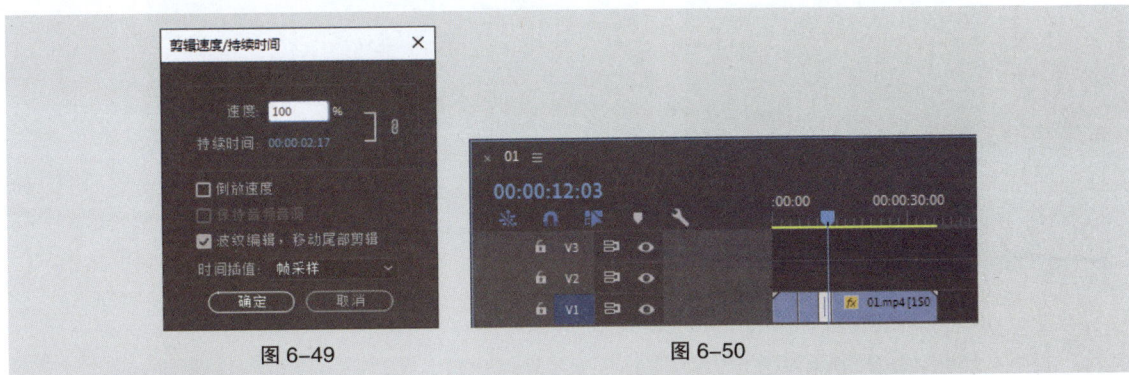

图 6-49　　　　　　　　　　图 6-50

（11）将时间标签放置在 00:00:20:17 的位置。选择"剃刀"工具 ◆，在鼠标指针的位置单击切割文件，如图 6-51 所示。将时间标签放置在 00:00:25:19 的位置。在鼠标指针的位置单击切割文件，如图 6-52 所示。

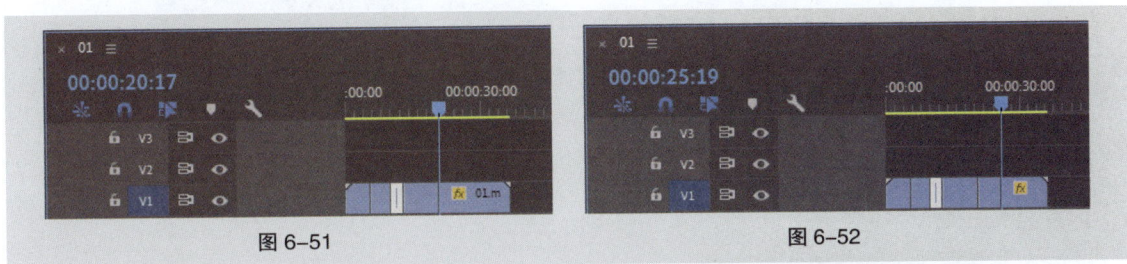

图 6-51　　　　　　　　　　图 6-52

（12）选择"选择"工具 ▶，选中切割后右侧的文件。在文件上单击鼠标右键，在弹出的快捷菜单中选择"速度/持续时间"命令，弹出对话框，选项的设置如图 6-53 所示，单击"确定"按钮，效果如图 6-54 所示。

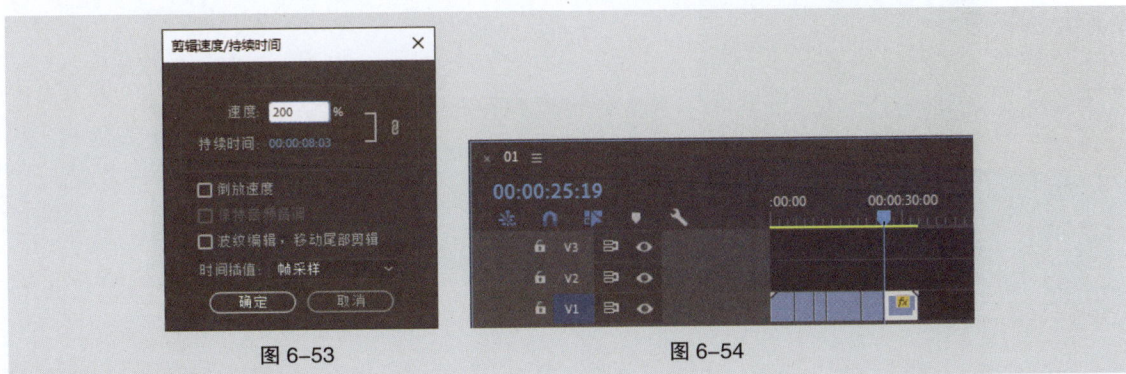

图 6-53　　　　　　　　　　图 6-54

2．为素材添加过渡

（1）选择"效果"面板，展开"视频过渡"分类选项，单击"擦除"文件夹前面的三角形按钮 ▶ 将其展开，选中"划出"效果，如图 6-55 所示。将"划出"效果拖曳到"时间轴"面板中第 1 个"01"文件的开始位置，如图 6-56 所示。

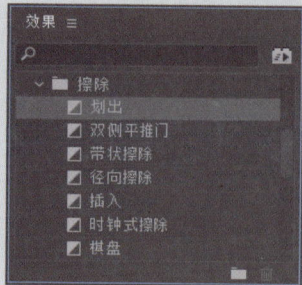

图 6-55

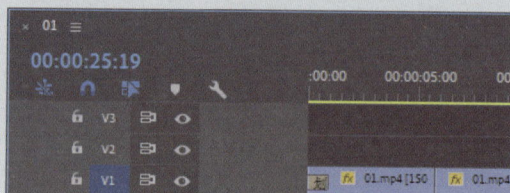

图 6-56

（2）选择"时间轴"面板中的"划出"效果，如图 6-57 所示。选择"效果控件"面板，将"持续时间"选项设置为 00：00：03：00，如图 6-58 所示。

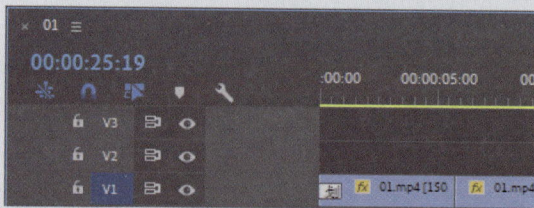

图 6-57

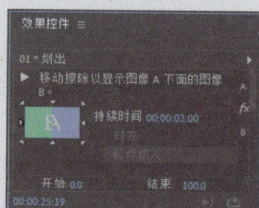

图 6-58

（3）选择"效果"面板，选中"随机块"效果，如图 6-59 所示。将"随机块"效果拖曳到"时间轴"面板中的第 3 个"01"文件的结束位置和第 4 个"01"文件的开始位置，如图 6-60 所示。

图 6-59

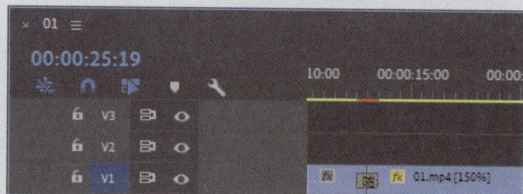

图 6-60

（4）选择"效果"面板，单击"沉浸式视频"文件夹前面的三角形按钮▶将其展开，选中"VR 光线"效果，如图 6-61 所示。将"VR 光线"效果拖曳到"时间轴"面板中的第 4 个"01"文件的结束位置和第 5 个"01"文件的开始位置，如图 6-62 所示。选择"时间轴"面板中的"VR 光线"效果。选择"效果控件"面板，将"持续时间"选项设置为 00：00：03：00，如图 6-63 所示。

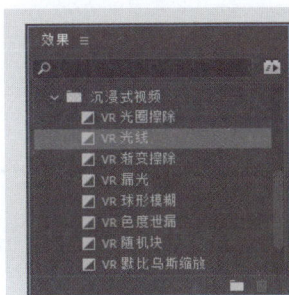

图 6-61

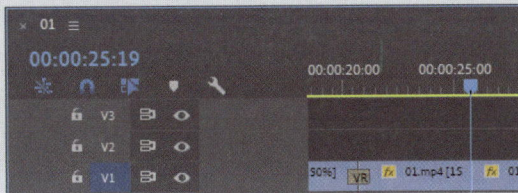

图 6-62

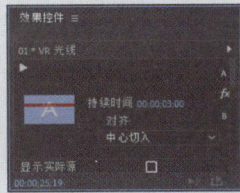

图 6-63

（5）选择"效果"面板，单击"擦除"文件夹前面的三角形按钮▶将其展开，选中"插入"效果，如图 6-64 所示。将"插入"效果拖曳到"时间轴"面板中的第 5 个"01"文件的结束位置和第 6 个"01"文件的开始位置，如图 6-65 所示。选择"时间轴"面板中的"插入"效果。选择"效果控件"面板，将"持续时间"选项设置为 00:00:03:06，如图 6-66 所示。

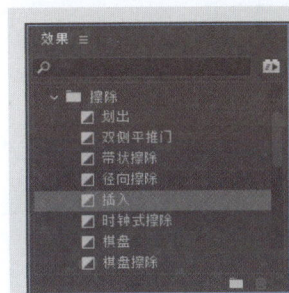

图 6-64

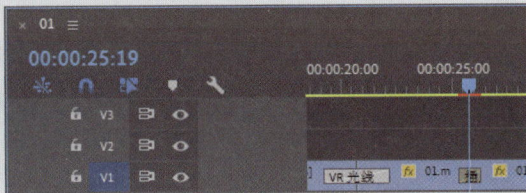

图 6-65

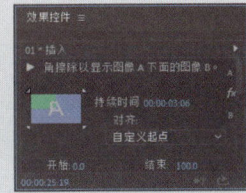

图 6-66

（6）选择"效果"面板，选中"随机擦除"效果，如图 6-67 所示。将"随机擦除"效果拖曳到"时间轴"面板中的第 6 个"01"文件的结束位置，如图 6-68 所示。选择"时间轴"面板中的"随机擦除"效果。选择"效果控件"面板，将"持续时间"选项设置为 00:00:02:00，如图 6-69 所示。美食创意宣传片的转场添加完成。

图 6-67

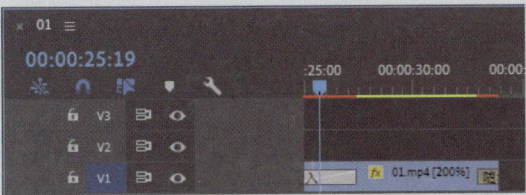

图 6-68

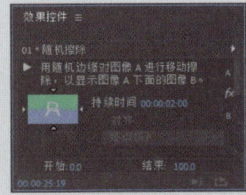

图 6-69

6.1.6　沉浸式视频

在"沉浸式视频"文件夹中，共包含 8 种视频切换效果，如图 6-70 所示。为图像应用不同的转场的对比效果如图 6-71 所示。

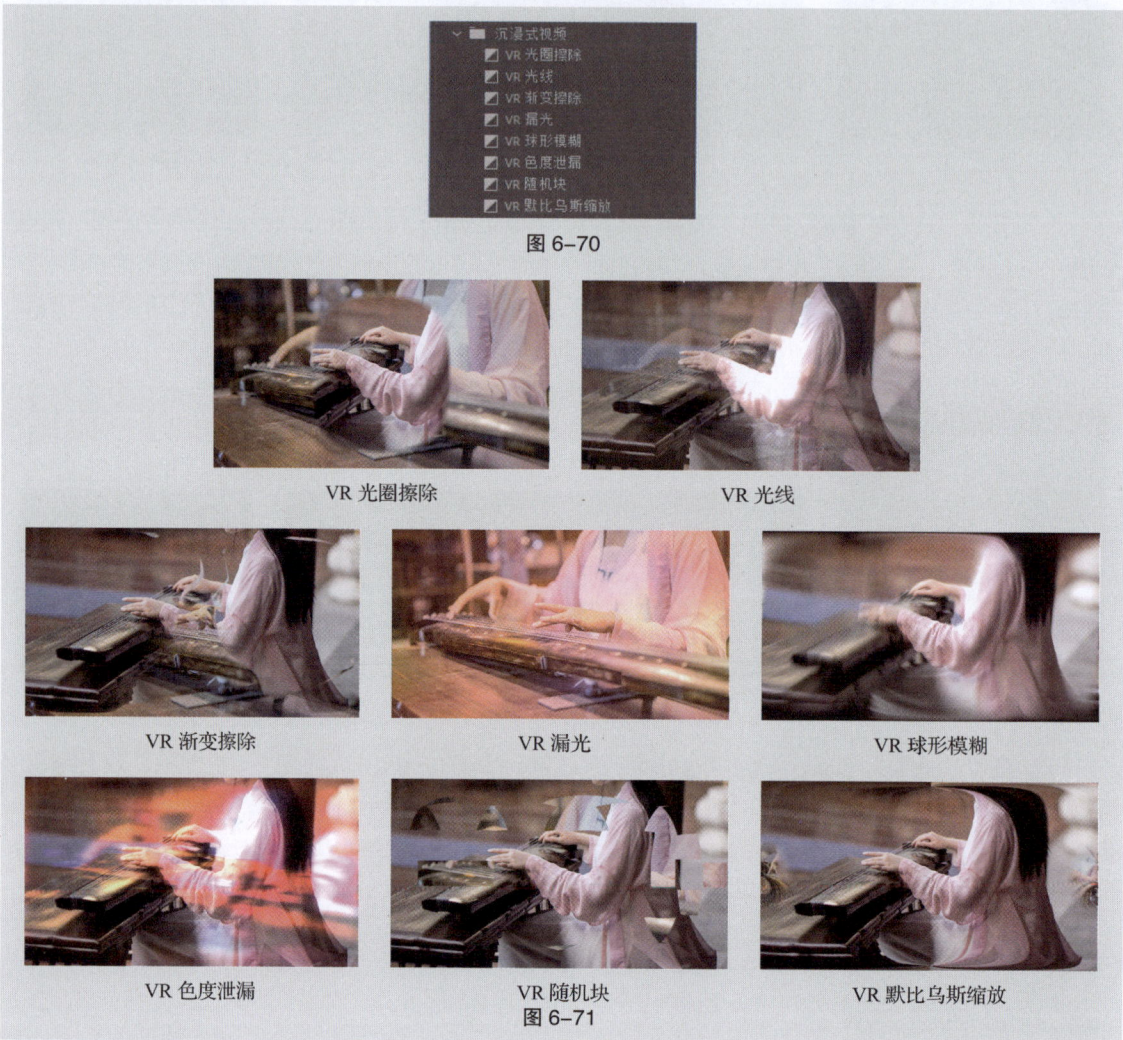

图 6-70

VR 光圈擦除　　　　　　　　　　　　　　VR 光线

VR 渐变擦除　　　　　　　VR 漏光　　　　　　　VR 球形模糊

VR 色度泄漏　　　　　　　VR 随机块　　　　　　VR 默比乌斯缩放

图 6-71

6.1.7　溶解

在"溶解"文件夹中，共包含 7 种切换视频效果，如图 6-72 所示。使用不同的转场后，效果如图 6-73 所示。

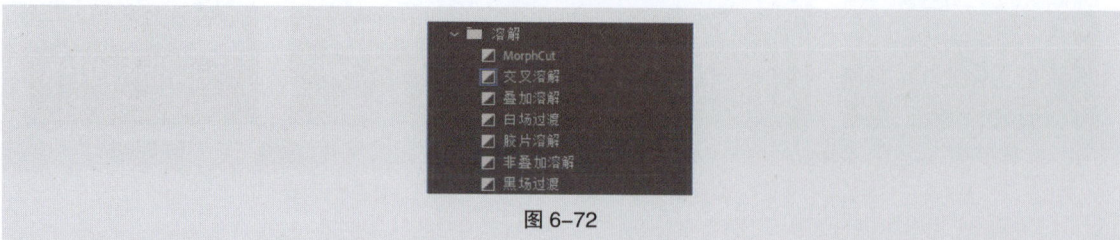

图 6-72

MorphCut 交叉溶解

叠加溶解 白场过渡 胶片溶解

非叠加溶解 黑场过渡

图 6-73

6.1.8 课堂案例——添加家居短视频的转场

【案例学习目标】学习使用转场制作视频之间的过渡。

【案例知识要点】使用"导入"命令导入视频文件，使用"带状内滑"转场、"白场过渡"转场、"交叉缩放"转场和"翻页"转场等制作视频之间的过渡，使用"效果控件"面板编辑画面的位置，最终效果如图 6-74 所示。

【效果所在位置】Ch06/ 添加家居短视频的转场 / 添加家居短视频的转场 .prproj。

慕课 21

添加家居短视频的转场

图 6-74

（1）启动 Premiere Pro，选择"文件＞新建＞项目"命令，弹出"新建项目"对话框，如图 6-75 所示，单击"确定"按钮，新建项目。选择"文件＞新建＞序列"命令，弹出"新建序列"对话框，单击"设置"选项卡，设置如图 6-76 所示，单击"确定"按钮，新建序列。

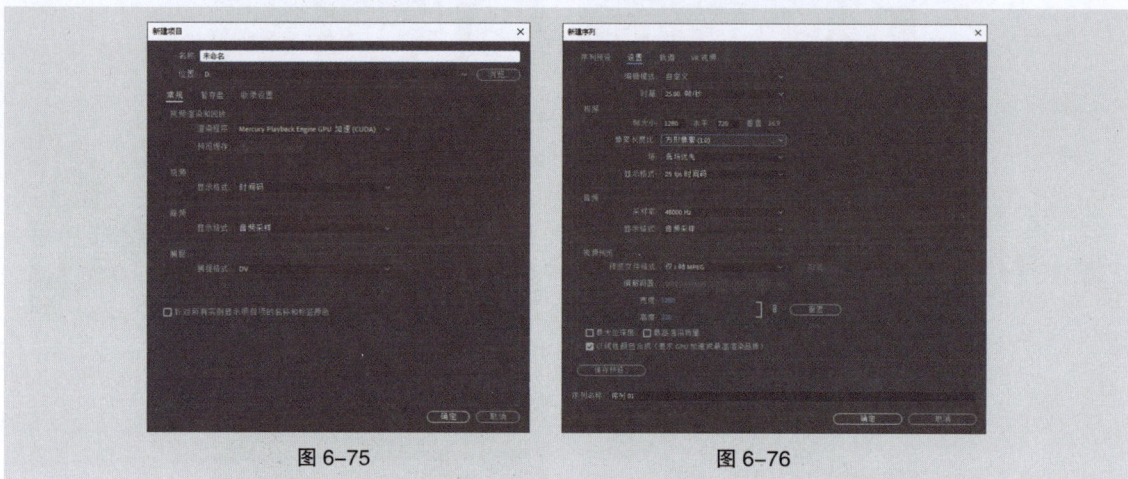

图 6-75　　　　　　　　　　　　　　　　　　图 6-76

（2）选择"文件＞导入"命令，弹出"导入"对话框，选择本书云盘中的"Ch06/添加家居短视频的转场/素材/01～05"文件，如图 6-77 所示，单击"打开"按钮，将素材文件导入"项目"面板中，如图 6-78 所示。

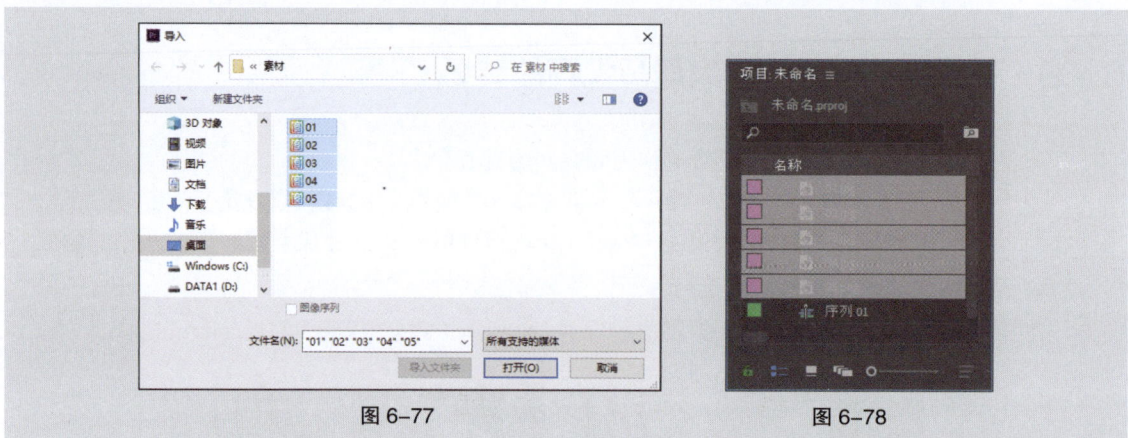

图 6-77　　　　　　　　　　　　　　　　　　图 6-78

（3）在"项目"面板中，选中"01"文件并将其拖曳到"时间轴"面板中的"V1"轨道中，弹出"剪辑不匹配警告"对话框，单击"保持现有设置"按钮，在保持现有序列设置的情况下将"01"文件放置在"V1"轨道中，如图 6-79 所示。将时间标签放置在 00:00:03:00 的位置。在"项目"面板中，选中"02"文件并将其拖曳到"时间轴"面板中的"V2"轨道中，如图 6-80 所示。

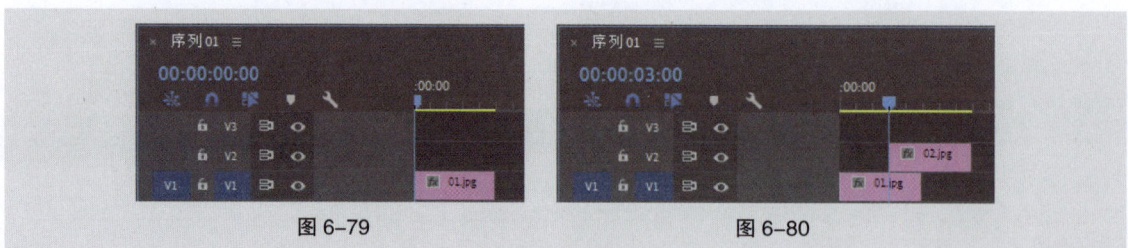

图 6-79　　　　　　　　　　　　　　　　　　图 6-80

（4）将时间标签放置在 00:00:07:00 的位置。在"项目"面板中，选中"03"文件并将其拖曳到"时间轴"面板中的"V1"轨道中，如图 6-81 所示。将时间标签放置在 00:00:10:00 的位置。将鼠标指针放在"03"文件的结束位置单击，显示编辑点。当鼠标指针呈 ◄┤ 状时，向左拖曳到 00:00:10:00 的位置，如图 6-82 所示。

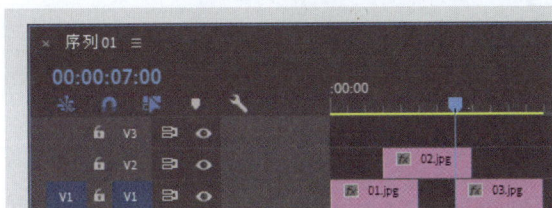

图 6-81

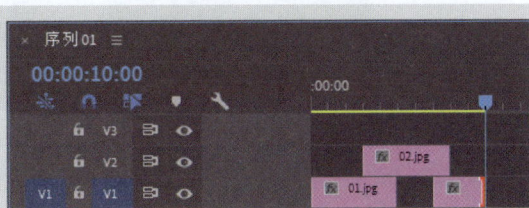

图 6-82

（5）在"项目"面板中，选中"04"和"05"文件分别将其拖曳到"时间轴"面板中的"V1"轨道和"V3"轨道中，如图 6-83 所示。将时间标签放置在 00:00:14:24 的位置。将鼠标指针放在"05"文件的结束位置单击，显示编辑点。按 E 键，将所选编辑点扩展到时间标签的位置，如图 6-84 所示。

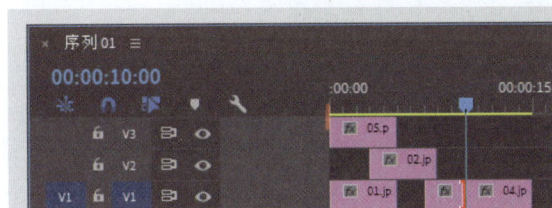

图 6-83

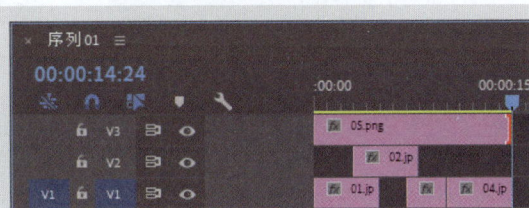

图 6-84

（6）将时间标签放置在 0 s 的位置。选中"时间轴"面板中的"05"文件。选择"效果控件"面板，展开"运动"栏，将"位置"选项设置为 1120.0 和 83.0，如图 6-85 所示。

（7）选择"效果"面板，展开"视频过渡"分类选项，单击"溶解"文件夹前面的三角形按钮 ▷ 将其展开，选中"白场过渡"效果，如图 6-86 所示。将"白场过渡"效果分别拖曳到"时间轴"面板"01"文件和"05"文件的开始位置，如图 6-87 所示。

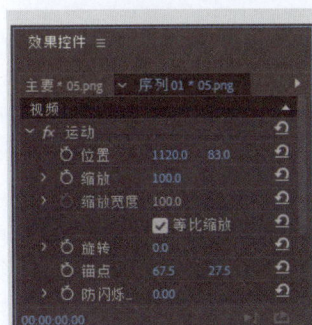

图 6-85

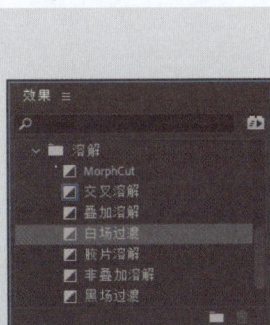

图 6-86

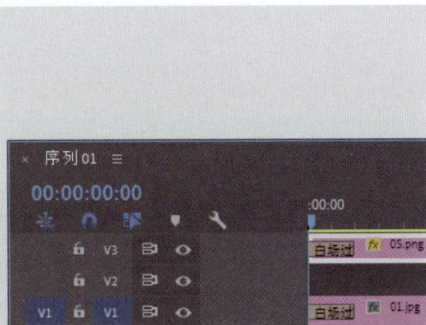

图 6-87

（8）选择"效果"面板，单击"划像"文件夹前面的三角形按钮 ▷ 将其展开，选中"菱形划像"效果，如图 6-88 所示。将"菱形划像"效果拖曳到"时间轴"面板"02"文件的开始位置，如图 6-89 所示。

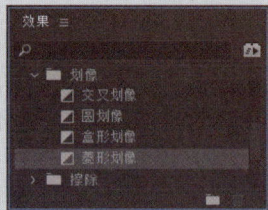
图 6-88

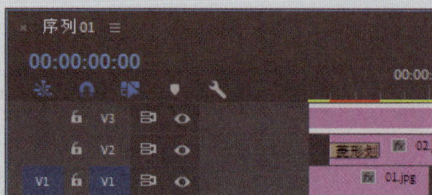
图 6-89

（9）选择"效果"面板，单击"缩放"文件夹前面的三角形按钮▶将其展开，选中"交叉缩放"效果，如图 6-90 所示。将"交叉缩放"效果拖曳到"时间轴"面板"02"文件的结束位置，如图 6-91 所示。

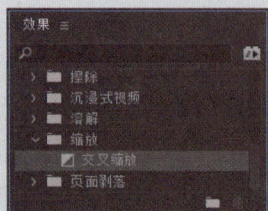
图 6-90

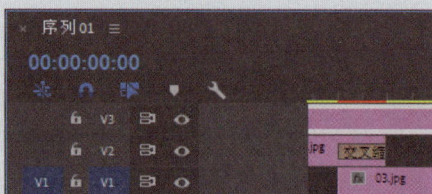
图 6-91

（10）选择"效果"面板，单击"内滑"文件夹前面的三角形按钮▶将其展开，选中"带状内滑"效果，如图 6-92 所示。将"带状内滑"效果拖曳到"时间轴"面板"03"文件的结束位置和"04"文件的开始位置，如图 6-93 所示。

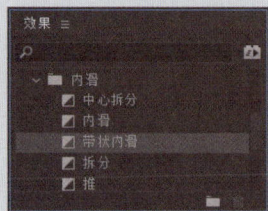
图 6-92

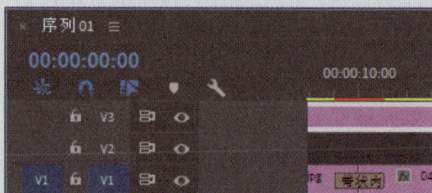
图 6-93

（11）选择"效果"面板，单击"溶解"文件夹前面的三角形按钮▶将其展开，选中"黑场过渡"效果，如图 6-94 所示。将"黑场过渡"效果分别拖曳到"时间轴"面板"04"文件和"05"文件的结束位置，如图 6-95 所示。家居短视频的转场添加完成。

图 6-94

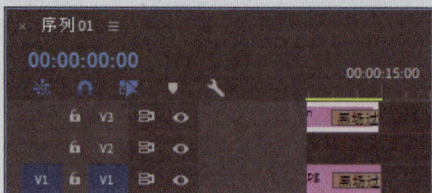
图 6-95

6.1.9　内滑

在"内滑"文件夹中，共包含 5 种视频切换效果，如图 6-96 所示。为图像应用不同的转场的对比效果如图 6-97 所示。

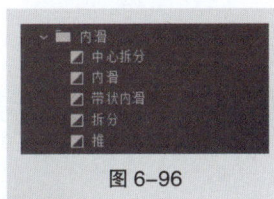

图 6-96

中心拆分

内滑

带状内滑

拆分

推

图 6-97

6.1.10　缩放

在"缩放"文件夹中，共包含 1 种切换视频效果，如图 6-98 所示。使用该转场后，效果如图 6-99 所示。

图 6-98

交叉缩放

图 6-99

6.1.11　页面剥落

在"页面剥落"文件夹中，共包含 2 种视频切换效果，如图 6-100 所示。为图像应用不同的转场的对比效果如图 6-101 所示。

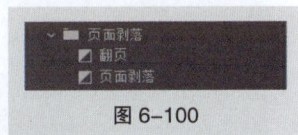

图 6-100

翻页

页面剥落

图 6-101

6.2 设置转场

6.2.1 课堂案例——添加花世界电子相册的转场

【案例学习目标】学习使用转场制作图片之间的过渡。

【案例知识要点】使用"导入"命令导入素材文件，使用"立方体旋转"转场、"圆划像"转场、"带状擦除"转场和"VR 漏光"转场制作图片之间的过渡，使用"效果控件"面板调整过渡，最终效果如图 6-102 所示。

【效果所在位置】Ch06/ 添加花世界电子相册的转场 / 添加花世界电子相册的转场 .prproj。

图 6-102

慕课 22

添加花世界电子相册的转场

（1）启动 Premiere Pro，选择"文件 > 新建 > 项目"命令，弹出"新建项目"对话框，如图 6-103 所示，单击"确定"按钮，新建项目。选择"文件 > 新建 > 序列"命令，弹出"新建序列"对话框，单击"设置"选项卡，设置如图 6-104 所示，单击"确定"按钮，新建序列。

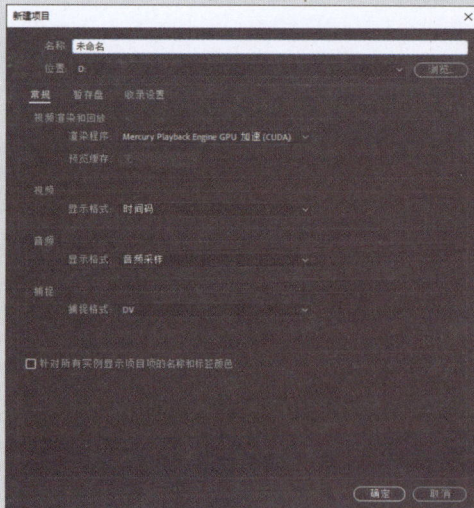

图 6-103

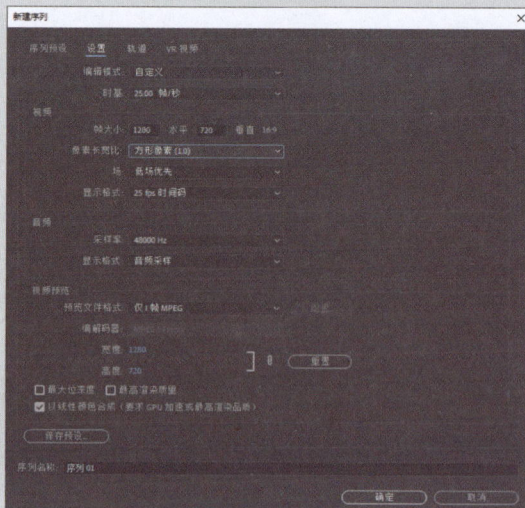

图 6-104

（2）选择"文件 > 导入"命令，弹出"导入"对话框，选择本书云盘中的"Ch06/ 添加花世界电子相册的转场 / 素材 /01 ～ 05"文件，如图 6-105 所示，单击"打开"按钮，将素材文件导入"项目"面板中，如图 6-106 所示。

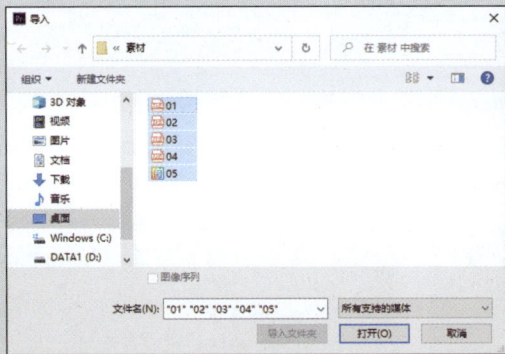

图 6-105   图 6-106

（3）在"项目"面板中，选中"01"文件并将其拖曳到"时间轴"面板中的"V1"轨道中，弹出"剪辑不匹配警告"对话框，单击"保持现有设置"按钮，在保持现有序列设置的情况下将文件放置在"V1"轨道中，如图 6-107 所示。

（4）将时间标签放置在 00:00:05:00 的位置。将鼠标指针放在"01"文件的结束位置单击，显示编辑点。按 E 键，将所选编辑点扩展到时间标签的位置，如图 6-108 所示。

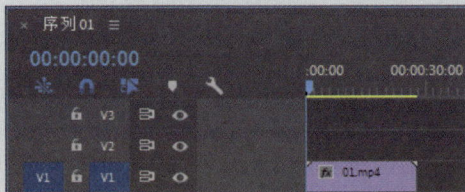

图 6-107   图 6-108

（5）在"项目"面板中，选中"02"文件并将其拖曳到"时间轴"面板中的"V1"轨道中，如图 6-109 所示。将时间标签放置在 00:00:10:00 的位置。将鼠标指针放在"02"文件的结束位置单击，显示编辑点。按 E 键，将所选编辑点扩展到时间标签的位置，如图 6-110 所示。

图 6-109   图 6-110

（6）用相同的方法分别添加"03"文件和"04"文件，并进行剪辑操作，如图 6-111 所示。分别选择文件，选择"效果控件"面板，展开"运动"栏，将"缩放"选项设置为 70.0。将时间标签放置在 0 s 的位置。在"效果"面板展开"视频过渡"分类选项，单击"3D 运动"文件夹前面的三角形按钮▶将其展开，选中"立方体旋转"效果，如图 6-112 所示。

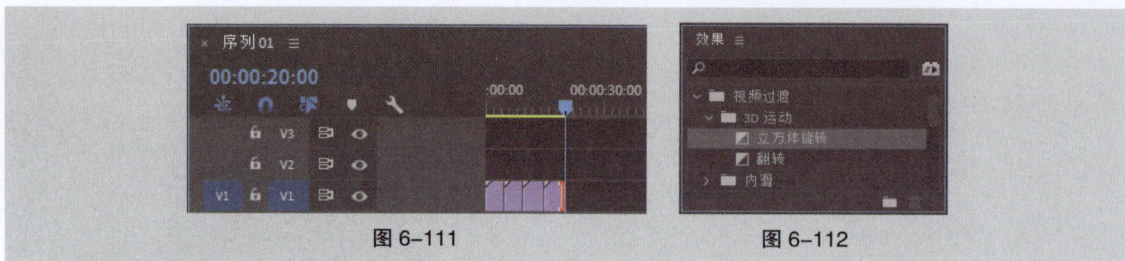

图 6-111

图 6-112

（7）将"立方体旋转"效果拖曳到"时间轴"面板中的"02"文件的开始位置，如图 6-113 所示。选中"时间轴"面板中的"立方体旋转"效果，如图 6-114 所示。

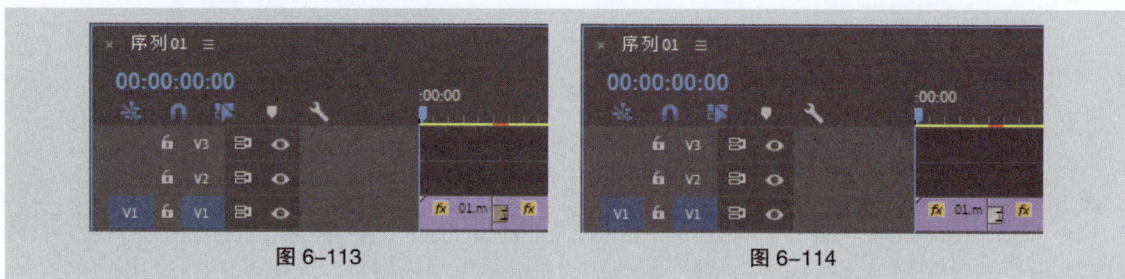

图 6-113

图 6-114

（8）选择"效果控件"面板，将"持续时间"选项设置为 00:00:03:00，将"对齐"选项设置为"中心切入"，如图 6-115 所示，"时间轴"面板如图 6-116 所示。

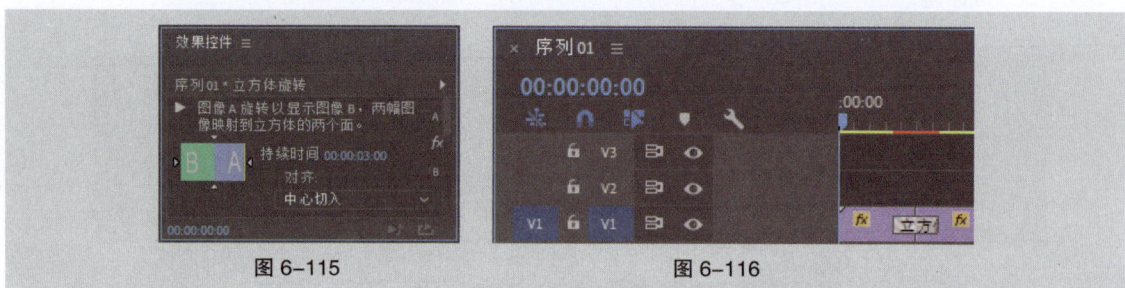

图 6-115

图 6-116

（9）在"效果"面板中，单击"划像"文件夹前面的三角形按钮 ▶ 将其展开，选中"圆划像"效果，如图 6-117 所示。将"圆划像"效果拖曳到"时间轴"面板中的"03"文件的开始位置，"时间轴"面板如图 6-118 所示。

图 6-117

图 6-118

（10）在"效果"面板，单击"擦除"文件夹前面的三角形按钮 ▶ 将其展开，选中"带状擦除"效果，如图 6-119 所示。将"带状擦除"效果拖曳到"时间轴"面板中的"04"文件的开始位置。选中"时间轴"面板中的"带状擦除"效果。选择"效果控件"面板，将"持续时间"选项设置为

00:00:02:00，将"对齐"选项设置为"中心切入"，如图6-120所示。

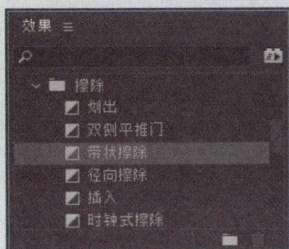
图 6-119

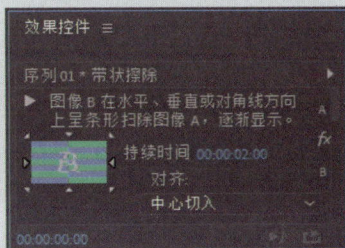
图 6-120

（11）在"效果"面板，单击"沉浸式视频"文件夹前面的三角形按钮▶将其展开，选中"VR漏光"效果，如图6-121所示。将"VR漏光"效果拖曳到"时间轴"面板中的"04"文件的结束位置，"时间轴"面板如图6-122所示。

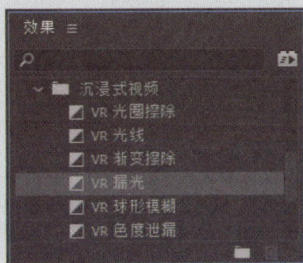
图 6-121

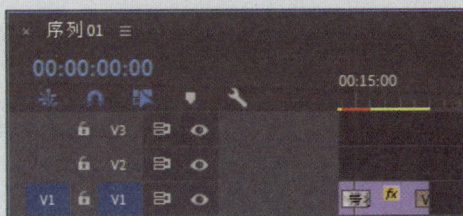
图 6-122

（12）在"项目"面板中，选中"05"文件并将其拖曳到"时间轴"面板中的"V2"轨道中，如图6-123所示。选择"时间轴"面板中的"05"文件。选择"效果控件"面板，展开"运动"栏，将"位置"选项设置为1125.0和639.0，如图6-124所示。花世界电子相册的转场添加完成。

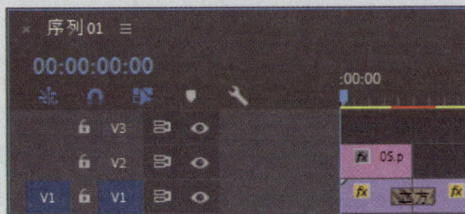
图 6-123

图 6-124

6.2.2 使用转场

　　一般情况下，过渡是在同一轨道的两个相邻素材之间使用，如图6-125所示。也可以单独为一个素材添加过渡。此时，素材与其下方的轨道进行过渡，但是下方的轨道只是作为背景使用，并不能被过渡所控制，如图6-126所示。

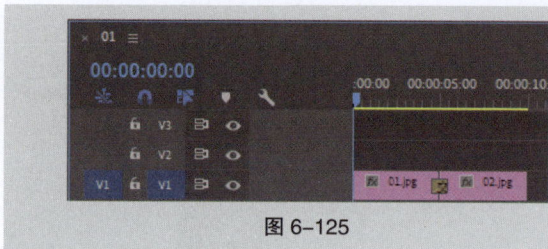
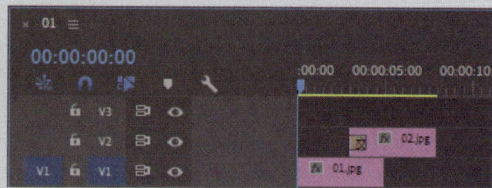

图 6-125　　　　　　　　　　　　　　　图 6-126

6.2.3　设置转场

为两段影片加入过渡后，时间轴上会有一个重叠区域，这个重叠区域就是发生过渡的范围。可以通过"效果控件"面板和"时间轴"面板对过渡进行设置。

在"效果控件"面板上方单击 ▶ 按钮，可以在小视窗中预览过渡效果，如图 6-127 所示。对于某些有方向的过渡来说，可以在上方小视窗中单击箭头改变过渡的方向。例如，单击小视窗右上角的箭头改变过渡方向，如图 6-128 所示。

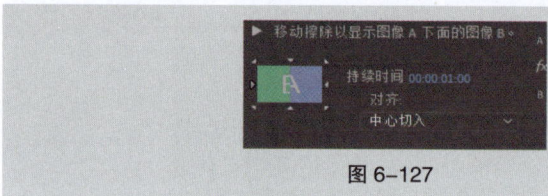
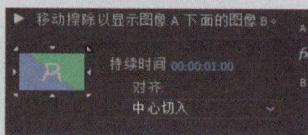

图 6-127　　　　　　　　　　　图 6-128

在"持续时间"选项中可以设置过渡的持续时间。双击"时间轴"面板中的过渡块，弹出"设置过渡持续时间"对话框，如图 6-129 所示，设置完成后，单击"确定"按钮，也可以设置过渡的持续时间。

"对齐"选项包含"中心切入""起点切入""终点切入""自定义起点" 4 种切入对齐方式。

"开始"和"结束"选项分别可以设置过渡的起始和结束状态。按住 Shift 键并拖曳滑块，可以使开始和结束滑块以相同的数值变化。

勾选"显示实际源"复选框，可以在上方的"开始"和"结束"视图窗中显示过渡的开始帧和结束帧，如图 6-130 所示。

其他选项的设置会根据过渡的不同有不同的变化。

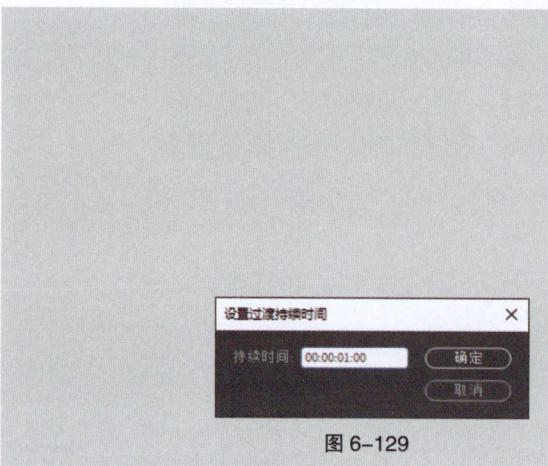
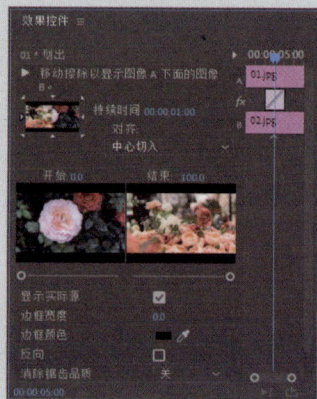

图 6-129　　　　　　　　　　图 6-130

6.2.4 调整转场

在"效果控件"面板的右侧区域和"时间轴"面板中，还可以对过渡进行进一步的调整。

在"效果控件"面板中，将鼠标指针移动到过渡中线上，当鼠标指针呈 状时拖曳鼠标指针，可以改变影片素材的持续时间和过渡的影响区域，如图 6-131 所示。将鼠标指针移动到过渡块上，当鼠标指针呈 状时拖曳鼠标指针，可以改变过渡的切入位置，如图 6-132 所示。

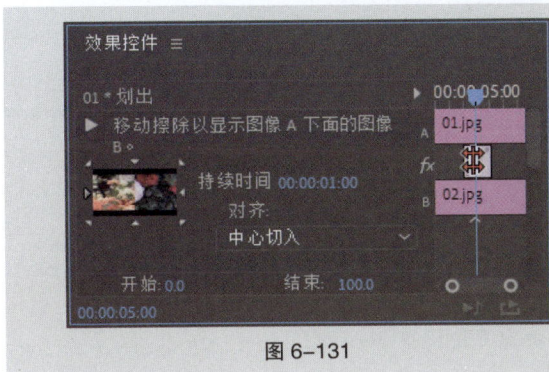

图 6-131

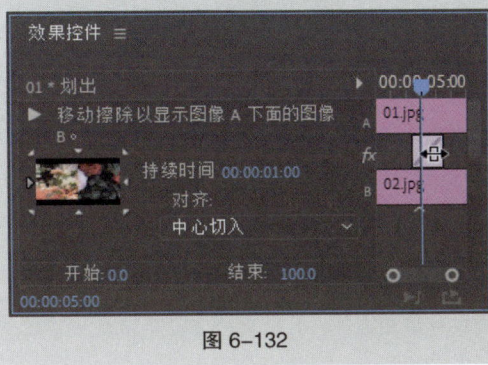

图 6-132

在"效果控件"面板中，将鼠标指针移动到过渡的左侧边缘，当鼠标指针呈 状时拖曳鼠标指针，可以改变过渡的长度，如图 6-133 所示。在"时间轴"面板中，将鼠标指针移动到过渡块的右侧边缘，当鼠标指针呈 状时拖曳鼠标指针，也可以改变过渡的长度，如图 6-134 所示。

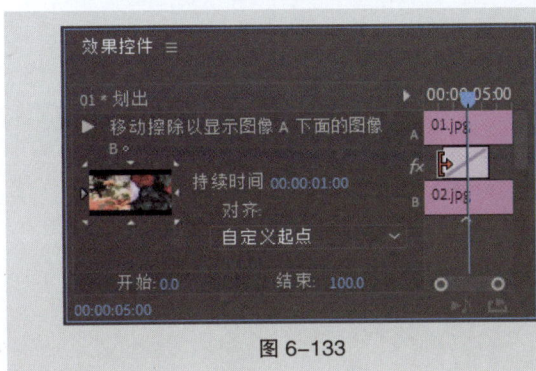

图 6-133

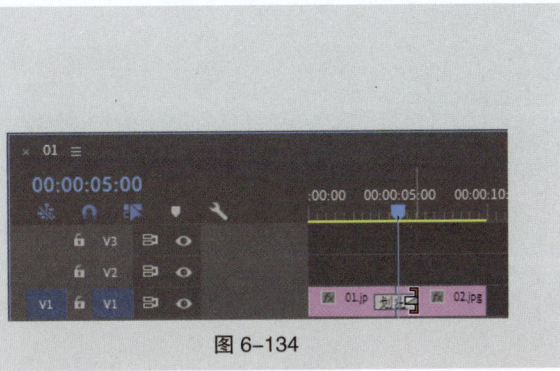

图 6-134

课堂练习——添加中秋纪念电子相册的转场

【练习知识要点】使用"导入"命令导入素材文件，使用"内滑"转场、"拆分"转场、"翻页"转场和"交叉缩放"转场制作视频之间的过渡，使用"速度/持续时间"命令调整素材文件，最终效果如图 6-135 所示。

【效果所在位置】Ch06/ 添加中秋纪念电子相册的转场 / 添加中秋纪念电子相册的转场 .prproj。

慕课 23

添加中秋纪念
电子相册的
转场

图 6-135

课后习题——设置校园生活短片的转场

【习题知识要点】使用"导入"命令导入素材文件，使用"交叉溶解"转场制作图片之间的过渡，使用"效果控件"面板调整过渡，最终效果如图 6-136 所示。
【效果所在位置】Ch06/ 设置校园生活短片的转场 / 设置校园生活短片的转场 .prproj。

慕课 24

设置校园生活
短片的转场

图 6-136

第 7 章
特效

▶ **本章介绍**

本章主要介绍 Premiere Pro 中的特效。这些特效可以应用在视频、图片和文字上。通过对本章的学习，读者可以快速了解并掌握视频特效制作的精髓部分，能随心所欲地创作出丰富多彩的视频效果。

学习目标

● 了解视频特效的应用。
● 掌握视频效果的应用技巧。

技能目标

● 掌握"森林美景宣传片的落叶效果"的制作方法。
● 掌握"武汉城市形象宣传片的波纹转场"的制作方法。
● 掌握"都市生活短视频的卷帘转场"的制作方法。
● 掌握"青春生活短视频的翻页转场"的制作方法。

素养目标

● 培养对素材进行各类效果操作的实际应用能力。
● 培养使用时间轴来创建各种动画实现创意目标的能力。
● 培养通过不断实践和尝试积极探索的能力。

7.1 应用效果

7.1.1 课堂案例——制作森林美景宣传片的落叶效果

【案例学习目标】使用关键帧制作动画效果，使用特效调整图像颜色。

【案例知识要点】使用"导入"命令导入素材文件，使用"位置""缩放""旋转"选项编辑图像并制作动画效果，使用"自动色阶"效果和"颜色平衡"效果调整图像颜色，最终效果如图 7–1 所示。

【效果所在位置】Ch07/ 制作森林美景宣传片的落叶效果 / 制作森林美景宣传片的落叶效果 .prproj。

图 7–1

（1）启动 Premiere Pro，选择"文件 > 新建 > 项目"命令，弹出"新建项目"对话框，如图 7–2 所示，单击"确定"按钮，新建项目。选择"文件 > 新建 > 序列"命令，弹出"新建序列"对话框，单击"设置"选项卡，设置如图 7–3 所示，单击"确定"按钮，新建序列。

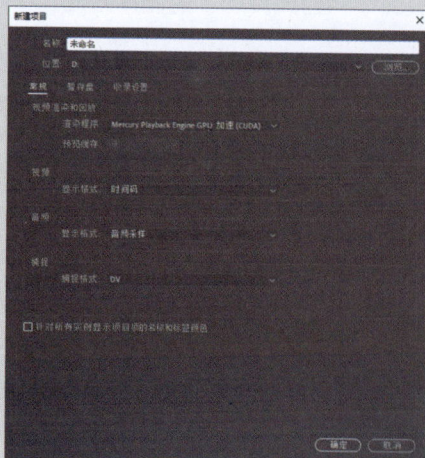

图 7–2

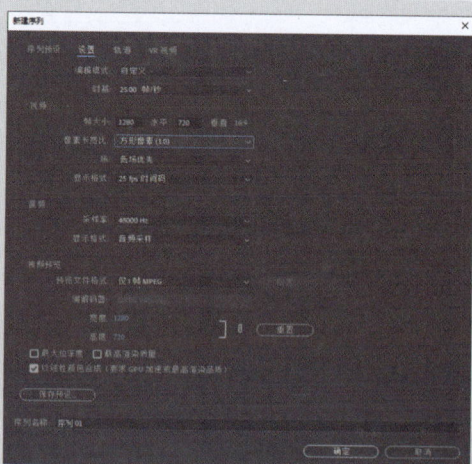

图 7–3

（2）选择"文件 > 导入"命令，弹出"导入"对话框，选择本书云盘中的"Ch07/ 制作森林美景宣传片的落叶效果 / 素材 /01 和 02"文件,如图 7-4 所示,单击"打开"按钮,将素材文件导入"项目"面板中，如图 7-5 所示。

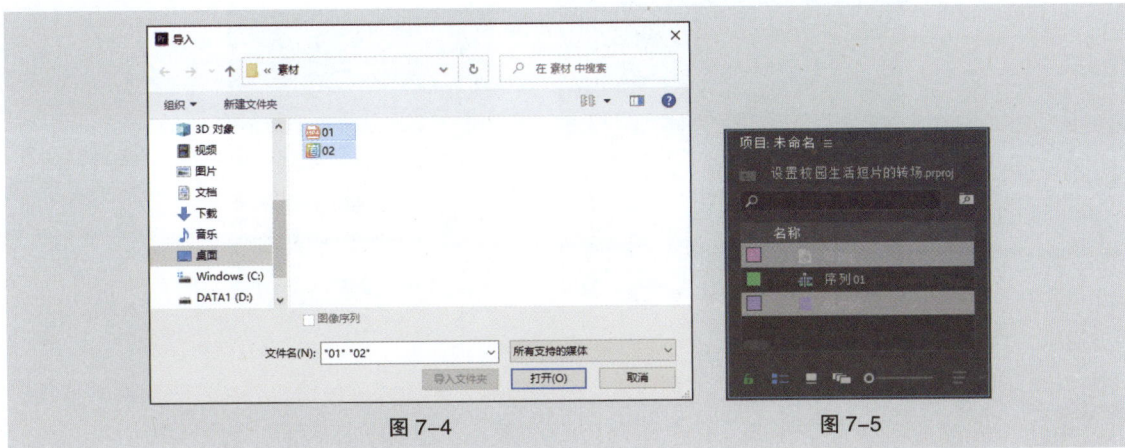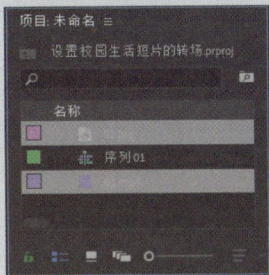

图 7-4   图 7-5

（3）在"项目"面板中，选中"01"文件并将其拖曳到"时间轴"面板中的"V1"轨道中，弹出"剪辑不匹配警告"对话框，单击"保持现有设置"按钮，在保持现有序列设置的情况下将文件放置在"V1"轨道中，如图 7-6 所示。将时间标签放置在 00:00:00:01 的位置。将鼠标指针放置在"01"文件的开始位置，当鼠标指针呈 状时单击，显示编辑点。按 E 键，将所选编辑点扩展到时间标签 的位置，如图 7-7 所示。

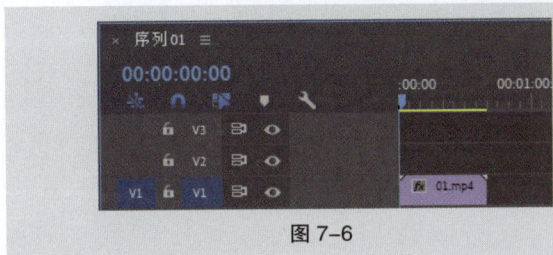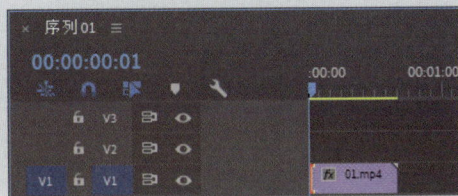

图 7-6   图 7-7

（4）将时间标签放置在 0 s 的位置。将"01"文件向左拖曳到时间标签 的位置,如图 7-8 所示。将时间标签放置在 00:00:05:00 的位置。将鼠标指针放置在"01"文件的结束位置，当鼠标指针呈 状时单击，显示编辑点。按 E 键，将所选编辑点扩展到时间标签 的位置，如图 7-9 所示。

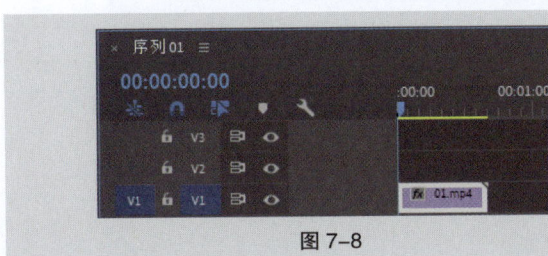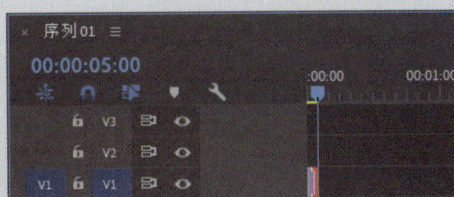

图 7-8   图 7-9

（5）将时间标签放置在 0 s 的位置。在"时间轴"面板中选择"01"文件。选择"效果控件"面板，展开"运动"栏，将"缩放"选项设置为 67.0，如图 7-10 所示。选择"效果"面板，展开"视频效果"分类选项，单击"过时"文件夹前面的三角形按钮 将其展开，选中"自动色阶"效果，如

图 7-11 所示。将"自动色阶"效果拖曳到"时间轴"面板"V1"轨道中的"01"文件上。

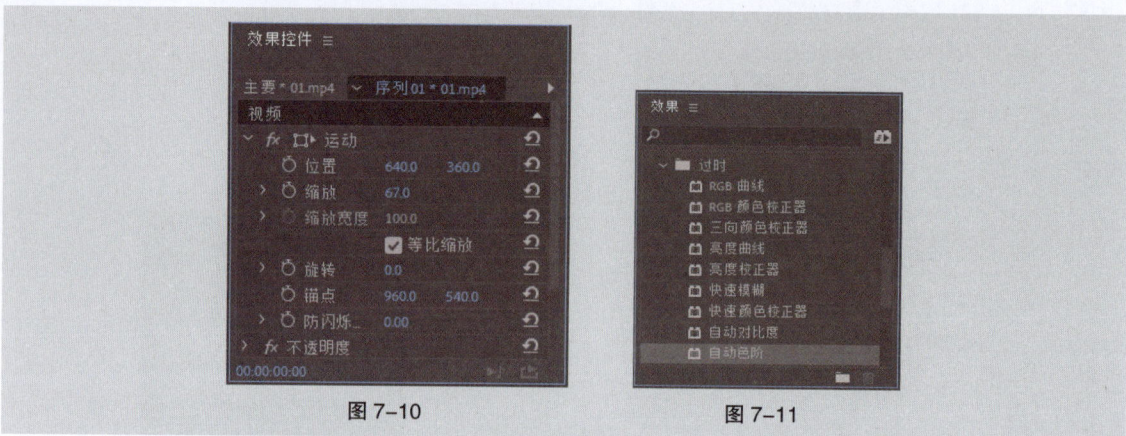

图 7-10   图 7-11

（6）选择"效果"面板，展开"视频效果"分类选项，单击"颜色校正"文件夹前面的三角形按钮▶将其展开，选中"颜色平衡"效果，如图 7-12 所示。将"颜色平衡"效果拖曳到"时间轴"面板"V1"轨道中的"01"文件上。选择"效果控件"面板，展开"颜色平衡"栏，将"阴影绿色平衡"选项设置为 18.0，如图 7-13 所示。

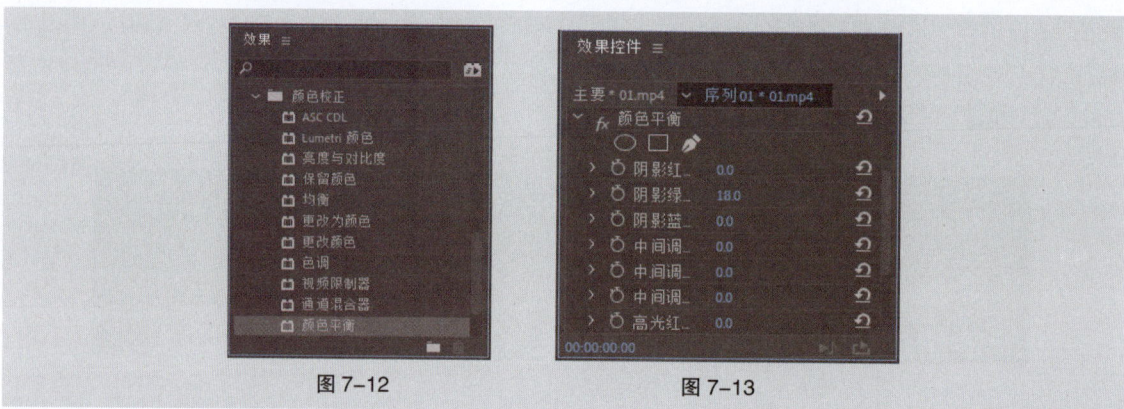

图 7-12   图 7-13

（7）将时间标签放置在 00:00:00:10 的位置。在"项目"面板中，选中"02"文件并将其拖曳到"时间轴"面板中的"V2"轨道中，如图 7-14 所示。将鼠标指针放置在"02"文件的结束位置，当鼠标指针呈◄状时单击，显示编辑点，拖曳到"01"文件的结束位置，如图 7-15 所示。

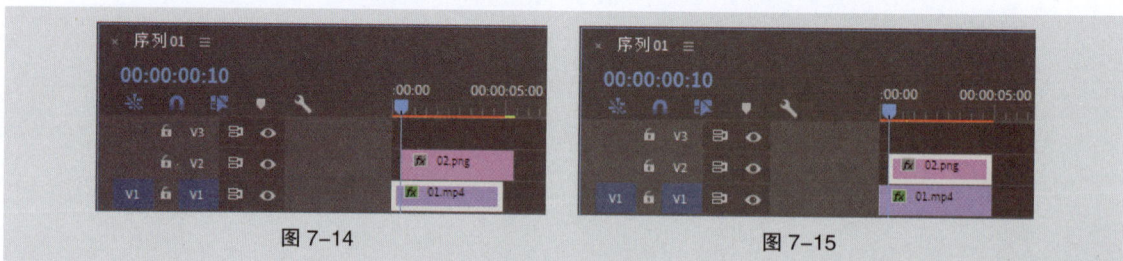

图 7-14   图 7-15

（8）选择"效果"面板，选中"颜色平衡"效果，如图 7-16 所示。将"颜色平衡"效果拖曳到"时间轴"面板"V2"轨道中的"02"文件上。选择"效果控件"面板，展开"颜色平衡"栏，将"阴影红色平衡"选项设置为 58.0，"阴影绿色平衡"选项设置为 −24.0，如图 7-17 所示。

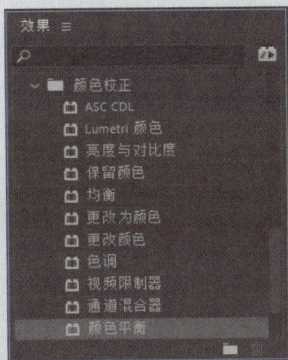

图 7-16

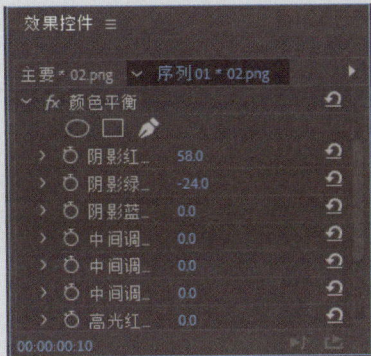

图 7-17

（9）展开"运动"栏,将"位置"选项设置为770.5和−39.3,将"缩放"选项设置为38.0,将"旋转"选项设置为51.0°,单击"位置"和"旋转"选项左侧的"切换动画"按钮，如图7-18所示,记录第1个动画关键帧。将时间标签放置在00:00:01:10的位置。在"效果控件"面板中,将"位置"选项设置为649.6和78.7,如图7-19所示,记录第2个动画关键帧。

图 7-18

图 7-19

（10）将时间标签放置在00:00:02:10的位置。在"效果控件"面板中,将"位置"选项设置为791.8和220.8,将"旋转"选项设置为−51.0°,如图7-20所示,记录第3个动画关键帧。将时间标签放置在00:00:03:07的位置。在"效果控件"面板中,将"位置"选项设置为630.0和407.0,如图7-21所示,记录第4个动画关键帧。

图 7-20

图 7-21

（11）将时间标签放置在 00：00：04：05 的位置。在"效果控件"面板中，将"位置"选项设置为 818.3 和 595.2，将"旋转"选项设置为 90.0°，如图 7-22 所示，记录第 5 个动画关键帧。将时间标签放置在 00：00：04：23 的位置。在"效果控件"面板中，将"位置"选项设置为 688.5 和 749.7，如图 7-23 所示，记录第 6 个动画关键帧。

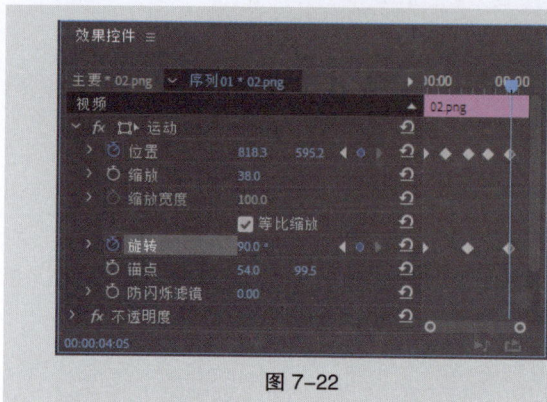

图 7-22

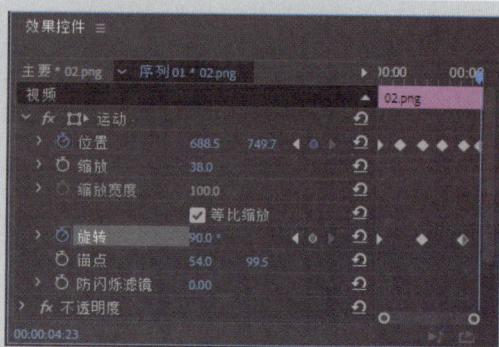

图 7-23

（12）在"效果控件"面板中，用圈选的方法将"位置"选项的关键帧选取，如图 7-24 所示。在关键帧上单击鼠标右键，在弹出的快捷菜单中选择"临时插值＞自动贝塞尔曲线"命令，效果如图 7-25 所示。

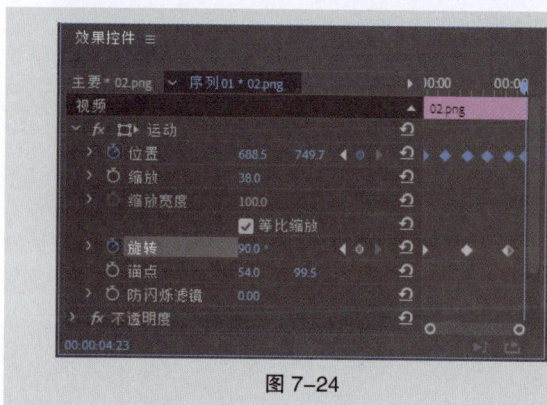

图 7-24

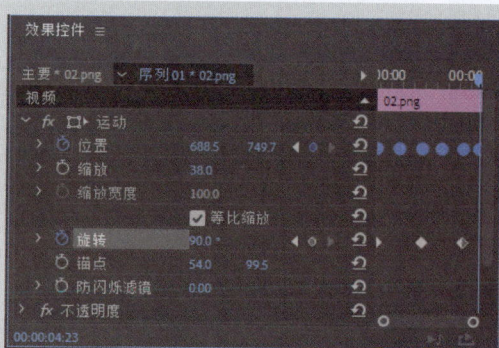

图 7-25

（13）将时间标签放置在 00：00：00：21 的位置。在"项目"面板中，选中"02"文件并将其拖曳到"时间轴"面板中的"V3"轨道中，如图 7-26 所示。将鼠标指针放置在"V3"轨道中"02"文件的结束位置，当鼠标指针呈 状时单击，显示编辑点，拖曳到"01"文件的结束位置，如图 7-27 所示。

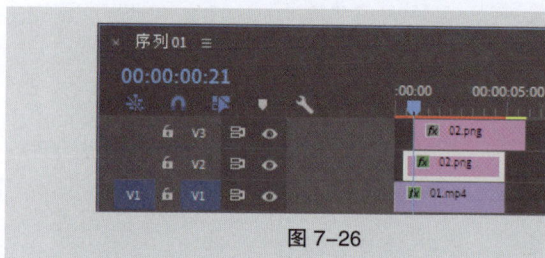

图 7-26

图 7-27

（14）在"时间轴"面板中选择"V2"轨道中的"02"文件。在"效果控件"面板中，选择"颜色平衡"效果，如图 7-28 所示，按 Ctrl+C 组合键，复制效果。在"时间轴"面板中选择"V3"轨道中的"02"文件。在"效果控件"面板中，按 Ctrl+V 组合键，粘贴效果，如图7-29所示。

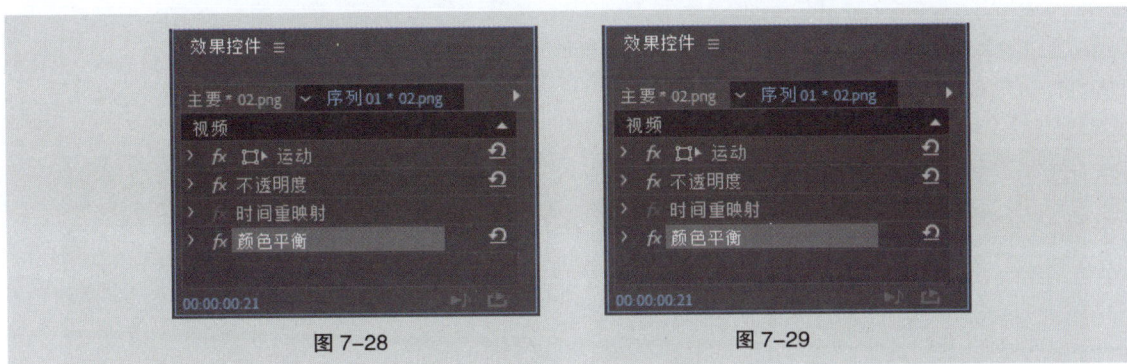

图7-28

图7-29

（15）展开"运动"栏，将"位置"选项设置为392.1和-49.9，将"缩放"选项设置为23.0，"旋转"选项设置为58.8°，单击"位置"和"旋转"选项左侧的"切换动画"按钮，如图7-30所示，记录第1个动画关键帧。将时间标签放置在00:00:01:21的位置。在"效果控件"面板中，将"位置"选项设置为478.6和51.8，如图7-31所示，记录第2个动画关键帧。

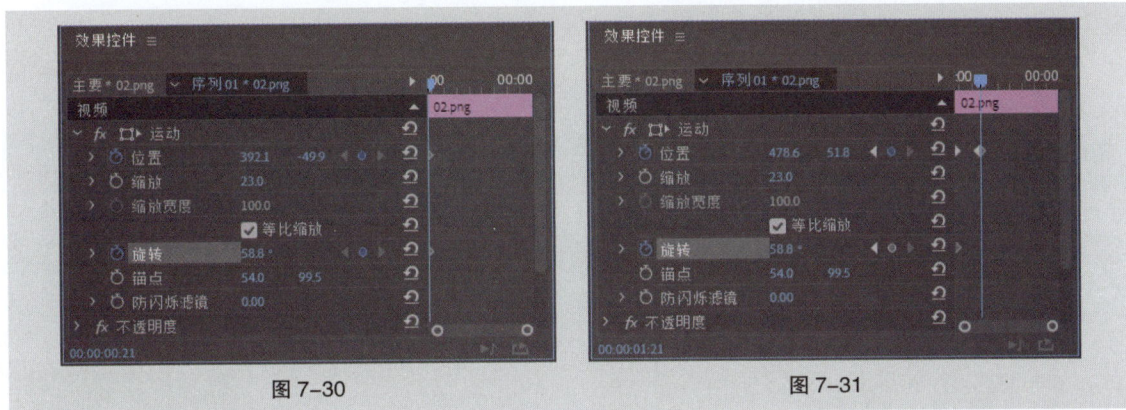

图7-30

图7-31

（16）将时间标签放置在00:00:02:21的位置。在"效果控件"面板中，将"位置"选项设置为367.1和199.7，"旋转"选项设置为-58.8°，如图7-32所示，记录第3个动画关键帧。将时间标签放置在00:00:03:18的位置。在"效果控件"面板中，将"位置"选项设置为524.7和351.4，如图7-33所示，记录第4个动画关键帧。

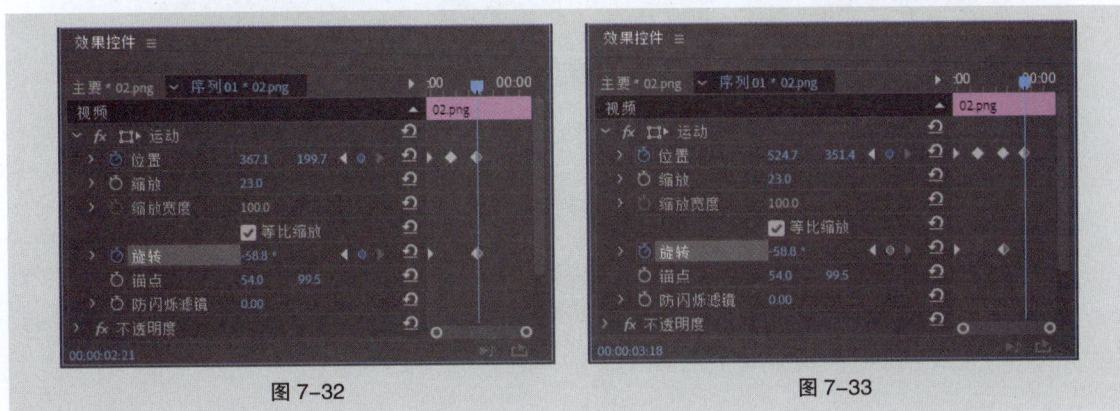

图7-32

图7-33

（17）将时间标签放置在00:00:04:16的位置。在"效果控件"面板中，将"位置"选项设置为401.7和737.3，将"旋转"选项设置为180.0°，如图7-34所示，记录第5个动画关键帧。用圈选的方法将"位置"选项的关键帧选取。在关键帧上单击鼠标右键，在弹出的快捷菜单中选择"临时插值 > 自动贝塞尔曲线"命令，效果如图7-35所示。森林美景宣传片的落叶效果制作完成。

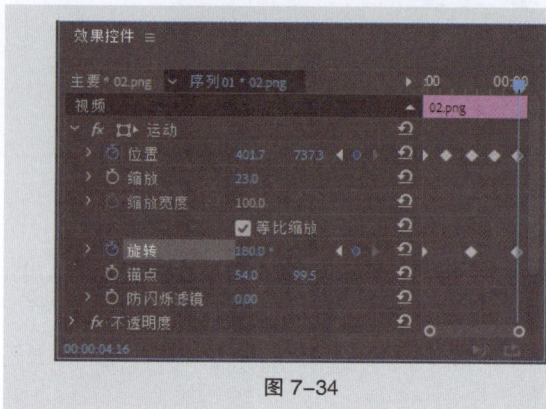

图 7-34

图 7-35

7.1.2 添加效果

为素材添加效果很简单，只需从"效果"面板中拖曳效果到"时间轴"面板中的素材上即可。如果素材处于被选中状态，也可以拖曳效果到该素材的"效果控件"面板中，或直接双击效果将其添加到素材上。

7.2 设置效果

7.2.1 "变换"效果

"变换"效果主要通过对影像进行变换来制作出各种画面效果，共包含5种效果，如图7-36所示。为图像应用不同的效果的对比如图7-37所示。

图 7-36

原图　　　　　垂直翻转　　　　　水平翻转

羽化边缘　　　　自动重新构图　　　　裁剪

图 7-37

Premiere 核心应用案例教程（Premiere Pro 2020）（全彩慕课版）

130

7.2.2 "实用程序"效果

"实用程序"效果只包含"Cineon 转换器"一种效果，该效果主要用于通过 Cineon 转换器对影像色调进行调整和设置，如图 7-38所示。使用该效果后，如图 7-39 所示。

图 7-38

原图   Cineon 转换器

图 7-39

7.2.3 课堂案例——制作武汉城市形象宣传片的波纹转场

【**案例学习目标**】学习使用扭曲效果制作波纹转场。

【**案例知识要点**】使用"导入"命令导入素材文件，使用入点和出点调整素材文件，使用"湍流置换"效果和"效果控件"面板制作波纹转场，最终效果如图 7-40 所示。

【**效果所在位置**】Ch07/ 制作武汉城市形象宣传片的波纹转场 / 制作武汉城市形象宣传片的波纹转场 . prproj。

慕课 26

制作武汉城市
形象宣传片的
波纹转场

图 7-40

1. 添加并调整素材

（1）启动 Premiere Pro，选择"文件＞新建＞项目"命令，弹出"新建项目"对话框，如图 7-41所示，单击"确定"按钮，新建项目。

（2）选择"文件＞导入"命令，弹出"导入"对话框，选择本书云盘中的"Ch07/ 制作武汉城市形象宣传片的波纹转场 / 素材 /01 ～ 03"文件，如图 7-42 所示，单击"打开"按钮，将素材文件导入"项目"面板中，如图 7-43 所示。双击"项目"面板中的"01"文件,在"源"窗口中打开"01"文件。将时间标签放置在 00:00:18:00 的位置。按 I 键，创建标记入点，如图 7-44 所示。

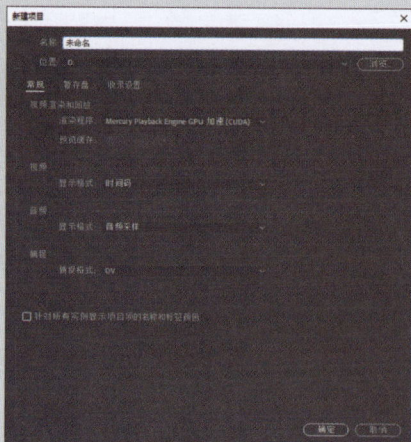

图 7-41

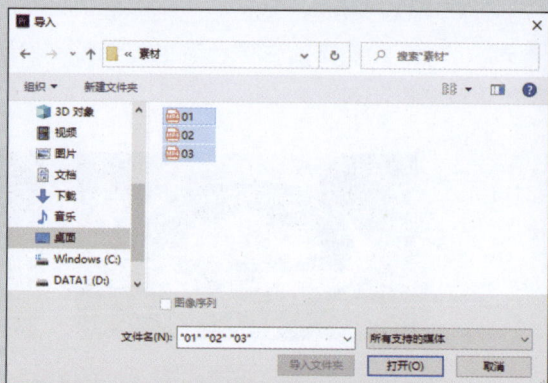

图 7-42

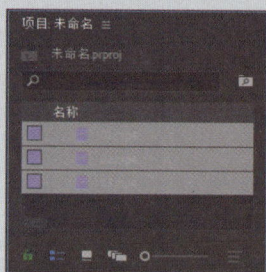

图 7-43

图 7-44

132

（3）将时间标签放置在 00:00:25:00 的位置。按 O 键，创建标记出点，如图 7-45 所示。选中"源"窗口中的"01"文件并将其拖曳到"时间轴"面板的"V1"轨道中，生成"01"序列，如图 7-46 所示。

图 7-45

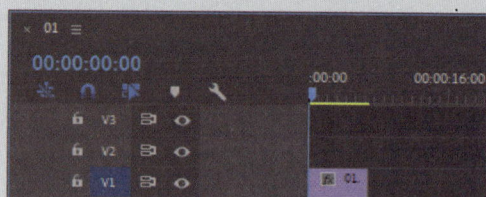

图 7-46

（4）双击"项目"面板中的"02"文件，在"源"窗口中打开"02"文件。将时间标签放置在 00:00:10:00 的位置。按 O 键，创建标记出点，如图 7-47 所示。选中"源"窗口中的"02"文件并将其拖曳到"时间轴"面板的"V1"轨道中，如图 7-48 所示。

图 7-47

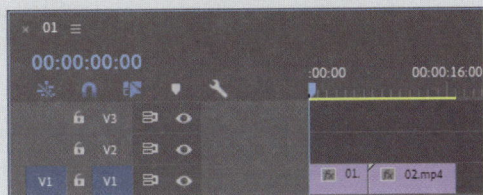

图 7-48

（5）双击"项目"面板中的"03"文件，在"源"窗口中打开"03"文件。将时间标签放置在 00：00：17：00 的位置。按 I 键，创建标记入点，如图 7-49 所示。将时间标签放置在 00：00：25：00 的位置。按 O 键，创建标记出点，如图 7-50 所示。

图 7-49

图 7-50

（6）选中"源"窗口中的"03"文件并将其拖曳到"时间轴"面板的"V1"轨道中，如图 7-51 所示。

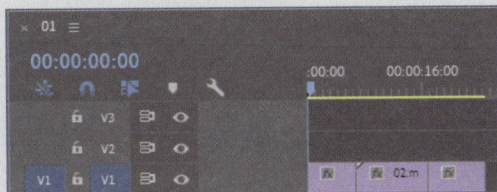

图 7-51

2. 制作波纹转场

（1）选择"项目"面板，选择"文件 > 新建 > 调整图层"命令，弹出对话框，如图 7-52 所示，单击"确定"按钮，在"项目"面板中新建"调整图层"，如图 7-53 所示。

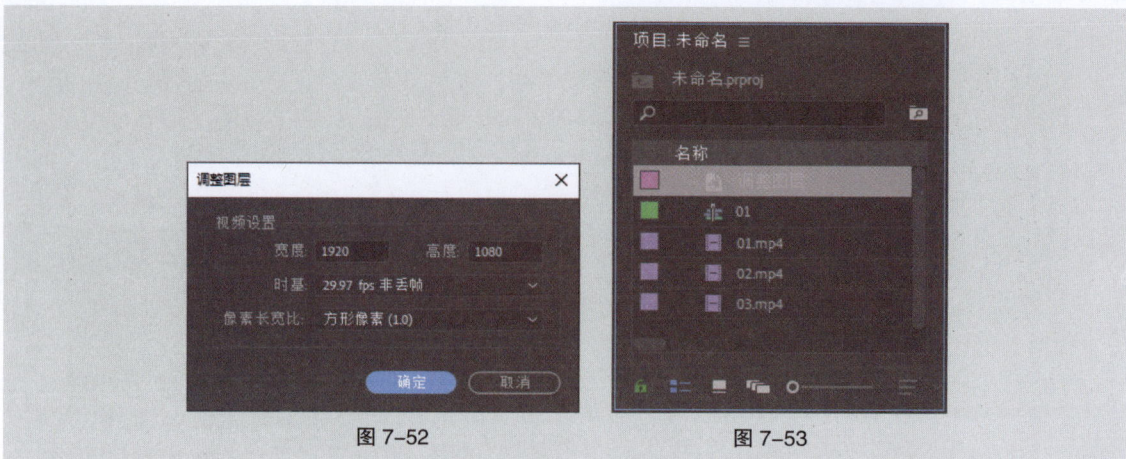

图 7-52   图 7-53

（2）将时间标签放置在 00：00：04：15 的位置。选择"项目"面板中的"调整图层"，将其拖曳到"时间轴"面板中的"V2"轨道中，如图 7-54 所示。

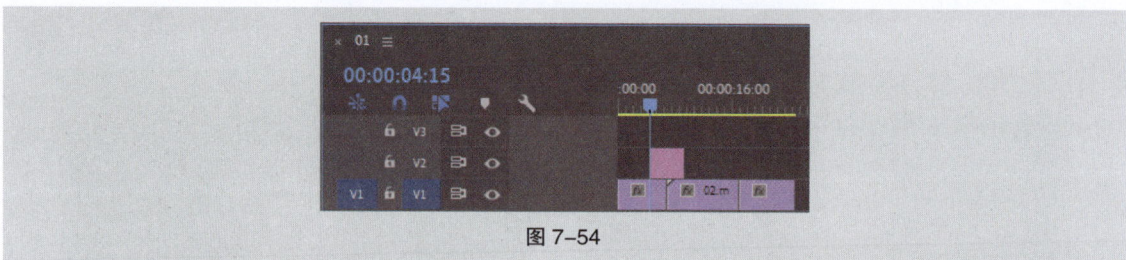

图 7-54

（3）选择"效果"面板，展开"视频效果"分类选项，单击"扭曲"文件夹前面的三角形按钮 ▶，将其展开，选中"湍流置换"效果，如图 7-55 所示。将"湍流置换"效果拖曳到"时间轴"面板"V2"轨道中的"调整图层"上，如图 7-56 所示。

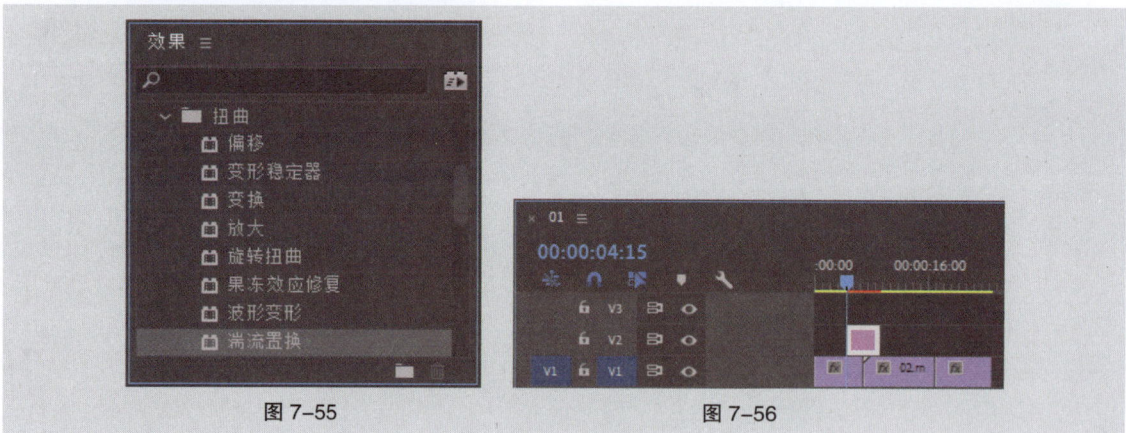

图 7-55   图 7-56

（4）选中"时间轴"面板中的"调整图层"。选择"效果控件"面板，展开"湍流置换"栏，将"数量"选项设置为 0.0，将"演化"选项设置为 0.0°，单击"数量"和"演化"选项左侧的"切换动画"按钮 ○，如图 7-57 所示，记录第 1 个动画关键帧。

（5）将时间标签放置在 00：00：06：25 的位置。将"数量"选项设置为 100.0，将"演化"选项设置为 50.0°，如图 7-58 所示，记录第 2 个动画关键帧。

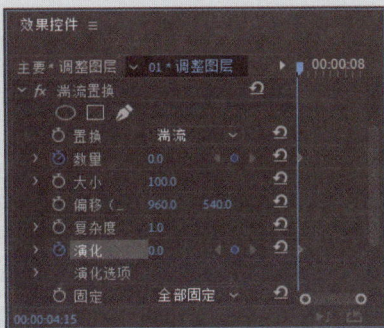
图 7-57

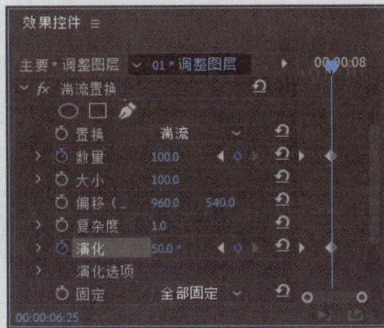
图 7-58

（6）将时间标签放置在 00：00：09：13 的位置。将"数量"选项设置为 0.0，将"演化"选项设置为 0.0°，如图 7-59 所示，记录第 3 个动画关键帧。选择"时间轴"面板，按 Ctrl+C 组合键，复制"调整图层"，如图 7-60 所示。

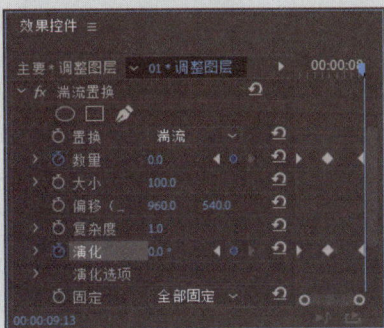
图 7-59

图 7-60

（7）单击"V2"轨道左侧图标，将其设置为目标轨道。再次单击"V1"轨道左侧图标，取消轨道的选择，如图 7-61 所示。将时间标签放置在 00：00：14：24 的位置。按 Ctrl+V 组合键，粘贴所复制的文件，如图 7-62 所示。武汉城市形象宣传片的波纹转场制作完成。

图 7-61

图 7-62

7.2.4　"扭曲"效果

"扭曲"效果主要通过对图像进行几何扭曲变形来制作出各种画面变形效果，共包含 12 种效果，如图 7-63 所示。为图像应用不同的效果的对比如图 7-64 所示。

图 7-63

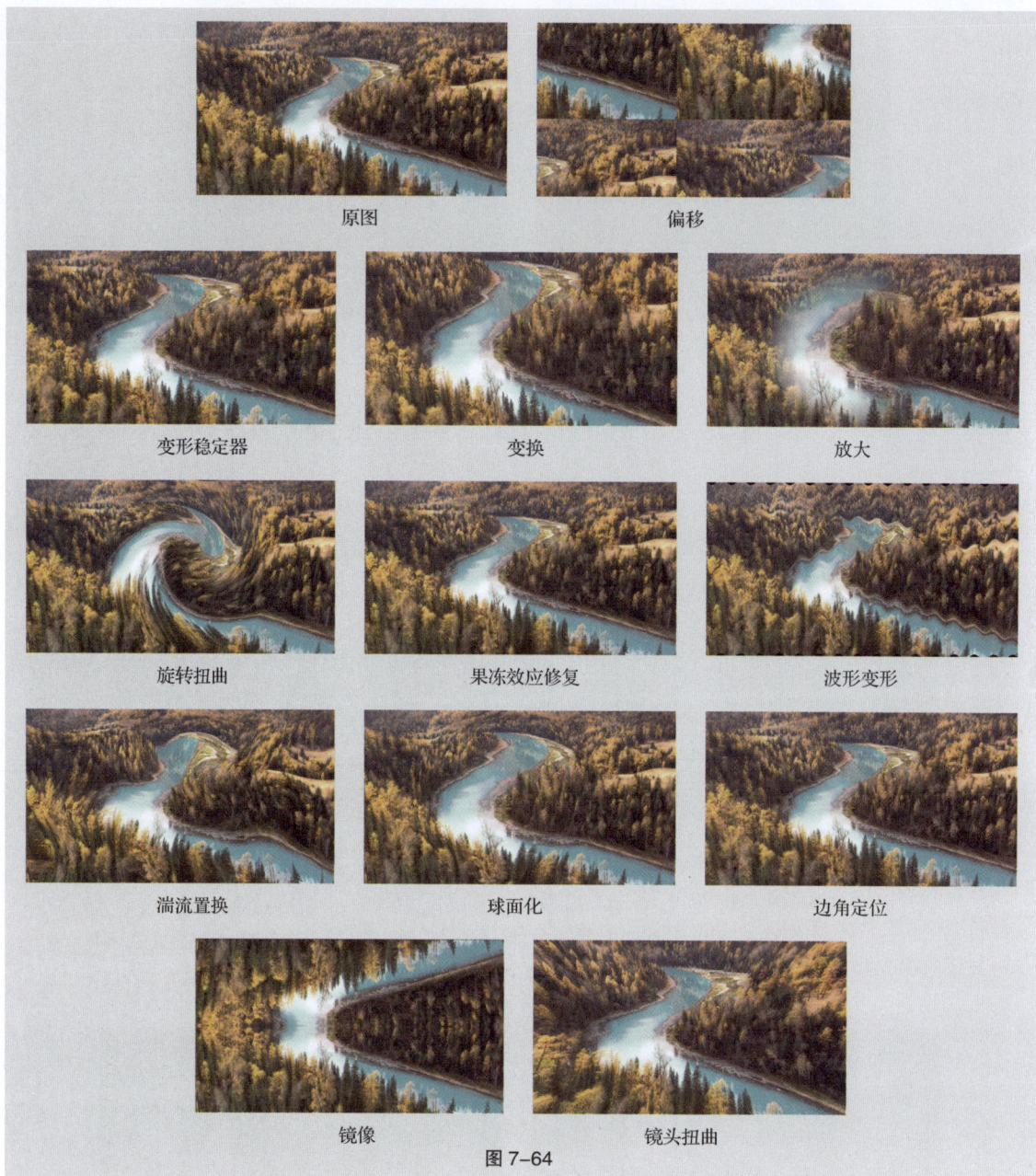

原图

偏移

变形稳定器

变换

放大

旋转扭曲

果冻效应修复

波形变形

湍流置换

球面化

边角定位

镜像

镜头扭曲

图 7-64

7.2.5 "时间"效果

　　"时间"效果用于对素材的时间特性进行控制，该效果包含 2 种类型，如图 7-65 所示。使用不同的效果后，如图 7-66 所示。

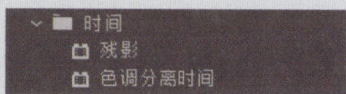

图 7-65

| 原图 | 残影 | 色调分离时间 |

图 7-66

7.2.6 "杂色与颗粒"效果

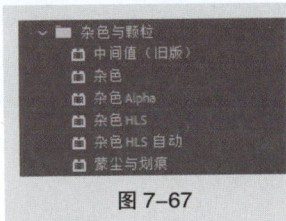

图 7-67

"杂色与颗粒"效果主要用于去除素材画面中的擦痕及噪点，共包含 6 种效果，如图 7-67 所示。为图像应用不同的效果的对比如图 7-68 所示。

| 原图 | 中间值（旧版） |

| 杂色 | 杂色 Alpha | 杂色 HLS |

| 杂色 HLS 自动 | 蒙尘与划痕 |

图 7-68

7.2.7 课堂案例——制作都市生活短视频的卷帘转场

【案例学习目标】学习使用"扭曲"和"模糊"效果制作卷帘转场。

【案例知识要点】使用"导入"命令导入素材文件，使用入点和出点调整素材文件，使用"偏移"效果、"方向模糊"效果和"效果控件"面板制作卷帘转场，最终效果如图 7-69 所示。

【效果所在位置】Ch07/ 制作都市生活短视频的卷帘转场 / 制作都市生活短视频的卷帘转场 .prproj。

慕课 27

制作都市生活短视频的卷帘转场

图 7-69

1. 添加并调整素材

（1）启动 Premiere Pro，选择"文件 > 新建 > 项目"命令，弹出"新建项目"对话框，如图 7-70 所示，单击"确定"按钮，新建项目。

（2）选择"文件 > 导入"命令，弹出"导入"对话框，选择本书云盘中的"Ch07/ 制作都市生活短视频的卷帘转场 / 素材 /01 ～ 03"文件，如图 7-71 所示，单击"打开"按钮，将素材文件导入"项目"面板中，如图 7-72 所示。双击"项目"面板中的"01"文件，在"源"窗口中打开"01"文件。将时间标签放置在 00:00:02:00 的位置。按 I 键，创建标记入点，如图 7-73 所示。

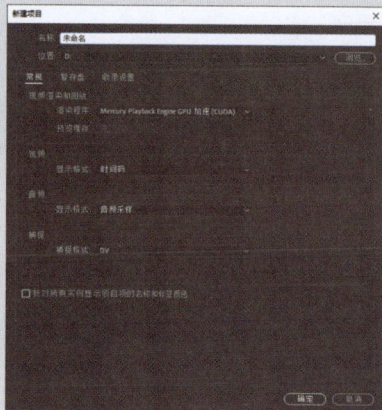

图 7-70

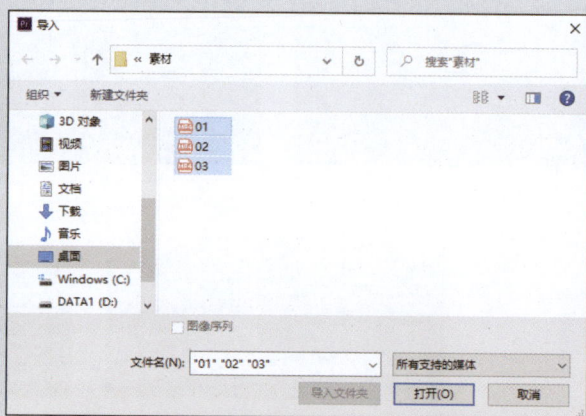

图 7-71

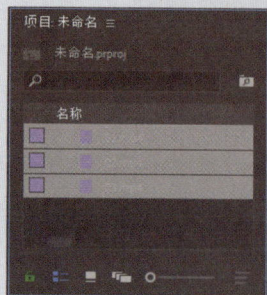

图 7-72

图 7-73

（3）将时间标签放置在00:00:07:00的位置。按O键，创建标记出点，如图7-74所示。选中"源"窗口中的"01"文件并将其拖曳到"时间轴"面板的"V1"轨道中，生成"01"序列，如图7-75所示。

图7-74

图7-75

（4）双击"项目"面板中的"02"文件，在"源"窗口中打开"02"文件。将时间标签放置在00:01:00:00的位置。按I键，创建标记入点，如图7-76所示。将时间标签放置在00:01:05:00的位置。按O键，创建标记出点，如图7-77所示。选中"源"窗口中的"02"文件并将其拖曳到"时间轴"面板的"V1"轨道中，如图7-78所示。

图7-76

图7-77

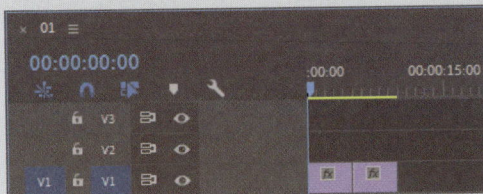

图7-78

（5）双击"项目"面板中的"03"文件，在"源"窗口中打开"03"文件。将时间标签放置在00:00:30:05的位置。按I键，创建标记入点，如图7-79所示。将时间标签放置在00:00:35:05的位置。按O键，创建标记出点，如图7-80所示。选中"源"窗口中的"03"文件并将其拖曳到"时间轴"面板的"V1"轨道中，如图7-81所示。

图 7-79

图 7-80

图 7-81

2. 制作卷帘转场

（1）选择"项目"面板，选择"文件 > 新建 > 调整图层"命令，弹出对话框，如图 7-82 所示，单击"确定"按钮，在"项目"面板中新建"调整图层"，如图 7-83 所示。

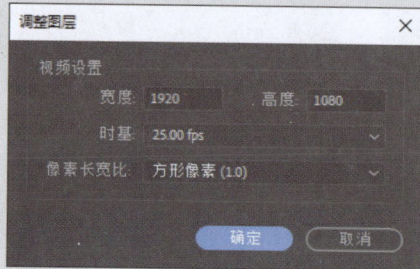

图 7-82

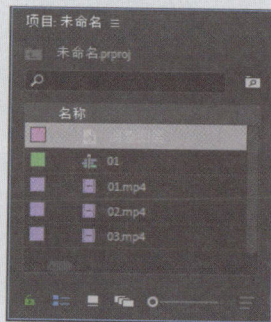

图 7-83

（2）将时间标签放置在 00:00:04:16 的位置。选择"项目"面板中的"调整图层"，将其拖曳到"时间轴"面板的"V2"轨道中，如图 7-84 所示。将时间标签放置在 00:00:05:10 的位置。将鼠标指针放在"调整图层"的结束位置单击，显示编辑点。当鼠标指针呈 ◄▶ 状时，向左拖曳到 00:00:05:10 的位置，如图 7-85 所示。

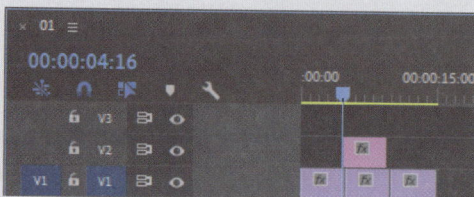

图 7-84

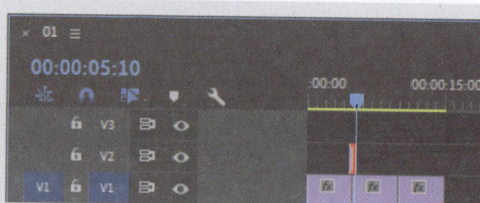

图 7-85

（3）选择"效果"面板，展开"视频效果"分类选项，单击"扭曲"文件夹前面的三角形按钮 将其展开，选中"偏移"效果，如图7-86所示。将"偏移"效果拖曳到"时间轴"面板"V2"轨道中的"调整图层"上，如图7-87所示。

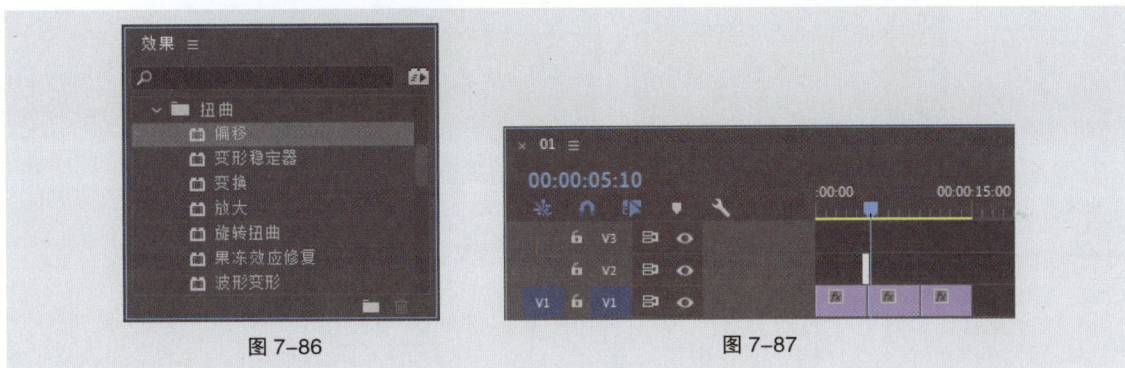

图7-86

图7-87

（4）将时间标签放置在00:00:04:16的位置。选中"时间轴"面板中的"调整图层"。选择"效果控件"面板，展开"偏移"栏，单击"将中心移位至"选项左侧的"切换动画"按钮 ，如图7-88所示，记录第1个动画关键帧。将时间标签放置在00:00:05:08的位置。把"将中心移位至"选项设置为960.0和2880.0，如图7-89所示，记录第2个动画关键帧。

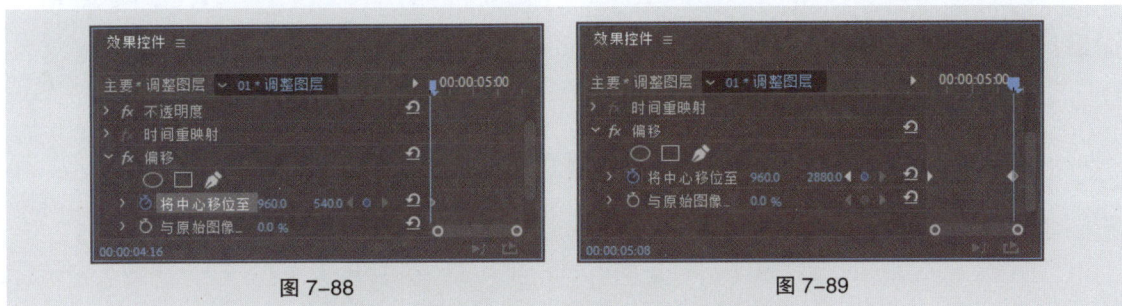

图7-88

图7-89

（5）单击"与原始图像混合"选项左侧的"切换动画"按钮 ，如图7-90所示，记录第1个动画关键帧。将时间标签放置在00:00:05:09的位置。将"与原始图像混合"选项设置为100.0%，如图7-91所示，记录第2个动画关键帧。

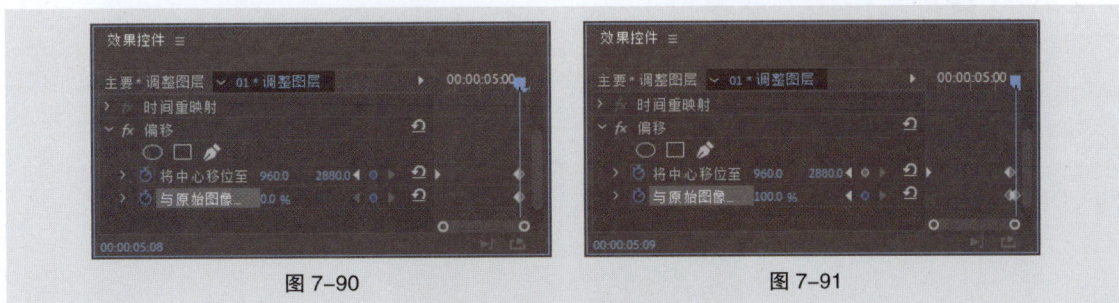

图7-90

图7-91

（6）选择"效果"面板，单击"模糊与锐化"文件夹前面的三角形按钮 将其展开，选中"方向模糊"效果，如图7-92所示。将"方向模糊"效果拖曳到"时间轴"面板"V2"轨道中的"调整图层"上。选择"效果控件"面板，展开"方向模糊"栏，将"模糊长度"选项设置为50.0，如图7-93所示。

第 7 章 特效

141

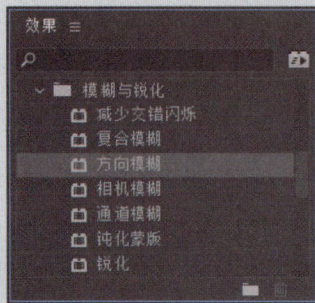

图 7-92

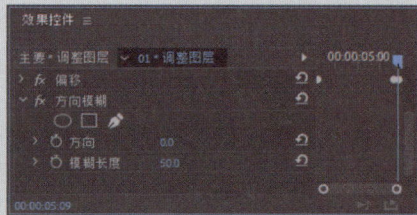

图 7-93

（7）选择"时间轴"面板，按 Ctrl+C 组合键，复制"调整图层"，如图 7-94 所示。单击"V2"轨道左侧图标，将其设置为目标轨道。再次单击"V1"轨道左侧图标，取消轨道的选择，如图 7-95 所示。将时间标签放置在 00:00:09:18 的位置。按 Ctrl+V 组合键，粘贴所复制的文件，如图 7-96 所示。都市生活短视频的卷帘转场制作完成。

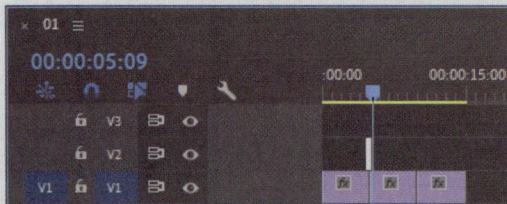

图 7-94

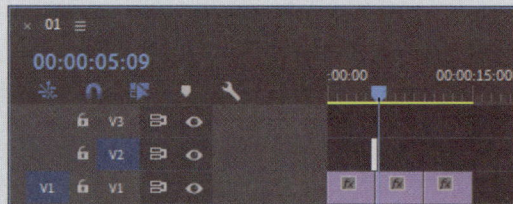

图 7-95

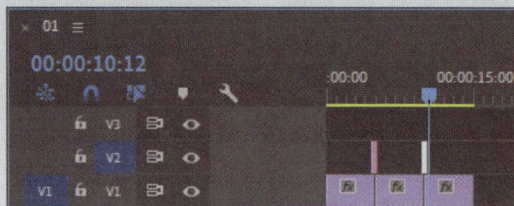

图 7-96

7.2.8 "模糊与锐化"效果

"模糊与锐化"效果主要针对镜头画面模糊或锐化进行处理，共包含 8 种效果，如图 7-97 所示。为图像应用不同的效果的对比如图 7-98 所示。

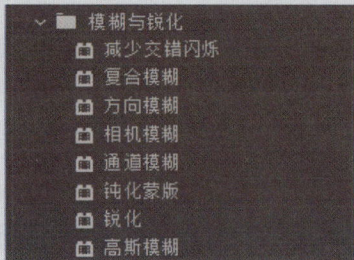

图 7-97

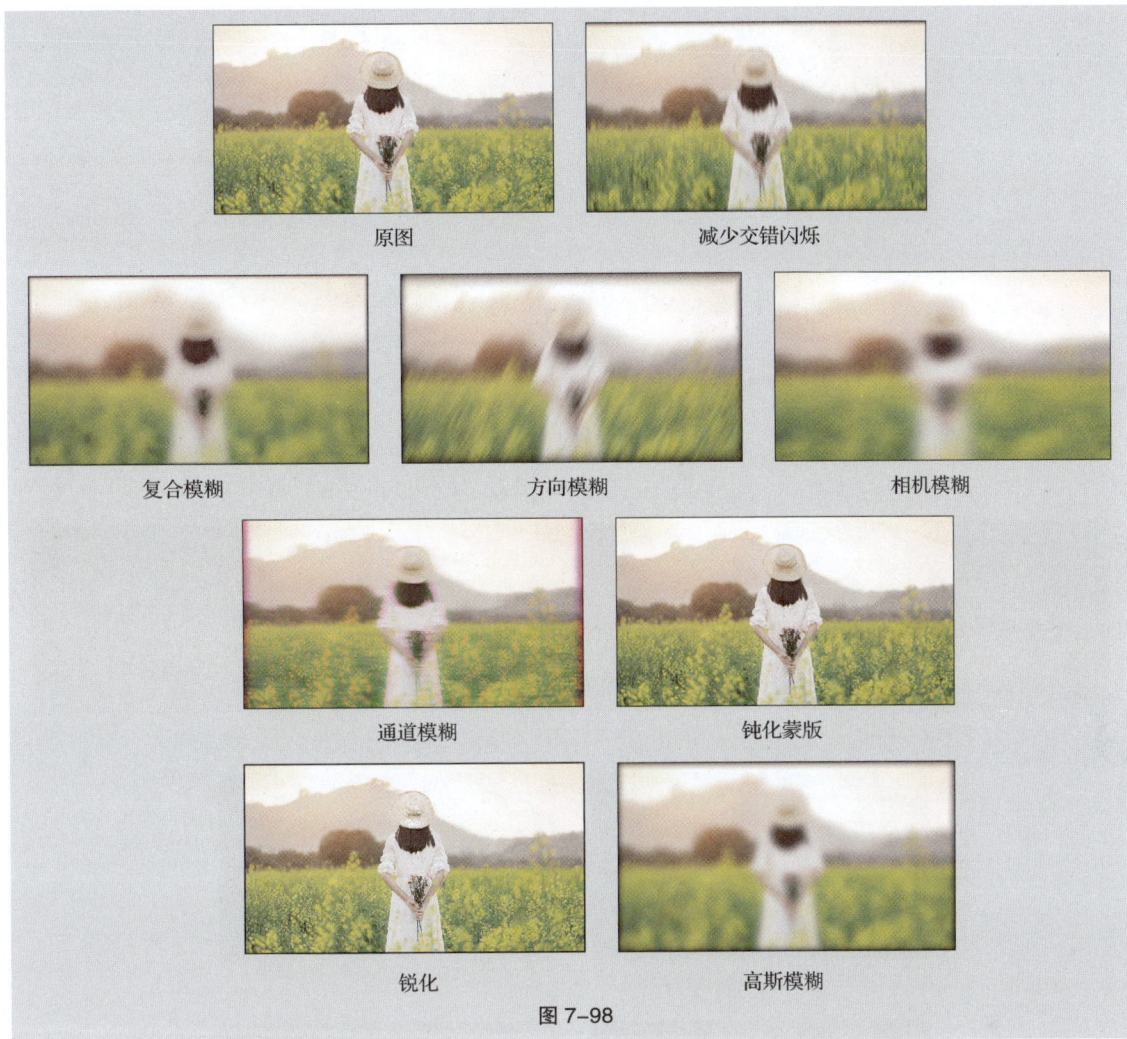

原图   减少交错闪烁

复合模糊   方向模糊   相机模糊

通道模糊   钝化蒙版

锐化   高斯模糊

图 7-98

7.2.9 "沉浸式视频"效果

"沉浸式视频"效果是通过虚拟现实技术来实现虚拟现实的一种效果，共包含 11 种效果，如图 7-99 所示。为图像应用不同的效果的对比如图 7-100 所示。

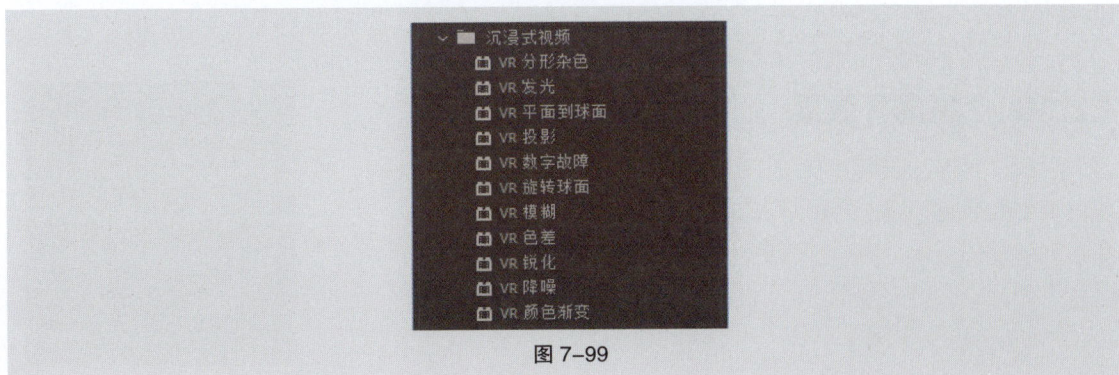

图 7-99

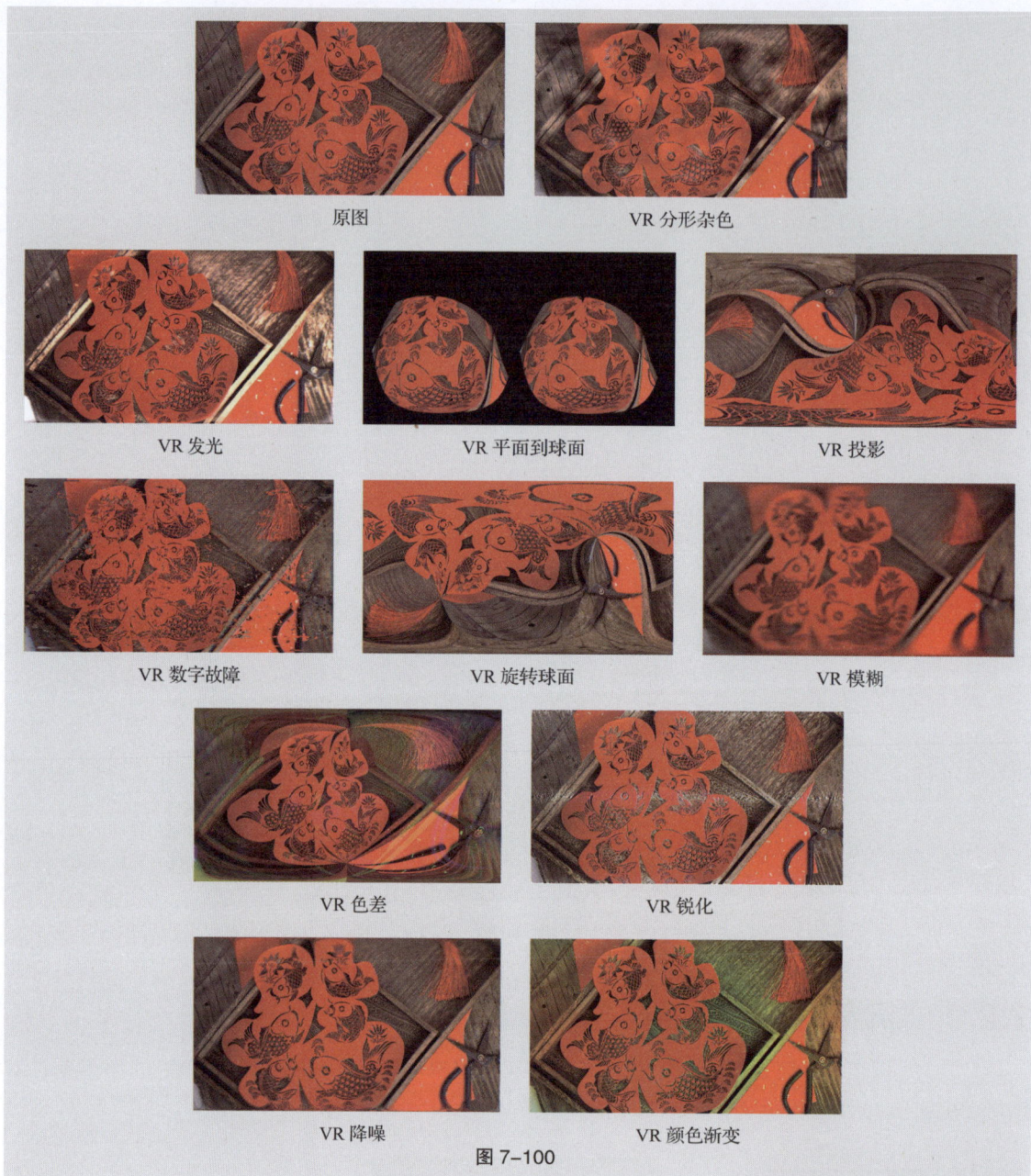

原图

VR 分形杂色

VR 发光

VR 平面到球面

VR 投影

VR 数字故障

VR 旋转球面

VR 模糊

VR 色差

VR 锐化

VR 降噪

VR 颜色渐变

图 7-100

7.2.10 "生成"效果

"生成"效果主要用来生成一些效果，共包含 12 种效果，如图 7-101 所示。为图像应用不同的效果的对比如图 7-102 所示。

图 7-101

原图

书写

单元格图案

吸管填充

四色渐变

圆形

棋盘

椭圆

油漆桶

渐变

网格

镜头光晕

闪电

图 7-102

7.2.11　"视频"效果

　　"视频"效果用于对视频特性进行控制，共包含 4 种效果，如图 7-103 所示。为图像应用不同的效果的对比如图 7-104 所示。

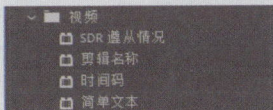
图 7-103

原图   SDR 遵从情况

剪辑名称   时间码   简单文本

图 7-104

7.2.12 "过渡"效果

"过渡"效果主要用于对两个素材之间的连接进行切换，该效果共包含 5 种类型，如图 7-105 所示。为图像应用不同的效果的对比如图 7-106 所示。

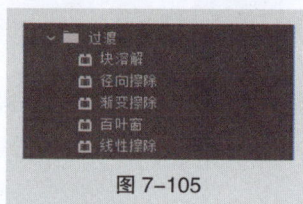

图 7-105

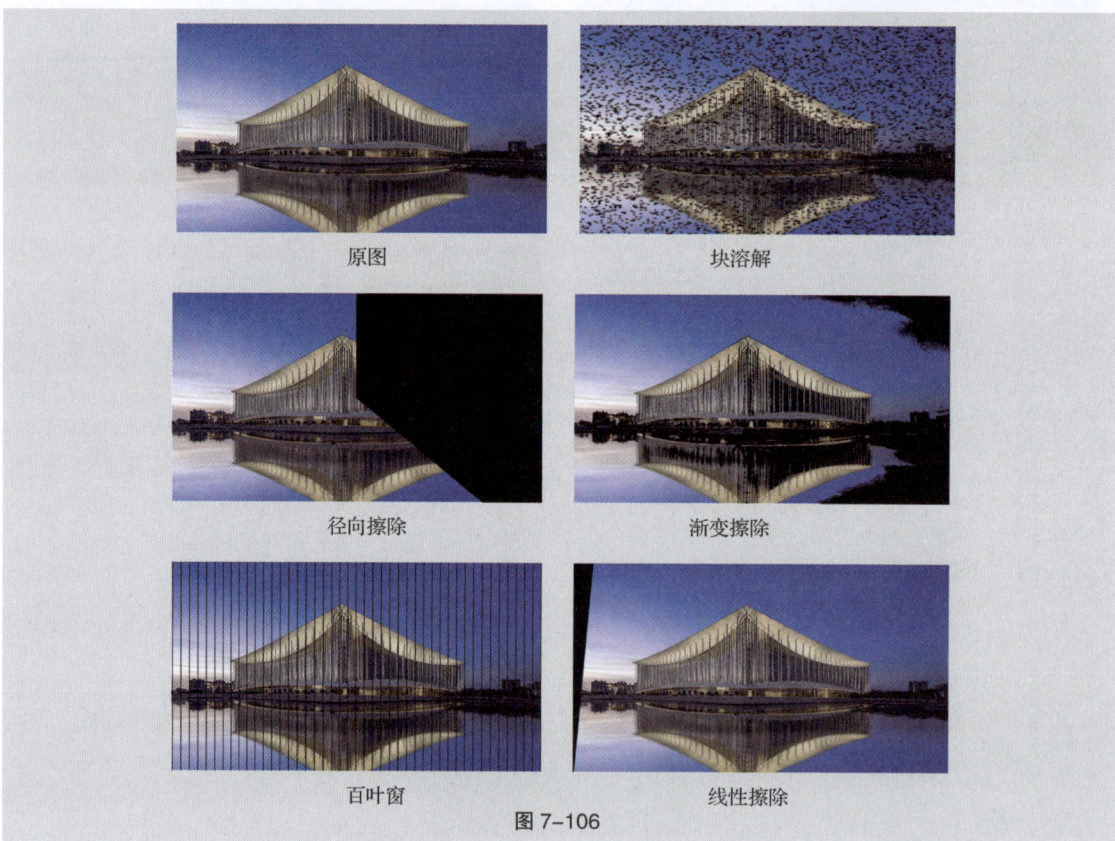

原图   块溶解

径向擦除   渐变擦除

百叶窗   线性擦除

图 7-106

7.2.13 "透视"效果

"透视"效果主要用于制作三维透视效果，使素材产生立体感或空间感，该效果共包含 5 种类型，如图 7-107 所示。为图像应用不同的效果的对比如图 7-108 所示。

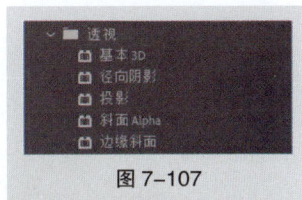

图 7-107

原图

基本 3D

径向阴影

投影

斜面 Alpha

边缘斜面

图 7-108

7.2.14 "通道"效果

使用"通道"效果可以对素材的通道进行处理，实现图像颜色、色调、饱和度和亮度等属性的改变，共包含 7 种效果，如图 7-109 所示。为图像应用不同的效果的对比如图 7-110 所示。

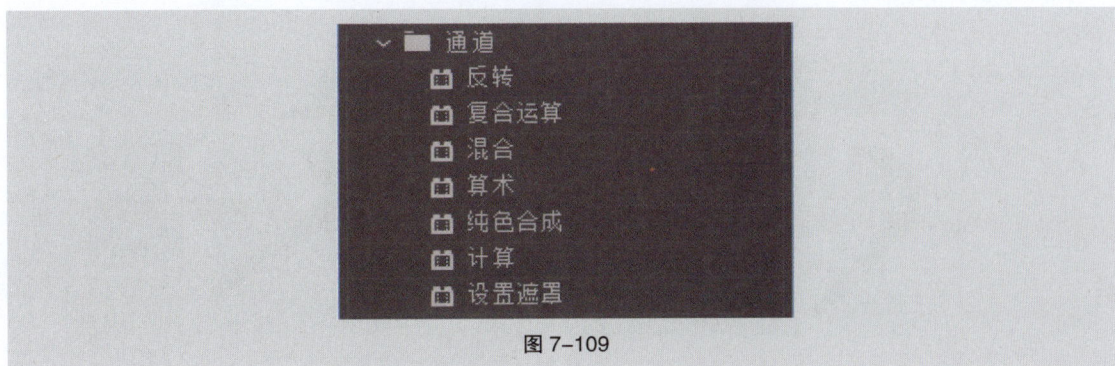

图 7-109

原图 　　　　反转

复合运算 　　　混合 　　　算术

纯色合成 　　　计算 　　　设置遮罩

图 7-110

7.2.15　课堂案例——制作青春生活短视频的翻页转场

【案例学习目标】学习使用"扭曲""时间""透视"效果制作翻页转场。

【案例知识要点】使用"导入"命令导入素材文件，使用入点和出点调整素材文件，使用"变换"效果和"嵌套"命令制作嵌套文件，使用"时间"效果、"径向阴影"效果和"效果控件"面板制作翻页转场，最终效果如图 7-111 所示。

【效果所在位置】Ch07/制作青春生活短视频的翻页转场/制作青春生活短视频的翻页转场.prproj。

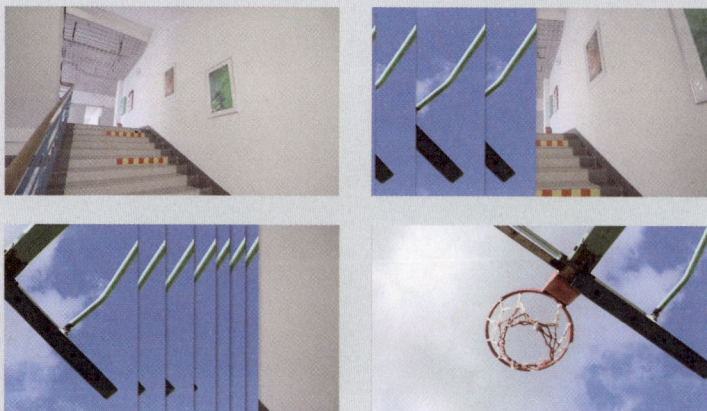

慕课 28

制作青春生活
短视频的翻页
转场

图 7-111

1. 添加并调整素材

（1）启动 Premiere Pro，选择"文件 > 新建 > 项目"命令，弹出"新建项目"对话框，如图 7-112 所示，单击"确定"按钮，新建项目。

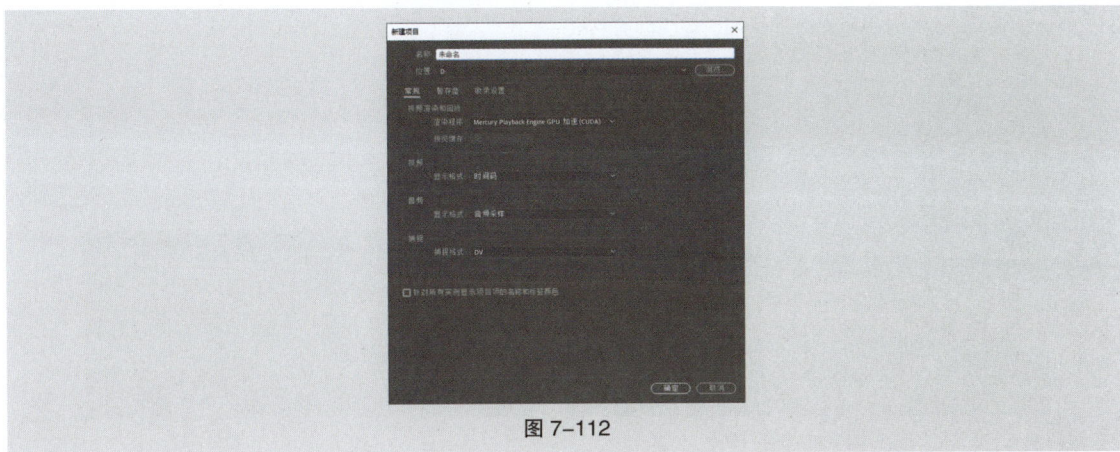

图 7-112

（2）选择"文件 > 导入"命令，弹出"导入"对话框，选择本书云盘中的"Ch07/ 制作青春生活短视频的翻页转场 / 素材 /01 ～ 03"文件，如图 7-113 所示，单击"打开"按钮，将素材文件导入"项目"面板中，如图 7-114 所示。双击"项目"面板中的"01"文件，在"源"窗口中打开"01"文件。将时间标签放置在 00:00:04:00 的位置。按 I 键，创建标记入点，如图 7-115 所示。

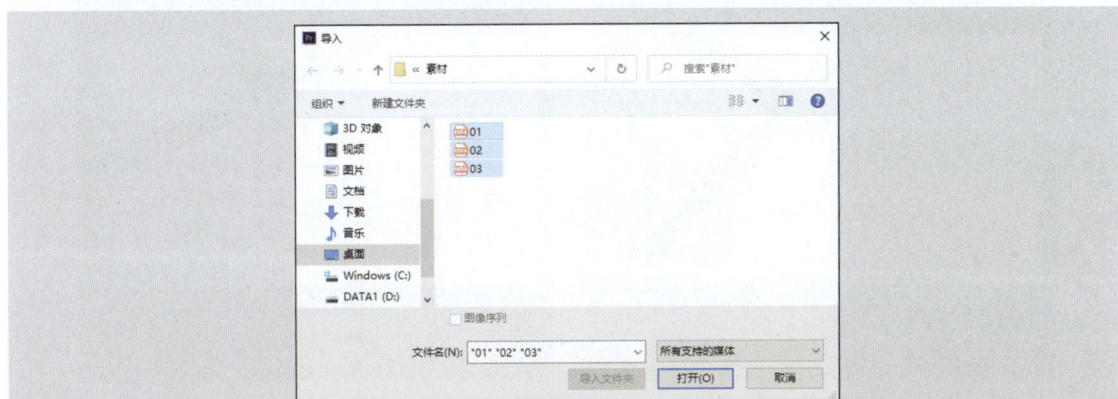

图 7-113

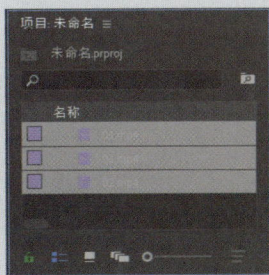

图 7-114

图 7-115

（3）将时间标签放置在 00:00:09:00 的位置。按 O 键，创建标记出点，如图 7-116 所示。选中"源"窗口中的"01"文件并将其拖曳到"时间轴"面板的"V1"轨道中，生成"01"序列，如图 7-117 所示。

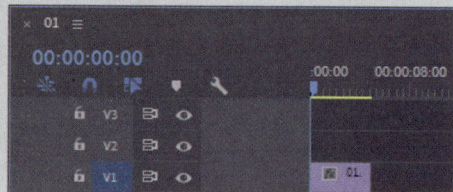

图 7-116   图 7-117

（4）双击"项目"面板中的"02"文件，在"源"窗口中打开"02"文件。将时间标签放置在 00:00:10:00 的位置。按 I 键，创建标记入点，如图 7-118 所示。将时间标签放置在 00:00:18:00 的位置。按 O 键，创建标记出点，如图 7-119 所示。

图 7-118   图 7-119

（5）将时间标签放置在 00:00:02:00 的位置。选中"源"窗口中的"02"文件并将其拖曳到"时间轴"面板的"V2"轨道中，如图 7-120 所示。选择"剃刀"工具 ，将鼠标指针移到"时间轴"面板中的"02"文件上，在"01"文件的结束位置单击，切割素材，如图 7-121 所示。

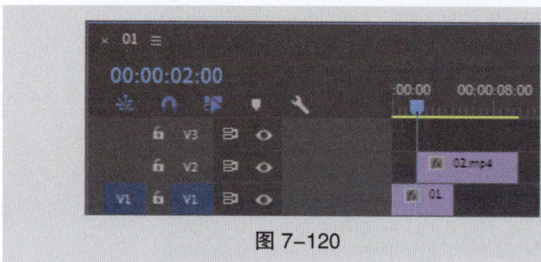
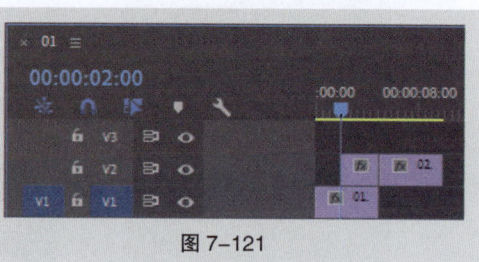

图 7-120   图 7-121

（6）选择"选择"工具 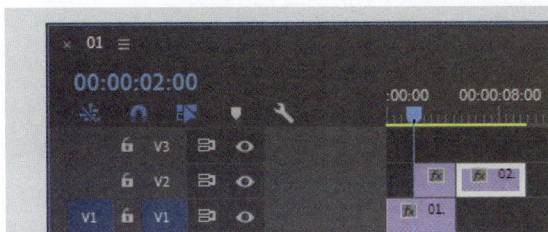，选中切割后右侧的"02"文件，如图 7-122 所示，将其拖曳到"V1"轨道中，如图 7-123 所示。

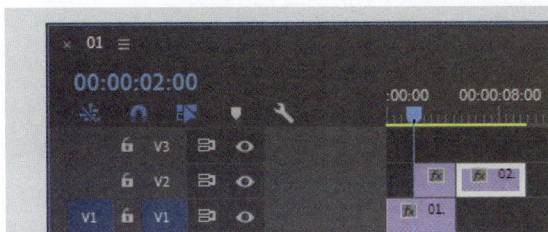
图 7-122

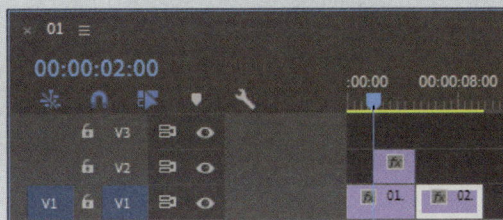
图 7-123

（7）双击"项目"面板中的"03"文件，在"源"窗口中打开"03"文件。将时间标签放置在 00:00:08:00 的位置。按 O 键，创建标记出点，如图 7-124 所示。将时间标签放置在 00:00:07:00 的位置。选中"源"窗口中的"03"文件并将其拖曳到"时间轴"面板的"V2"轨道中，如图 7-125 所示。

图 7-124

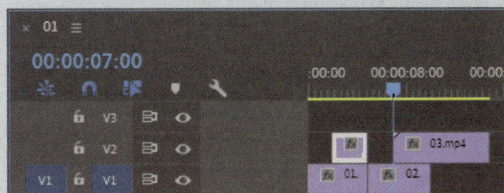
图 7-125

（8）选择"剃刀"工具 ，将鼠标指针移到"时间轴"面板中的"03"文件上，在"02"文件的结束位置单击，切割素材，如图 7-126 所示。选择"选择"工具 ，选中切割后右侧的"03"文件，将其拖曳到"V1"轨道中，如图 7-127 所示。

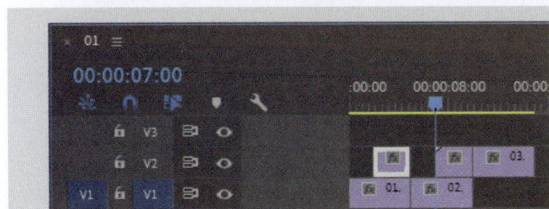
图 7-126

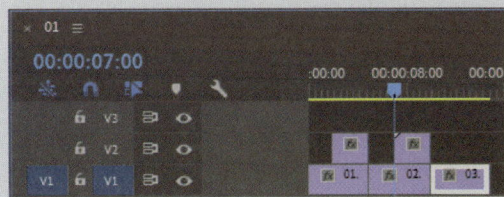
图 7-127

2. 制作翻页转场

（1）将时间标签放置在 00:00:02:00 的位置。选择"效果"面板，展开"视频效果"分类选项，单击"扭曲"文件夹前面的三角形按钮 将其展开，选中"变换"效果，如图 7-128 所示。将"变换"效果拖曳到"时间轴"面板"V2"轨道中的"02"文件上，如图 7-129 所示。

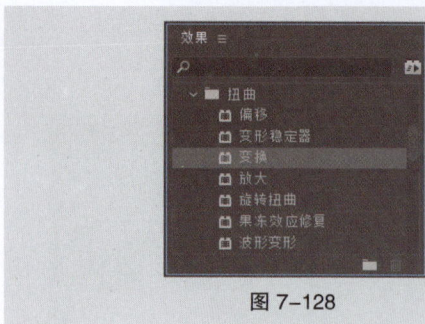

图 7-128

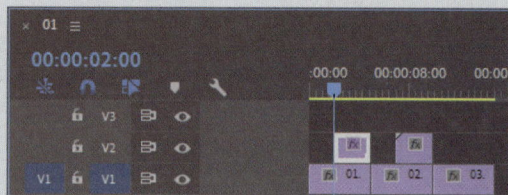

图 7-129

（2）选中"时间轴"面板"V2"轨道中的"02"文件。选择"效果控件"面板，展开"变换"栏，将"锚点"选项设置为 2885.0 和 540.0，单击"锚点"选项左侧的"切换动画"按钮 ，如图 7-130 所示，记录第 1 个动画关键帧。将时间标签放置在 00:00:05:00 的位置。将"锚点"选项设置为 960.0 和 540.0，如图 7-131 所示，记录第 2 个动画关键帧。

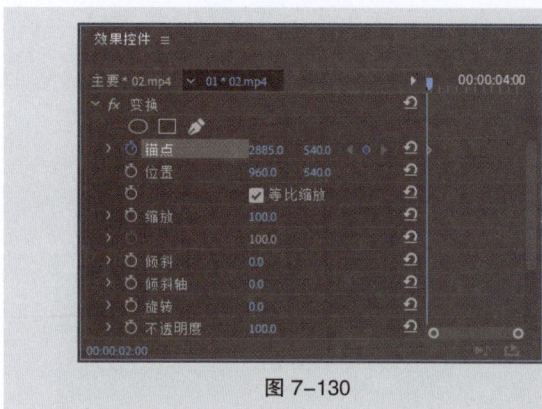

图 7-130

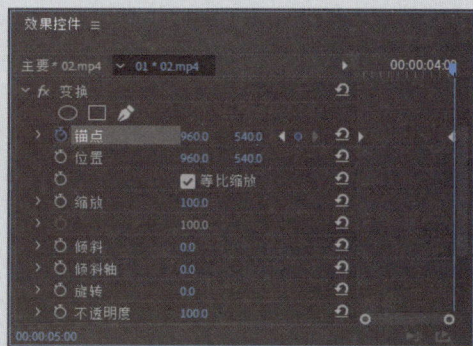

图 7-131

（3）选择右侧的关键帧，在关键帧上单击鼠标右键，在弹出的快捷菜单中选择"缓入"命令，效果如图 7-132 所示。单击锚点左侧的 按钮，展开选项，向左拖曳右侧关键帧的控制点，如图 7-133 所示。

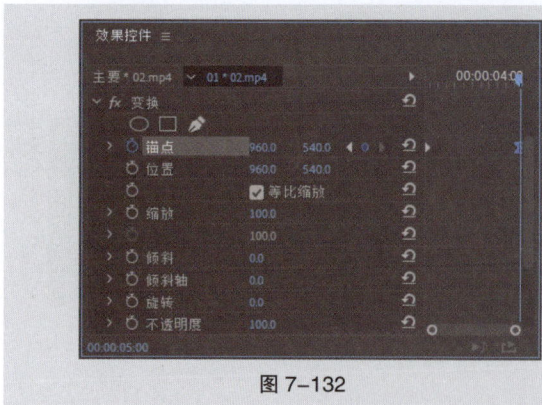

图 7-132

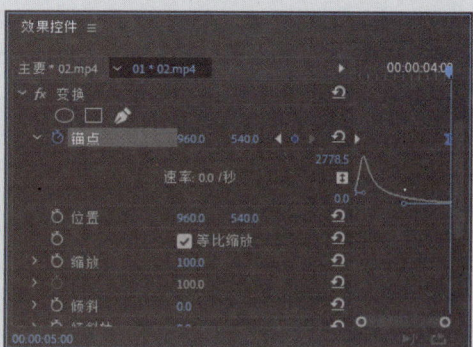

图 7-133

（4）在"时间轴"面板"V2"轨道中的"02"文件上单击鼠标右键，在弹出的快捷菜单中选择"嵌套"命令，弹出对话框，如图 7-134 所示，单击"确定"按钮，"时间轴"面板如图 7-135 所示。

图 7-134

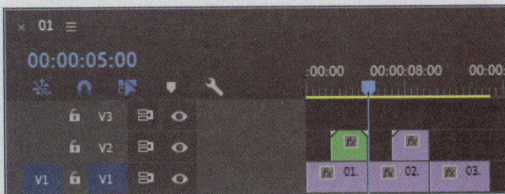
图 7-135

（5）将时间标签放置在 00:00:02:00 的位置。选择"效果"面板，单击"时间"文件夹前面的三角形按钮▶将其展开，选中"残影"效果，如图 7-136 所示。将"残影"效果拖曳到"时间轴"面板"V2"轨道中的"嵌套序列 01"文件上，如图 7-137 所示。

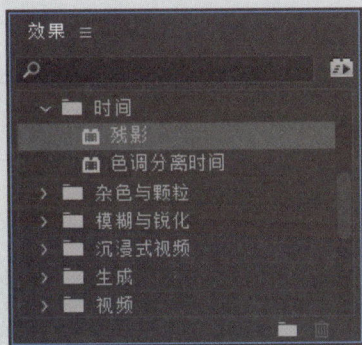
图 7-136

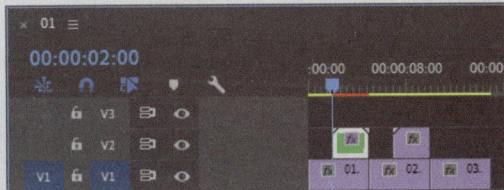
图 7-137

（6）选择"效果控件"面板，展开"残影"栏，将"残影时间（秒）"选项设置为 -0.200，将"残影数量"选项设置为 6，将"残影运算符"选项设置为"从后至前组合"，单击"残影时间（秒）"选项左侧的"切换动画"按钮，如图 7-138 所示，记录第 1 个动画关键帧。将时间标签放置在 00:00:05:00 的位置。将"残影时间（秒）"选项设置为 0.000，如图 7-139 所示，记录第 2 个动画关键帧。

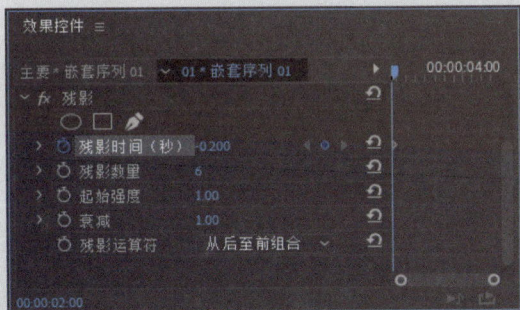
图 7-138

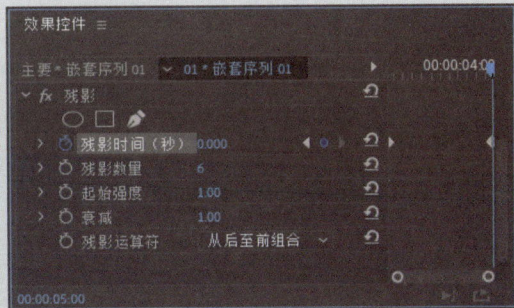
图 7-139

（7）选择"效果"面板，单击"透视"文件夹前面的三角形按钮▶将其展开，选中"径向阴影"效果，如图 7-140 所示。将"径向阴影"效果拖曳到"时间轴"面板"V2"轨道中的"嵌套序列 01"文件上。选择"效果控件"面板，如图 7-141 所示，将"径向阴影"效果拖曳到"残影"效果的上方，如图 7-142 所示。

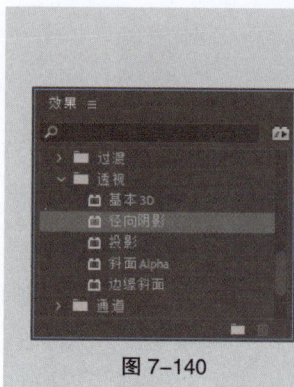

图 7-140

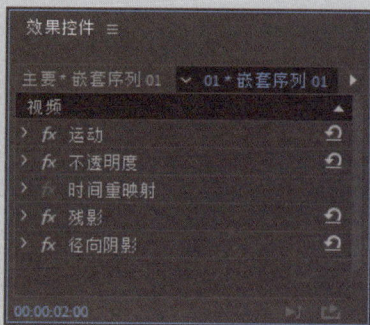

图 7-141

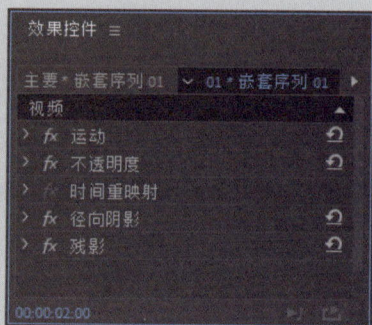

图 7-142

（8）展开"径向阴影"栏，将"投影距离"选项设置为 1.0，"柔和度"选项设置为 50.0，如图 7-143 所示。用相同的方法制作"嵌套序列 02"，如图 7-144 所示。青春生活短视频的翻页转场制作完成。

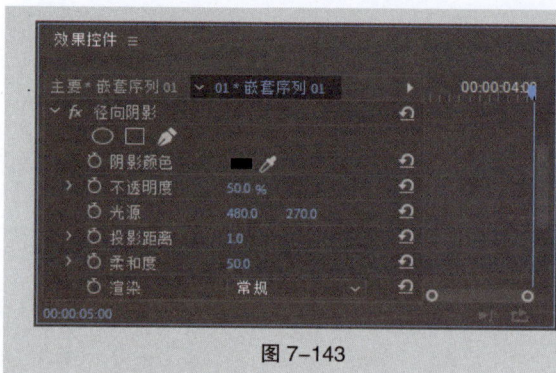

图 7-143

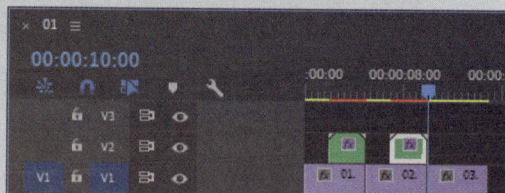

图 7-144

7.2.16 "风格化"效果

"风格化"效果主要用于模拟一些美术风格，以实现丰富的画面效果，该效果包含 13 种类型，如图 7-145 所示。为图像应用不同的效果的对比如图 7-146 所示。

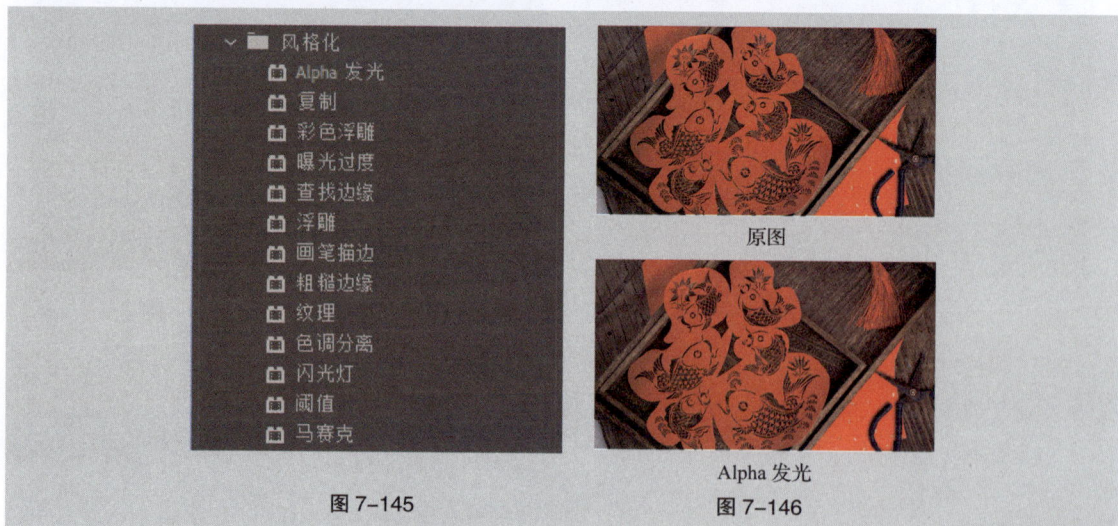

原图

Alpha 发光

图 7-145

图 7-146

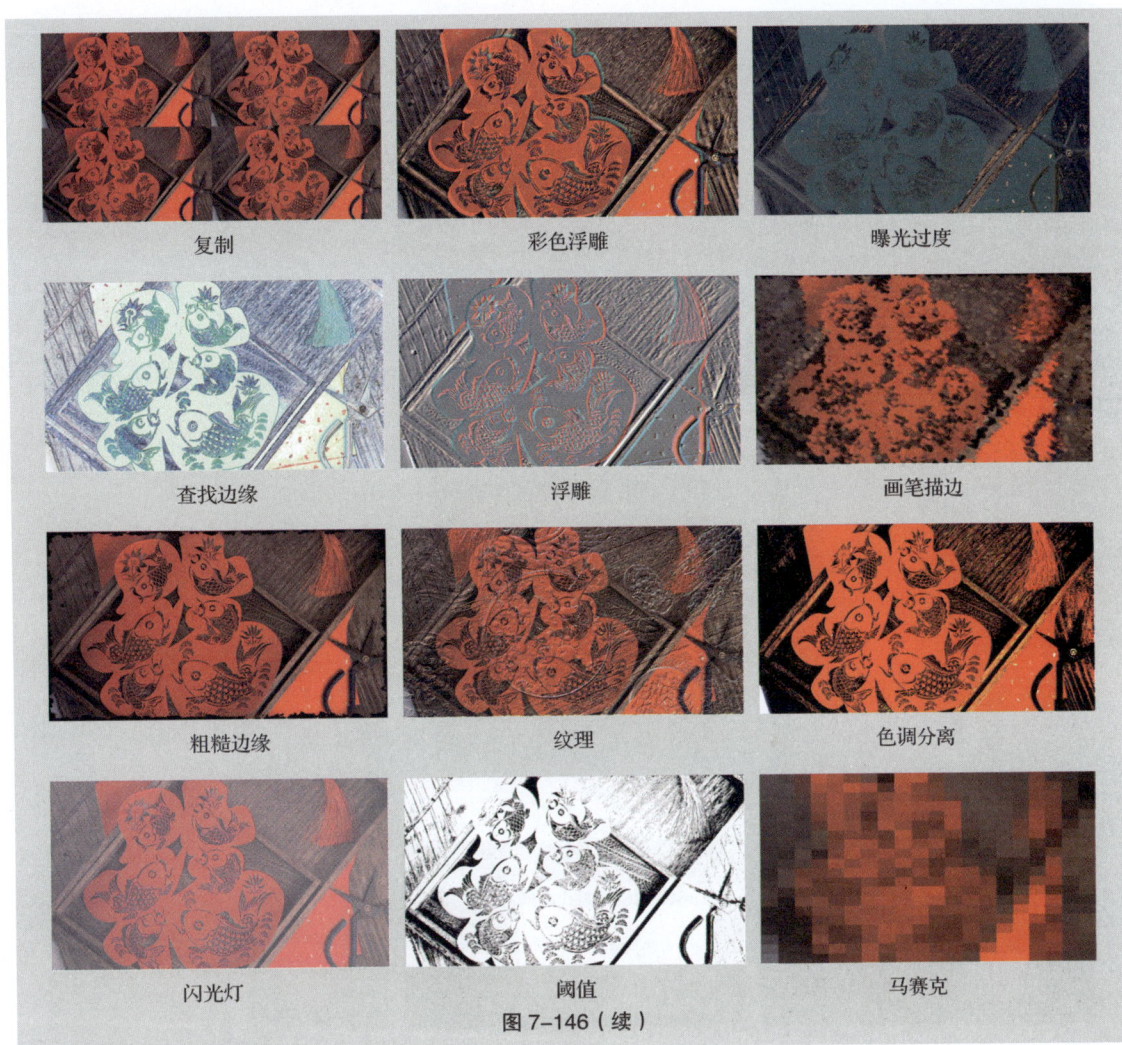

复制　　　　　　　　　　彩色浮雕　　　　　　　　　　曝光过度

查找边缘　　　　　　　　　浮雕　　　　　　　　　　画笔描边

粗糙边缘　　　　　　　　　纹理　　　　　　　　　　色调分离

闪光灯　　　　　　　　　　阈值　　　　　　　　　　马赛克

图 7-146（续）

7.2.17　预设效果

1."模糊"效果

预设的"模糊"效果主要通过对影片素材的入点或出点使用预设制作出画面的快速模糊效果，共包含 2 种效果，如图 7-147 所示。为图像应用不同的效果的对比如图 7-148 所示。

图 7-147

快速模糊入点

图 7-148

快速模糊出点

图 7-148（续）

2. "画中画"效果

预设的"画中画"效果主要通过对影片素材使用预设制作出画面的位置和比例缩放效果，共包含 38 种效果，如图 7-149 所示。为图像应用不同的部分效果的对比如图 7-150 所示。

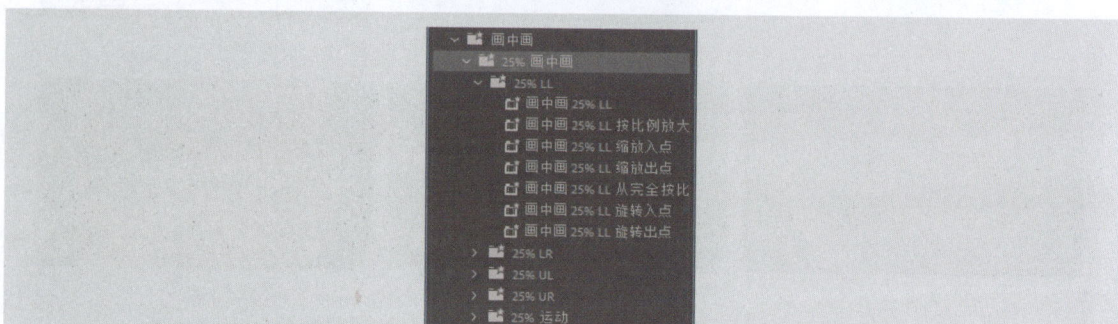

图 7-149

画中画 25%LL 按比例放大至完全

画中画 25%UR 旋转入点

画中画 25%LR 至 LL

图 7-150

3. "马赛克"效果

预设的"马赛克"效果主要通过对影片素材的入点或出点使用预设制作出马赛克画面效果，共包含 2 种效果，如图 7-151 所示。为图像应用不同的效果的对比如图 7-152 所示。

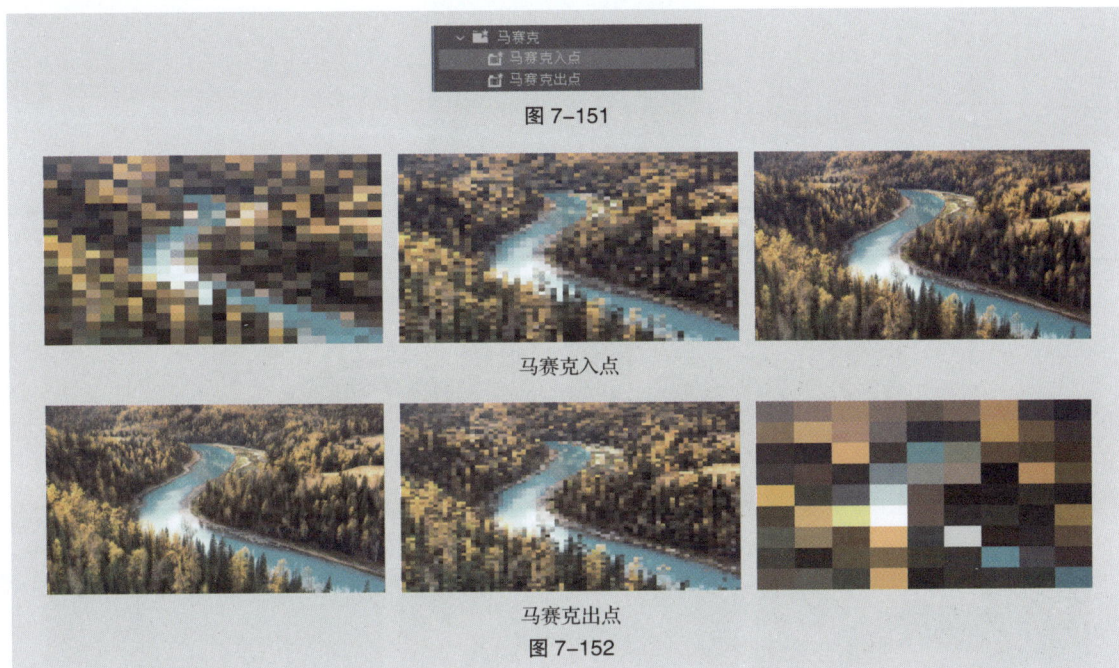

图 7-151

马赛克入点

马赛克出点

图 7-152

4. "扭曲"效果

预设的"扭曲"效果主要通过对影片素材的入点或出点使用预设制作出扭曲画面效果，共包含 2 种效果，如图 7-153 所示。为图像应用不同的效果的对比如图 7-154 所示。

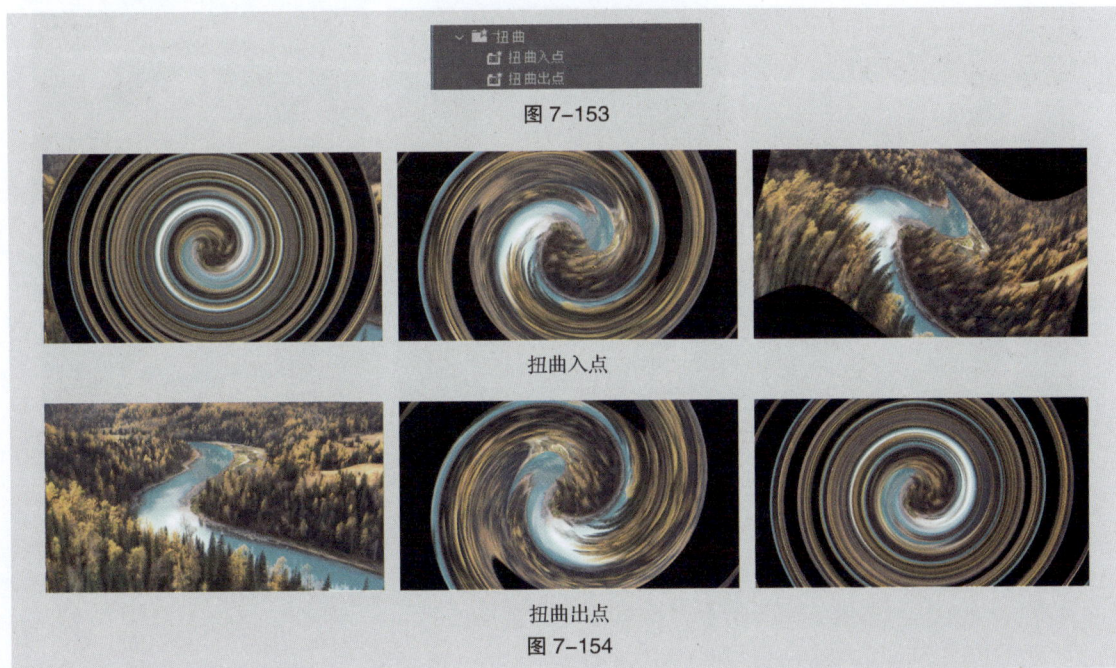

图 7-153

扭曲入点

扭曲出点

图 7-154

5. "卷积内核"效果

预设的"卷积内核"效果主要通过运算改变影片素材中每个像素的颜色和亮度值来改变图像的质感，共包含 10 种效果，如图 7-155 所示。为图像应用不同的效果的对比如图 7-156 所示。

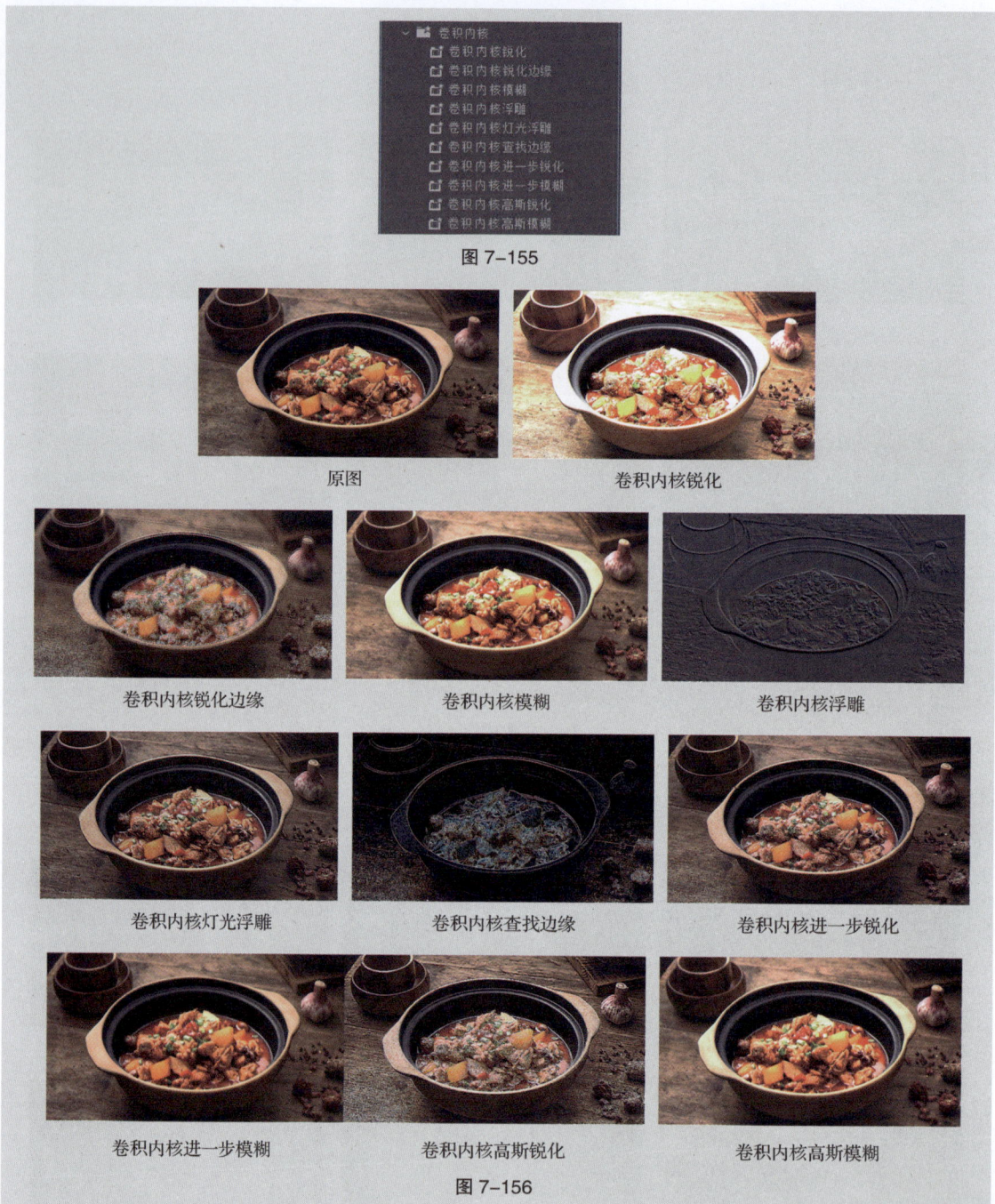

图 7-155

| 原图 | 卷积内核锐化 |

| 卷积内核锐化边缘 | 卷积内核模糊 | 卷积内核浮雕 |

| 卷积内核灯光浮雕 | 卷积内核查找边缘 | 卷积内核进一步锐化 |

| 卷积内核进一步模糊 | 卷积内核高斯锐化 | 卷积内核高斯模糊 |

图 7-156

6. "去除镜头扭曲"效果

预设的"去除镜头扭曲"效果主要对影片素材去除预设的镜头扭曲，共包含 62 种效果，如图 7-157 所示。为图像应用不同的部分效果的对比如图 7-158 所示。

图 7-157

原图

Phantom 2 Vision（480）

Phantom 3 Vision（4K）

Hero 4 Session（1080-宽）

Hero 2（960-宽）

Hero 3 黑色版（4K 影院 - 宽）

Hero 3+ 黑色版（720-窄）

图 7-158

7.　"斜角边"效果

　　预设的"斜角边"效果主要通过对影片素材使用预设制作出斜角边画面效果，共包含 2 种效果，如图 7-159 所示。为图像应用不同的效果的对比如图 7-160 所示。

图 7-159

原图

厚斜角边

薄斜角边

图 7-160

8."过度曝光"效果

预设的"过度曝光"效果主要通过对影片素材使用预设制作出画面的过度曝光效果，共包含 2 种效果，如图 7-161 所示。为图像应用不同的效果的对比如图 7-162 所示。

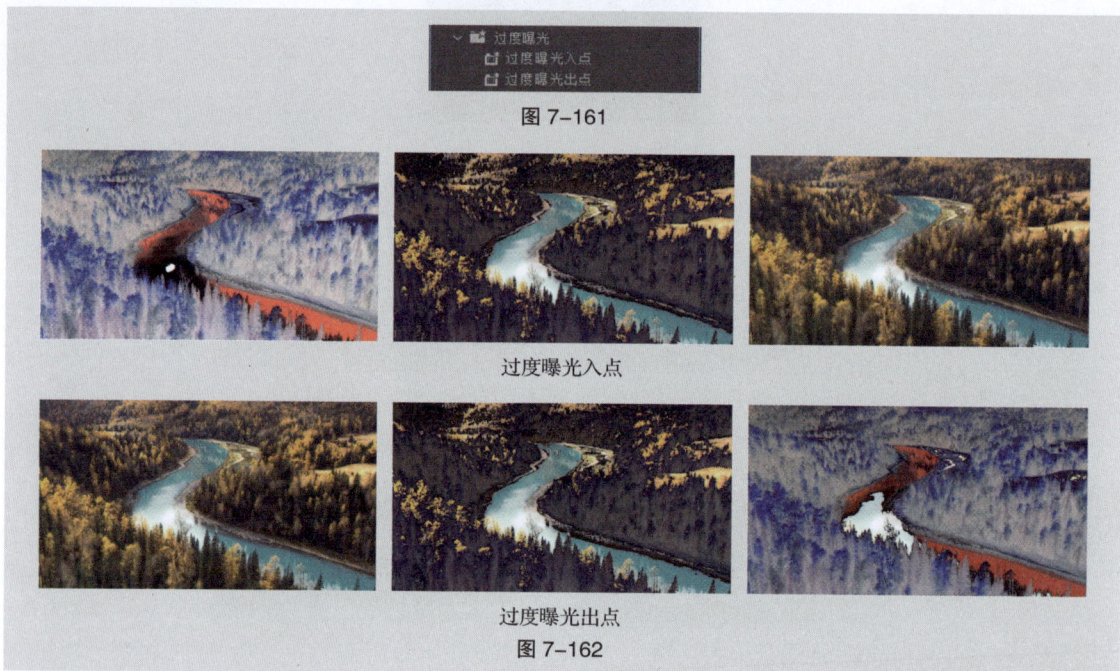

图 7-161

过度曝光入点

过度曝光出点

图 7-162

课堂练习——制作武汉城市形象宣传片的梦幻特效

【练习知识要点】使用"导入"命令导入素材文件，使用入点和出点调整素材文件，使用"高斯模糊"效果、"Lumetri"效果和"效果控件"面板制作梦幻特效，最终效果如图 7-163 所示。

【效果所在位置】Ch07/ 制作武汉城市形象宣传片的梦幻特效 / 制作武汉城市形象宣传片的梦幻特效 .prproj。

慕课 29

制作武汉城市
形象宣传片的
梦幻特效

图 7-163

课后习题——制作平遥古城城市形象宣传片的旋转转场

【习题知识要点】使用"导入"命令导入素材文件，使用入点和出点调整素材文件，使用"变换"效果和"效果控件"面板制作旋转转场，使用"Lumetri"效果调整图像颜色，最终效果如图 7-164 所示。

【效果所在位置】Ch07/ 制作平遥古城城市形象宣传片的旋转转场 / 制作平遥古城城市形象宣传片的旋转转场 .prproj。

慕课 30

制作平遥古城
城市形象宣传
片的旋转转场

图 7-164

第 8 章
调色与抠像

▶ **本章介绍**

　　本章主要介绍在 Premiere Pro 中进行素材调色与抠像的基础设置方法。调色与抠像属于 Premiere Pro 剪辑中较高级的应用,它可以使影片通过调整产生完美的画面合成效果。读者通过对本章案例的学习可以加深理解相关知识,熟练掌握 Premiere Pro 的调色与抠像的技术。

学习目标

- 掌握调色技术。
- 掌握抠像技术。

技能目标

- 掌握"小巷短视频的绘画效果"的制作方法。
- 掌握"影视效果短视频的怀旧效果"的制作方法。
- 掌握"抠出折纸素材并合成到栏目片头"的方法。

素养目标

- 培养对素材的构图、色彩和细节敏锐感知的能力。
- 培养准确地抠图和处理各种细节的能力。
- 培养良好的手眼协调的能力。

8.1 调色

8.1.1 课堂案例——制作小巷短视频的绘画效果

【案例学习目标】学习使用多个调色特效制作绘画效果。

【案例知识要点】使用“导入”命令导入视频文件，使用“查找边缘”效果、“色阶”效果、“自动颜色”效果和“色彩”效果制作绘画效果，使用“效果控件”面板和“高斯模糊”效果制作文字特效，最终效果如图 8-1 所示。

【效果所在位置】Ch08/ 制作小巷短视频的绘画效果 / 制作小巷短视频的绘画效果 .prproj。

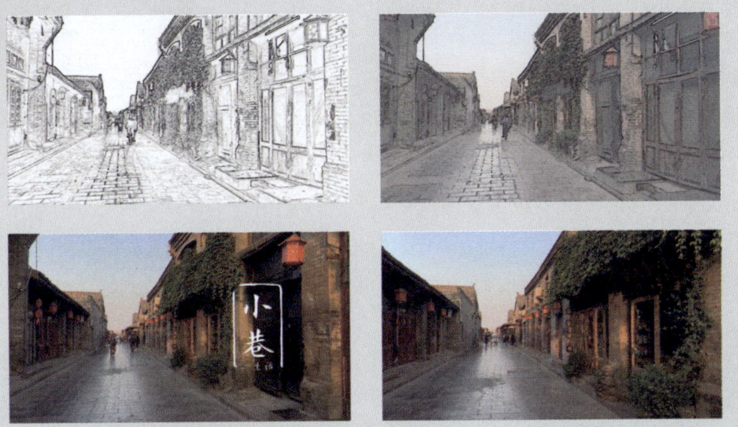

慕课 31

制作小巷短视频的绘画效果

图 8-1

（1）启动 Premiere Pro，选择“文件 > 新建 > 项目”命令，弹出“新建项目”对话框，如图 8-2 所示，单击“确定”按钮，新建项目。选择“文件 > 新建 > 序列”命令，弹出“新建序列”对话框，单击“设置”选项卡，设置如图 8-3 所示，单击“确定”按钮，新建序列。

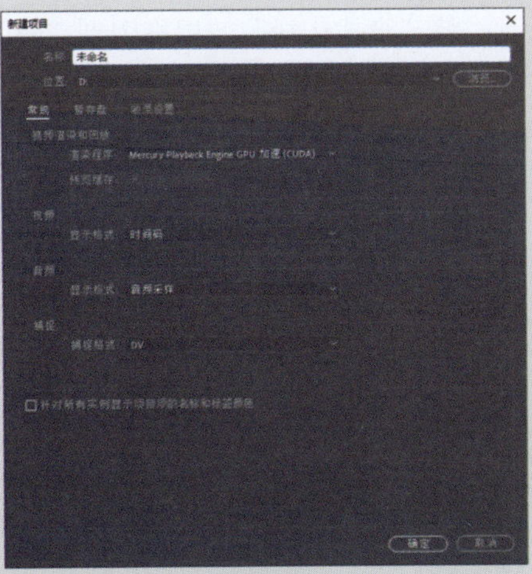

图 8-2

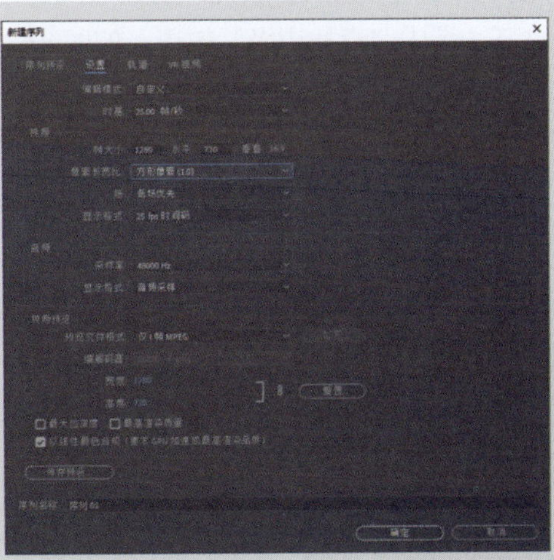

图 8-3

（2）选择"文件 > 导入"命令，弹出"导入"对话框，选择本书云盘中的"Ch08/ 制作小巷短视频的绘画效果 / 素材 /01 和 02"文件，如图 8-4 所示，单击"打开"按钮，将素材文件导入"项目"面板中，如图 8-5 所示。

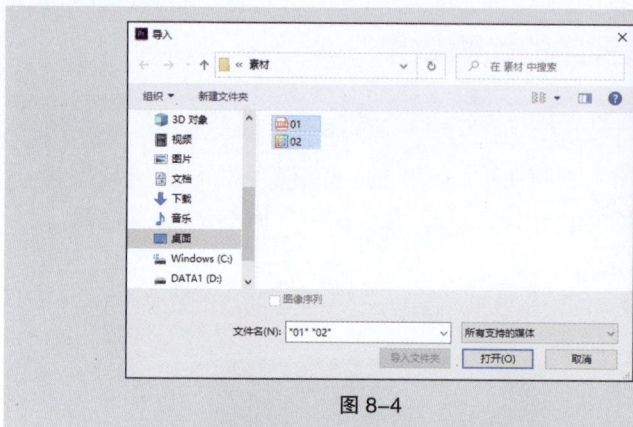

图 8-4

图 8-5

（3）在"项目"面板中，选中"01"文件并将其拖曳到"时间轴"面板的"V1"轨道中，弹出"剪辑不匹配警告"对话框，单击"保持现有设置"按钮，在保持现有序列设置的情况下将"01"文件放置在"V1"轨道中，如图 8-6 所示。

（4）在"V1"轨道中的"01"文件上单击鼠标右键，在弹出的快捷菜单中选择"取消链接"命令，取消视音频链接。选中"A1"轨道中的文件，按 Delete 键删除音频文件，如图 8-7 所示。

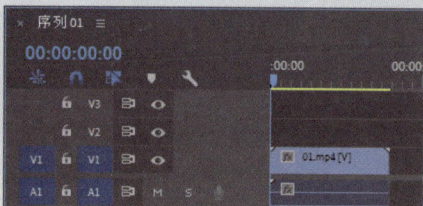

图 8-6

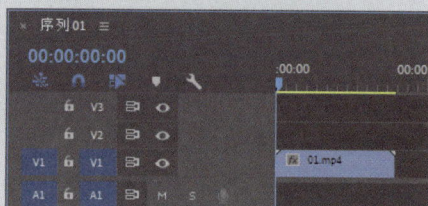

图 8-7

（5）选择"效果"面板，展开"视频效果"分类选项，单击"风格化"文件夹前面的三角形按钮▶将其展开，选中"查找边缘"效果，如图 8-8 所示。将"查找边缘"效果拖曳到"时间轴"面板中的"01"文件上。

（6）选择"效果控件"面板，展开"查找边缘"栏，单击"与原始图像混合"选项左侧的"切换动画"按钮，如图 8-9 所示，记录第 1 个动画关键帧。将时间标签放置在 00:00:01:00 的位置。将"与原始图像混合"选项设置为 100%，如图 8-10 所示，记录第 2 个动画关键帧。

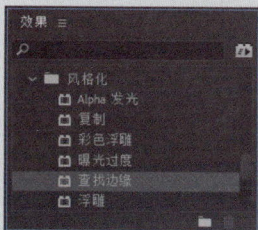

图 8-8

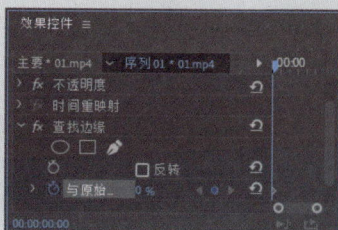

图 8-9

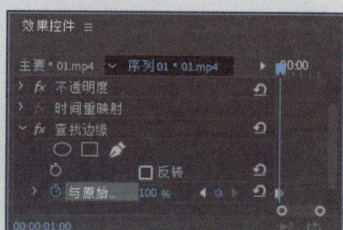

图 8-10

（7）选择"效果"面板，展开"视频效果"分类选项，单击"调整"文件夹前面的三角形按钮 将其展开，选中"色阶"效果，如图 8-11 所示。将"色阶"效果拖曳到"时间轴"面板中的"01"文件上。在"效果控件"面板中，展开"色阶"栏，将"（RGB）输入黑色阶"选项设置为 15，其他设置如图 8-12 所示。

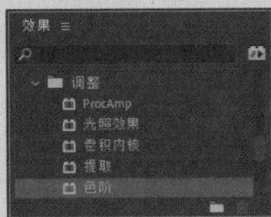 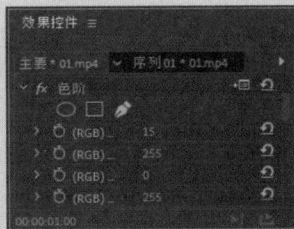

图 8-11　　　　　　　　　　　图 8-12

（8）选择"效果"面板，展开"视频效果"分类选项，单击"过时"文件夹前面的三角形按钮 将其展开，选中"自动颜色"效果，如图 8-13 所示。将"自动颜色"效果拖曳到"时间轴"面板中的"01"文件上。

（9）将时间标签放置在 0 s 的位置。选择"效果"面板，展开"视频效果"分类选项，单击"颜色校正"文件夹前面的三角形按钮 将其展开，选中"色彩"效果，如图 8-14 所示。将"色彩"效果拖曳到"时间轴"面板中的"01"文件上。

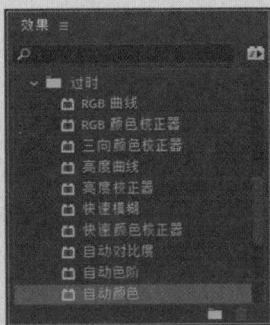 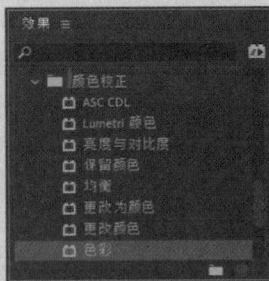

图 8-13　　　　　　　　　　　图 8-14

（10）选择"效果控件"面板，展开"色彩"栏，单击"着色量"选项左侧的"切换动画"按钮 ，如图 8-15 所示，记录第 1 个动画关键帧。将时间标签放置在 00：00：01：00 的位置。将"着色量"选项设置为 0.0%，如图 8-16 所示，记录第 2 个动画关键帧。

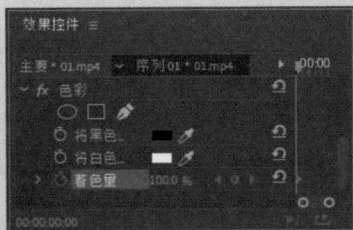 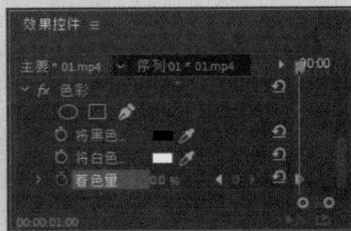

图 8-15　　　　　　　　　　　图 8-16

（11）在"项目"面板中，选中"02"文件并将其拖曳到"时间轴"面板的"V2"轨道中，如图 8-17 所示。选择"时间轴"面板中的"02"文件。选择"效果控件"面板，展开"运动"栏，将"位置"选项设置为 933.0 和 360.0，如图 8-18 所示。

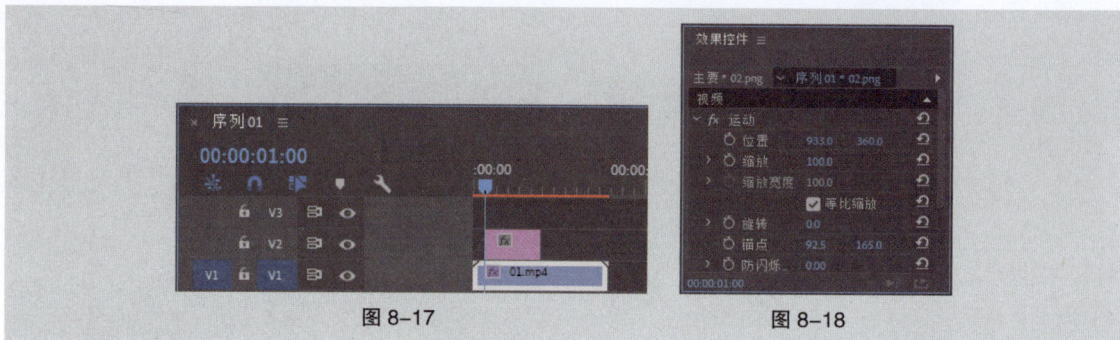

图 8-17   图 8-18

（12）选择"效果"面板，展开"视频效果"分类选项，单击"模糊与锐化"文件夹前面的三角形按钮▶将其展开，选中"高斯模糊"效果，如图 8-19 所示。将"高斯模糊"效果拖曳到"时间轴"面板中的"02"文件上。

（13）选择"效果控件"面板，展开"高斯模糊"栏，将"模糊度"选项设置为 300.0，单击"模糊度"选项左侧的"切换动画"按钮 ⏱，如图 8-20 所示，记录第 1 个动画关键帧。将时间标签放置在 00:00:01:10 的位置。将"模糊度"选项设置为 0.0，如图 8-21 所示，记录第 2 个动画关键帧，小巷短视频的绘画效果制作完成。

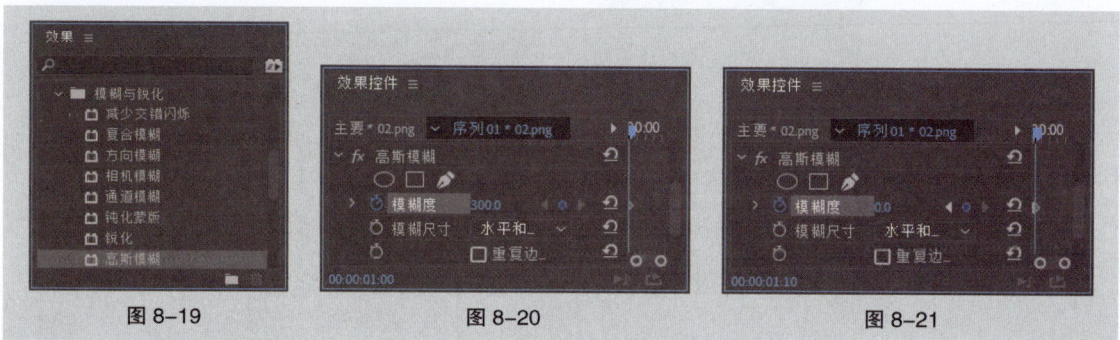

图 8-19   图 8-20   图 8-21

8.1.2 "过时"效果

"过时"效果用于对视频进行颜色分级与校正，共包含 12 种效果，如图 8-22 所示。为图像应用不同的效果的对比如图 8-23 所示。

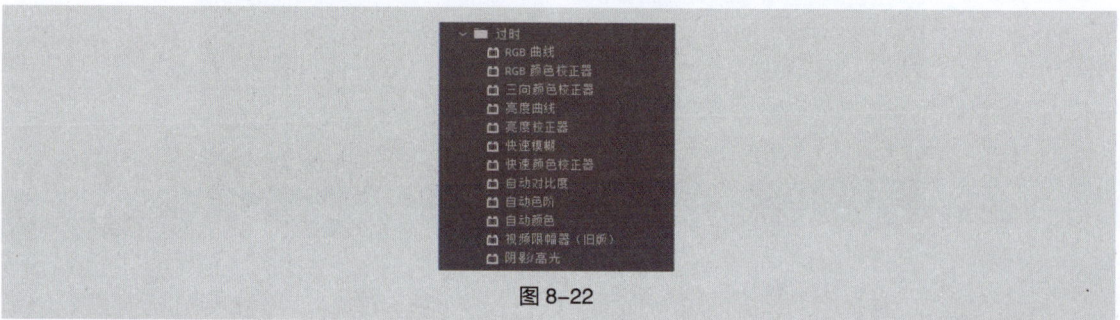

图 8-22

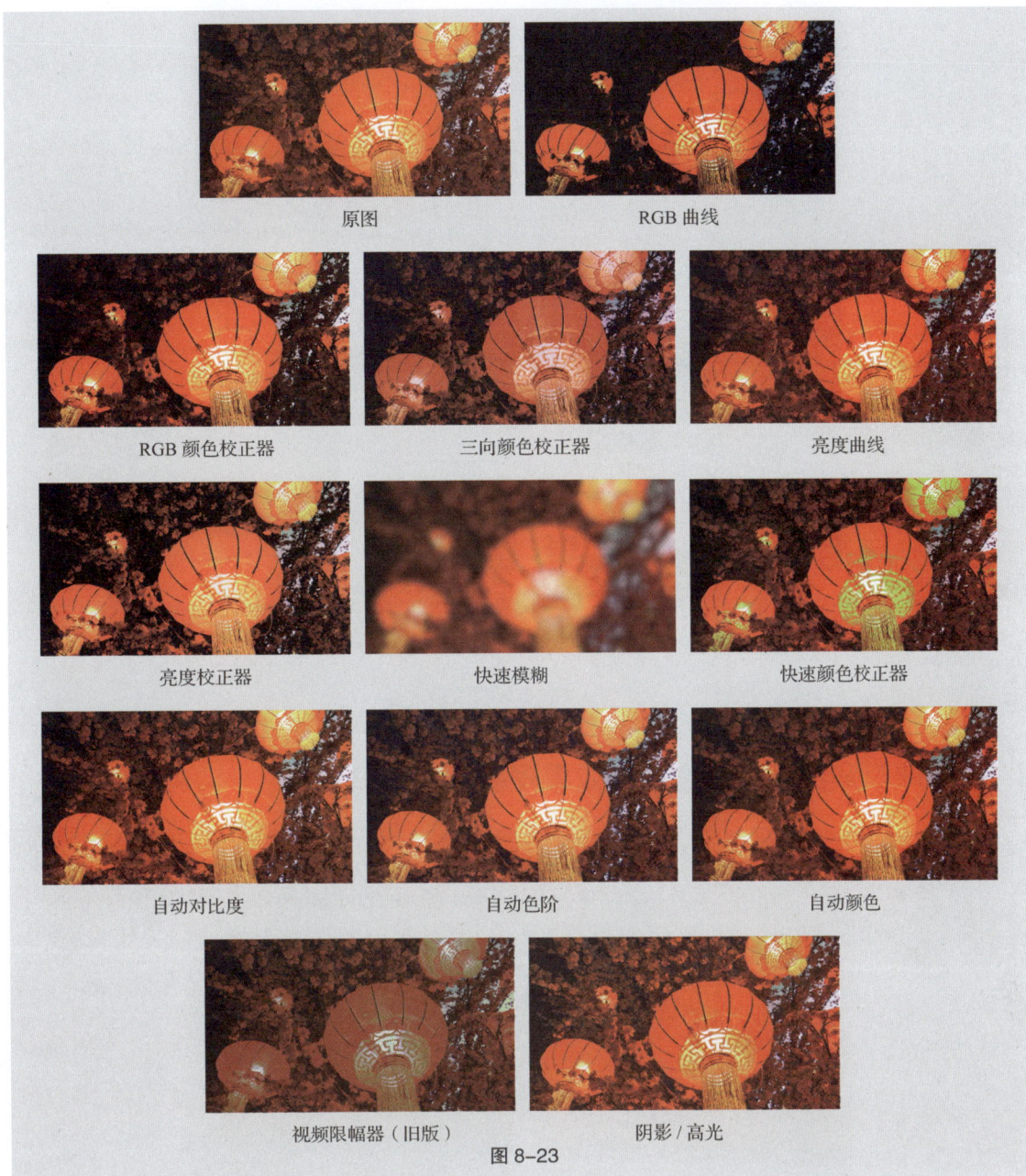

原图 RGB 曲线

RGB 颜色校正器 三向颜色校正器 亮度曲线

亮度校正器 快速模糊 快速颜色校正器

自动对比度 自动色阶 自动颜色

视频限幅器（旧版） 阴影 / 高光

图 8-23

8.1.3 "调整"效果

使用"调整"效果可以调整素材文件的明暗度，并添加光照效果，共包含 5 种视频效果，如图 8-24 所示。为图像应用不同的效果的对比如图 8-25 所示。

图 8-24

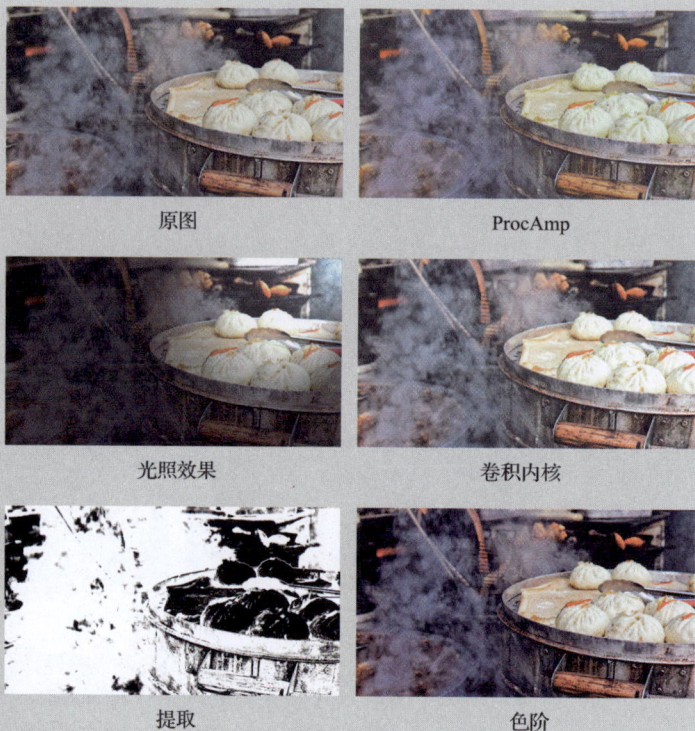

原图

ProcAmp

光照效果

卷积内核

提取

色阶

图 8-25

8.1.4　课堂案例——制作影视效果短视频的怀旧效果

【**案例学习目标**】使用多个调色特效制作怀旧效果。

【**案例知识要点**】使用"导入"命令导入视频文件，使用"ProcAmp"效果调整图像的亮度、饱和度和对比度，使用"颜色平衡"效果降低图像中的颜色，使用"DE_AgedFilm"效果制作怀旧效果，最终效果如图 8-26 所示。

【**效果所在位置**】Ch08/ 制作影视效果短视频的怀旧效果 / 制作影视效果短视频的怀旧效果 .prproj。

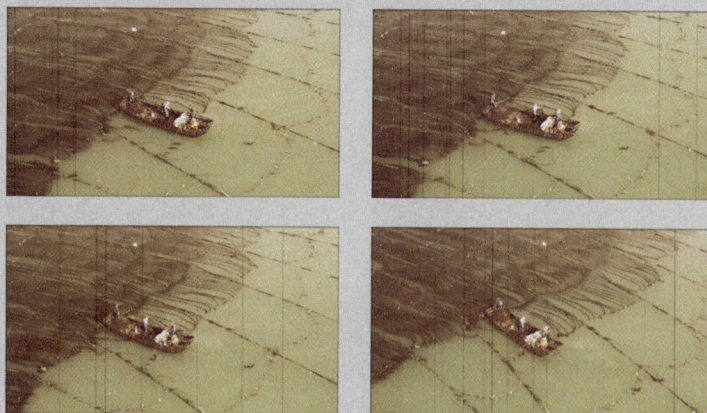

图 8-26

（1）启动 Premiere Pro，选择"文件 > 新建 > 项目"命令，弹出"新建项目"对话框，如图 8-27 所示，单击"确定"按钮，新建项目。

（2）选择"文件 > 导入"命令，弹出"导入"对话框，选择本书云盘中的"Ch08/ 制作影视效果短视频的怀旧效果 / 素材 /01"文件，如图 8-28 所示，单击"打开"按钮，将素材文件导入"项目"面板中，如图 8-29 所示。选择"项目"面板中的"01"文件，并将其拖曳到"时间轴"面板的"V1"轨道中生成"01"序列，如图 8-30 所示。

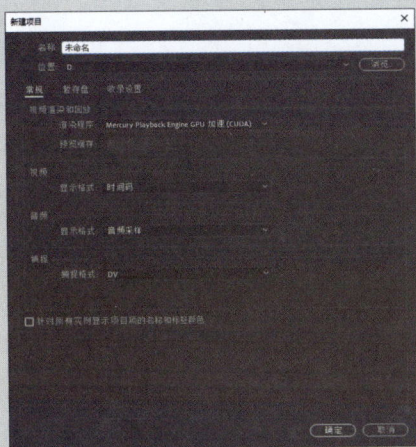

图 8-27

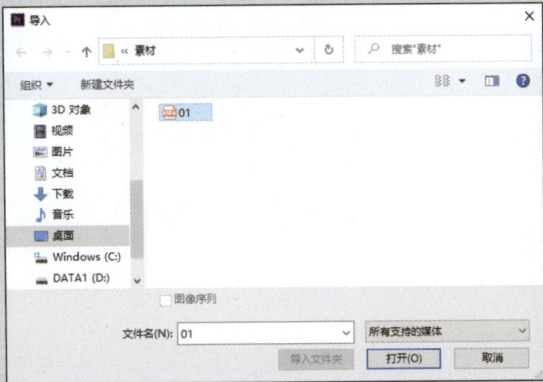

图 8-28

图 8-29

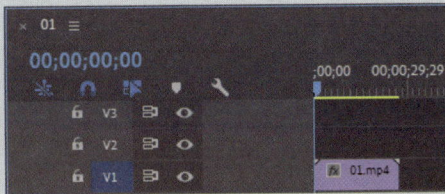

图 8-30

（3）选择"效果"面板，展开"视频效果"分类选项，单击"调整"文件夹前面的三角形按钮 ▶ 将其展开，选中"ProcAmp"效果，如图 8-31 所示。

（4）将"ProcAmp"效果拖曳到"时间轴"面板中的"01"文件上，如图 8-32 所示。在"效果控件"面板中，展开"ProcAmp"栏，将"对比度"选项设置为 115.0，将"饱和度"选项设置为 50.0，如图 8-33 所示。

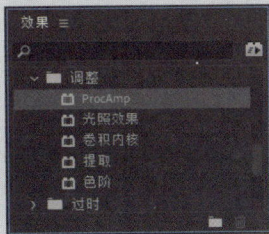

图 8-31

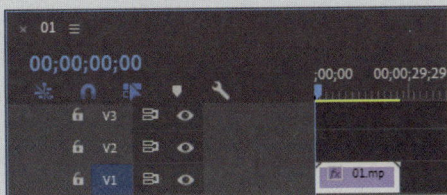

图 8-32

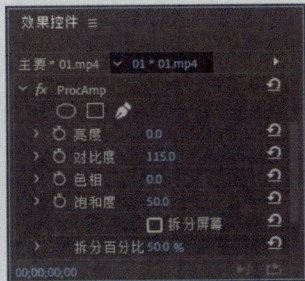

图 8-33

（5）选择"效果"面板，单击"颜色校正"文件夹前面的三角形按钮▷将其展开，选中"颜色平衡"效果，如图 8-34 所示。将"颜色平衡"效果拖曳到"时间轴"面板中的"01"文件上。选择"效果控件"面板，展开"颜色平衡"栏并进行参数设置，如图 8-35 所示。

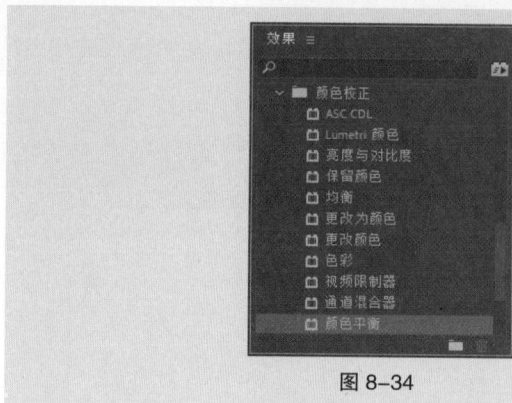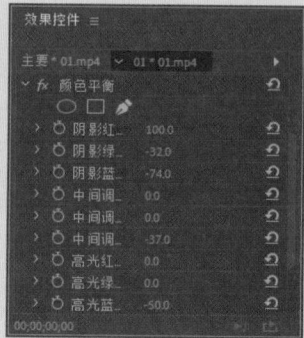

图 8-34　　　　　　　　　　图 8-35

（6）选择"效果"面板，单击"Digieffects Damage v2.5"文件夹前面的三角形按钮▷将其展开，选中"DE_AgedFilm"效果，如图 8-36 所示。将"DE_AgedFilm"效果拖曳到"时间轴"面板中的"01"文件上。

（7）在"效果控件"面板中展开"DE_AgedFilm"栏并进行参数设置，如图 8-37 所示。影视效果短视频的怀旧效果制作完成。

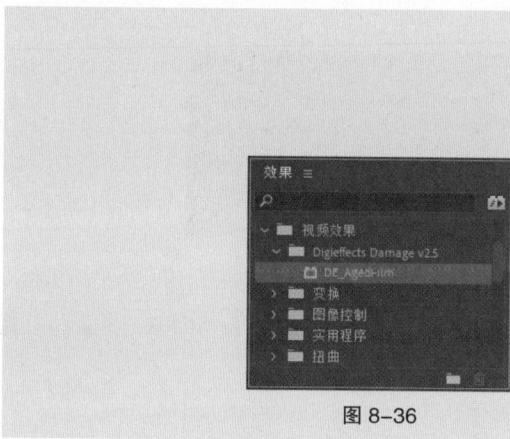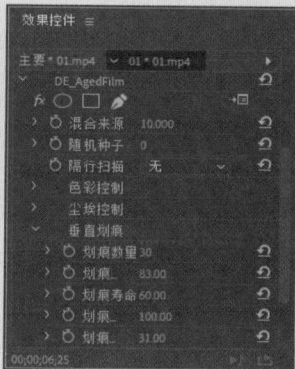

图 8-36　　　　　　　　　　图 8-37

8.1.5　"图像控制"效果

"图像控制"效果主要用于对素材色彩进行处理。它广泛应用于视频编辑中，可以处理一些前期拍摄中遗留下的缺陷，或使素材达到某种预想的效果。"图像控制"是一组重要的视频效果，它包含 5 种效果，如图 8-38 所示。为图像应用不同的效果的对比如图 8-39 所示。

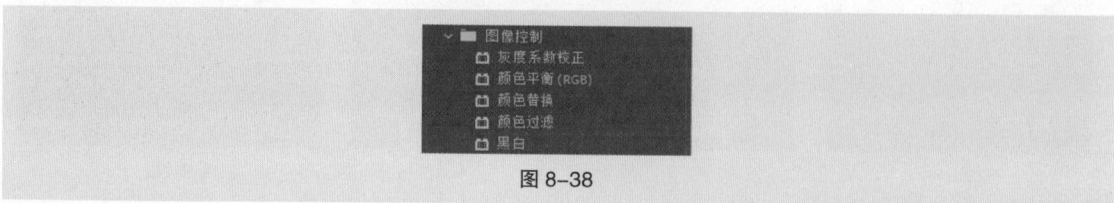

图 8-38

原图   灰度系数校正

颜色平衡（RGB）   颜色替换

颜色过滤   黑白

图 8-39

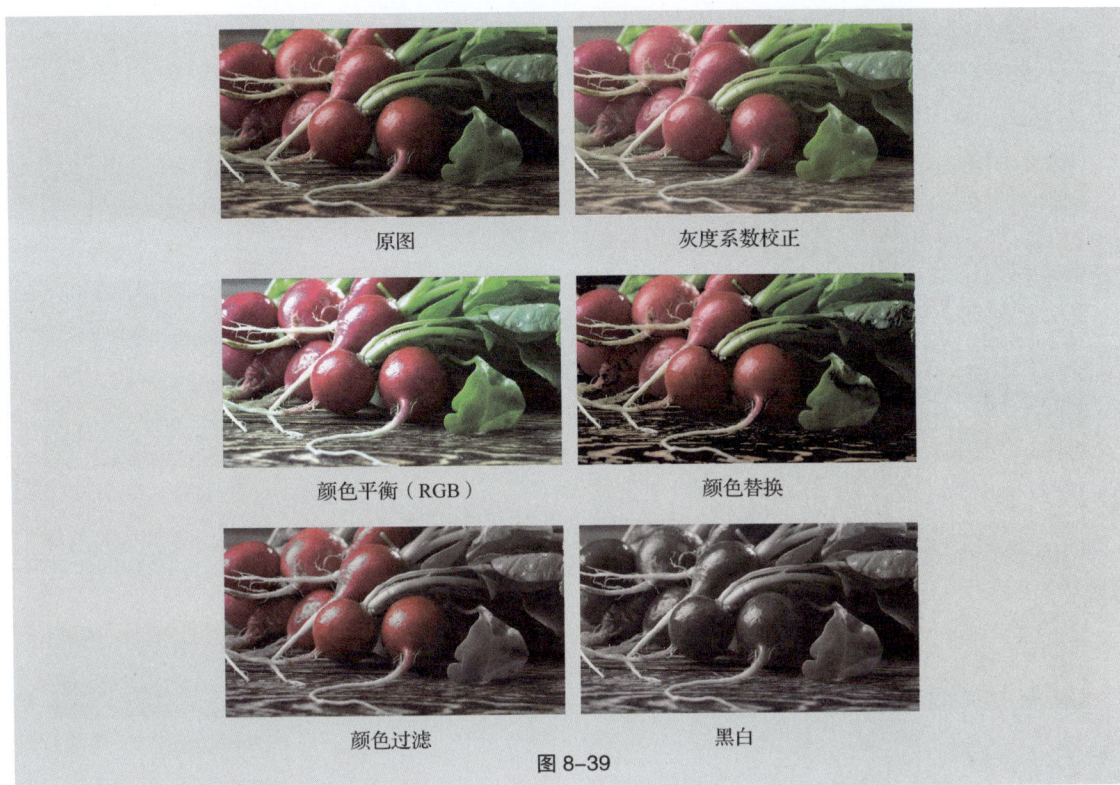

8.1.6 "颜色校正"效果

"颜色校正"效果主要用于对视频素材进行颜色校正，该效果包含 12 种类型，如图 8-40 所示。为图像应用不同的效果的对比如图 8-41 所示。

图 8-40

原图   ASC CDL

图 8-41

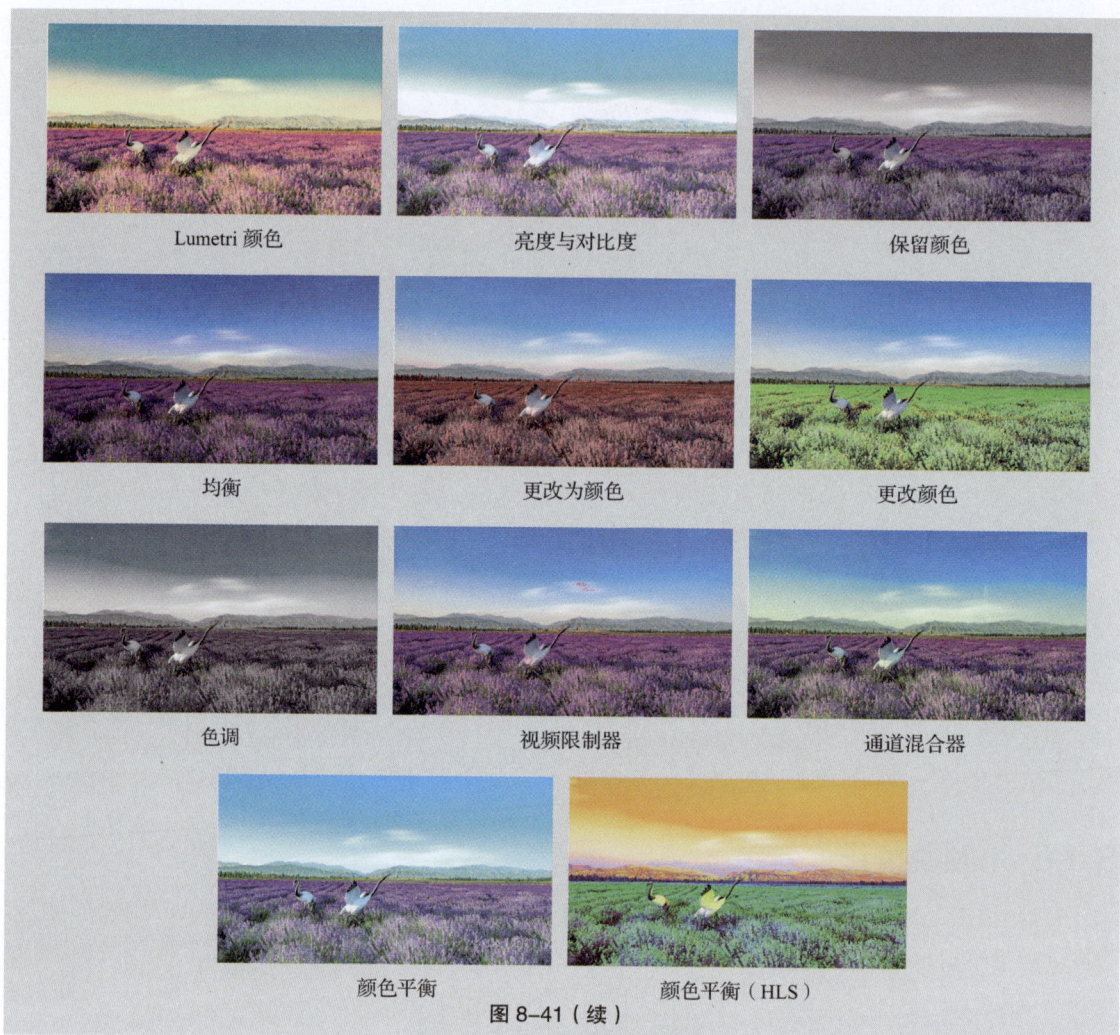

Lumetri 颜色	亮度与对比度	保留颜色
均衡	更改为颜色	更改颜色
色调	视频限制器	通道混合器
颜色平衡	颜色平衡（HLS）	

图 8-41（续）

8.1.7 Lumetri 预设

Lumetri 预设效果主要用于对视频素材进行颜色调整，该效果包含 5 个大类。

1."Filmstocks"视频效果

"Filmstocks"预设文件夹共包含 5 种视频效果，如图 8-42 所示。为图像应用不同的效果的对比如图 8-43 所示。

```
∨    Filmstocks
      Fuji Eterna 250D Fuji 3510（由 Ad
      Fuji Eterna 250d Kodak 2395（由
      Fuji F125 Kodak 2393（由 Adobe
      Fuji F125 Kodak 2395（由 Adobe
      Fuji Reala 500D Kodak 2393（由 A
```

图 8-42

原图 　　　Fuji Eterna 250D Fuji 3510 　　　Fuji Eterna 250d Kodak 2395

Fuji F125 Kodak 2393 　　　Fuji F125 Kodak 2395 　　　Fuji Reala 500D Kodak 2393

图 8-43

2. "影片"视频效果

"影片"预设文件夹共包含 7 种视频效果，如图 8-44 所示。为图像应用不同的效果的对比如图 8-45 所示。

图 8-44

原图 　　　　　　　　　2 Strip

Cinespace 100 　　　Cinespace 100 淡化胶片 　　　Cinespace 25

Cinespace 25 淡化胶片 　　　Cinespace 50 　　　Cinespace 50 淡化胶片

图 8-45

3."SpeedLooks"视频效果

在"SpeedLooks"预设文件夹中还包含不同的子文件夹,共包含300种视频效果,如图8-46所示。为图像应用部分效果的对比如图8-47所示。

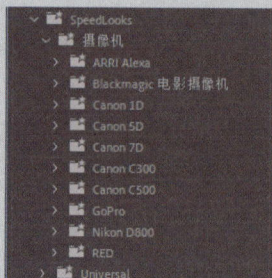

图 8-46

原图　　　　　　　　　　　SL 清楚 NDR（Arri Alexa）

SL 冰蓝（Arri Alexa）　　SL 亮蓝（BMC ProRes）　　SL 复古棕色（Canon 1D）

SL 淘金 LDR（Canon 7D）　SL Noir 红波（RED-REDLOGFILM）　SL 冷蓝（Universal）

图 8-47

4."单色"视频效果

"单色"预设文件夹共包含7种视频效果,如图8-48所示。为图像应用不同的效果的对比如图8-49所示。

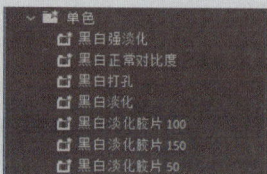

图 8-48

原图　　　　　　　　　　　黑白强淡化

黑白正常对比度　　　　　黑白打孔　　　　　　黑白淡化

黑白淡化胶片 100　　　　黑白淡化胶片 150　　　　黑白淡化胶片 50

图 8-49

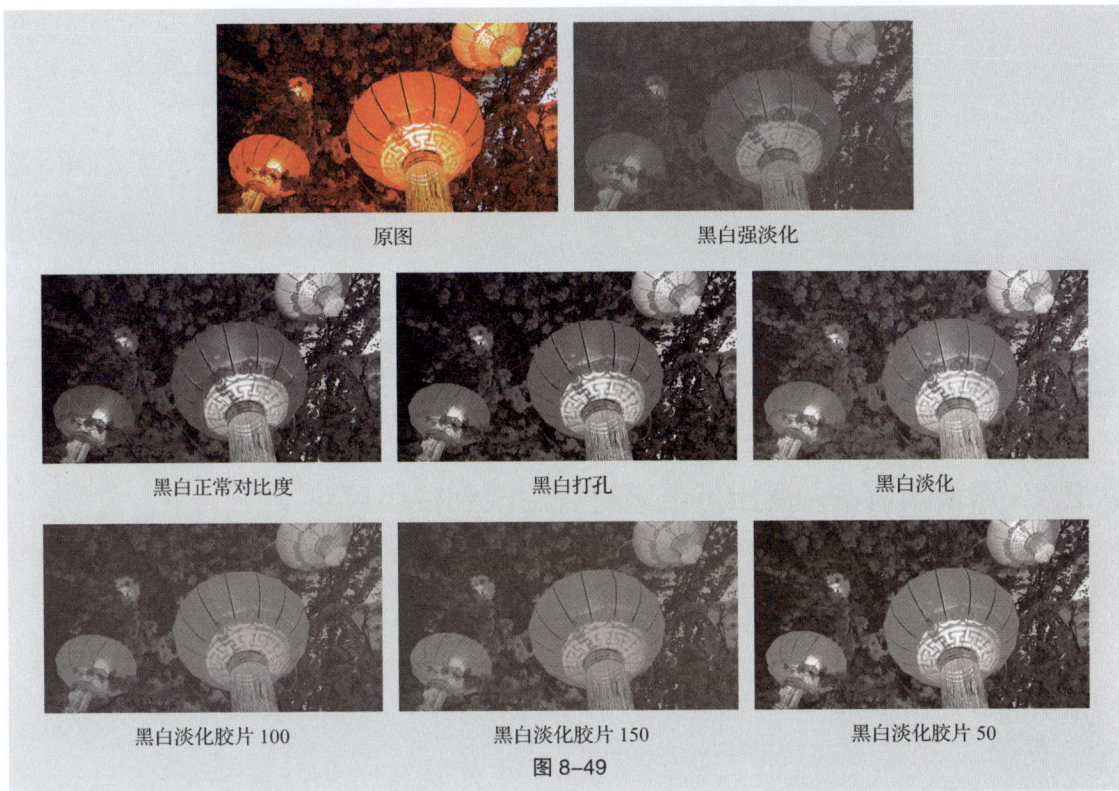

5．"技术"视频效果

"技术"预设文件夹共包含 6 种视频效果，如图 8-50 所示。为图像应用不同的效果的对比如图 8-51 所示。

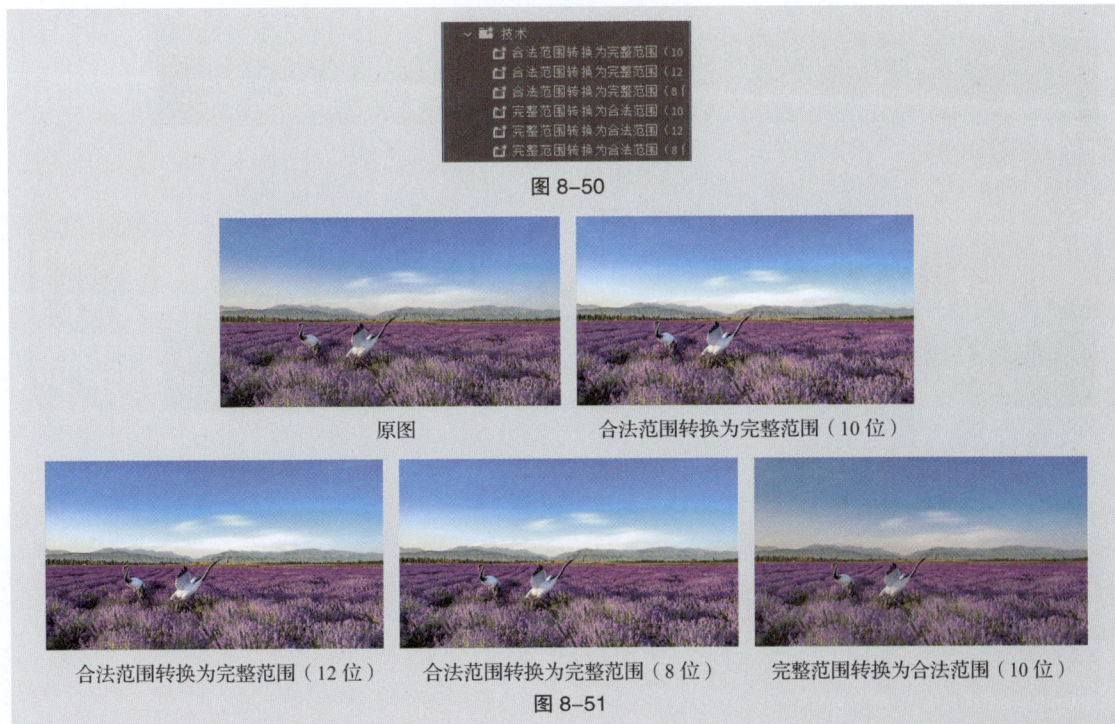

图 8-50

原图　　　　　　　　　　合法范围转换为完整范围（10 位）

合法范围转换为完整范围（12 位）　　合法范围转换为完整范围（8 位）　　完整范围转换为合法范围（10 位）

图 8-51

完整范围转换为合法范围（12 位）　　完整范围转换为合法范围（8 位）

图 8-51（续）

8.2　抠像

8.2.1　课堂案例——抠出折纸素材并合成到栏目片头

【案例学习目标】学习使用"键控"效果抠出视频文件中的折纸素材。

【案例知识要点】使用"导入"命令导入视频文件，使用"颜色键"效果抠出折纸素材，使用"效果控件"面板制作文字动画，最终效果如图 8-52 所示。

【效果所在位置】Ch08/ 抠出折纸素材并合成到栏目片头 / 抠出折纸素材并合成到栏目片头 .prproj。

慕课 33

抠出折纸素材
并合成到栏目
片头

图 8-52

（1）启动 Premiere Pro，选择"文件 > 新建 > 项目"命令，弹出"新建项目"对话框，如图 8-53 所示，单击"确定"按钮，新建项目。选择"文件 > 新建 > 序列"命令，弹出"新建序列"对话框，单击"设置"选项卡，设置如图 8-54 所示，单击"确定"按钮，新建序列。

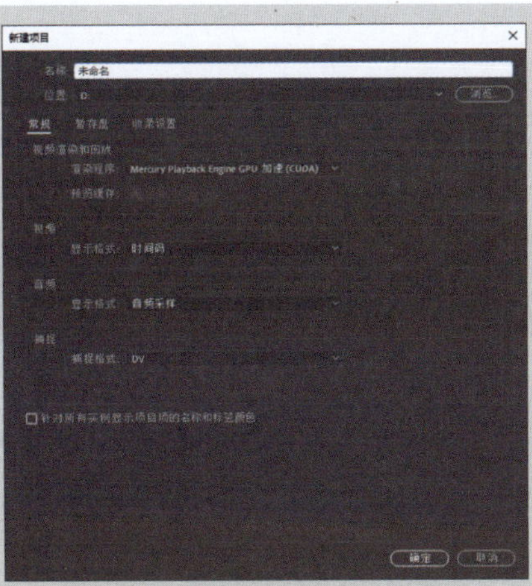

图 8-53 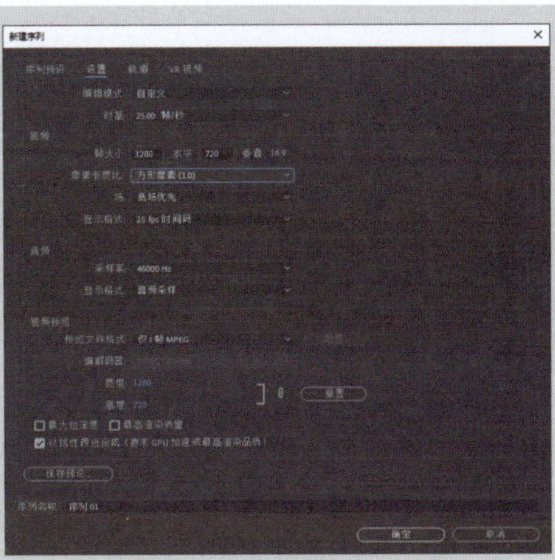   图 8-54

（2）选择"文件 > 导入"命令，弹出"导入"对话框，选择本书云盘中的"Ch08/ 抠出折纸素材并合成到栏目片头 / 素材 /01 ～ 03"文件，如图 8-55 所示，单击"打开"按钮，将素材文件导入"项目"面板中，如图 8-56 所示。

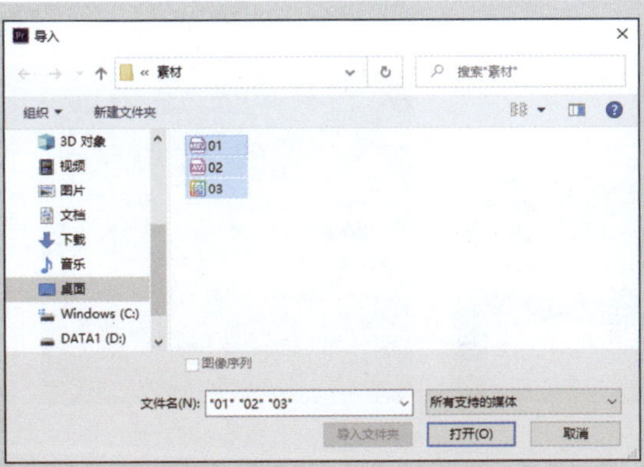

图 8-55 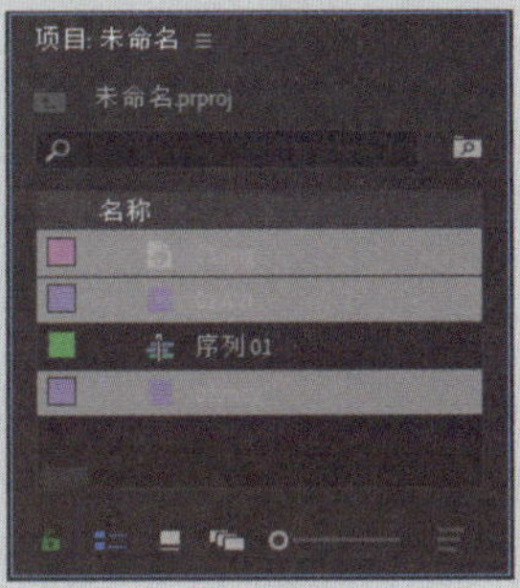   图 8-56

（3）在"项目"面板中，选中"01"文件并将其拖曳到"时间轴"面板的"V1"轨道中，弹出"剪辑不匹配警告"对话框，单击"保持现有设置"按钮，在保持现有序列设置的情况下将"01"文件放置在"V1"轨道中，如图 8-57 所示。选择"时间轴"面板中的"01"文件。选择"效果控件"面板，展开"运动"栏，将"缩放"选项设置为 67.0，如图 8-58 所示。

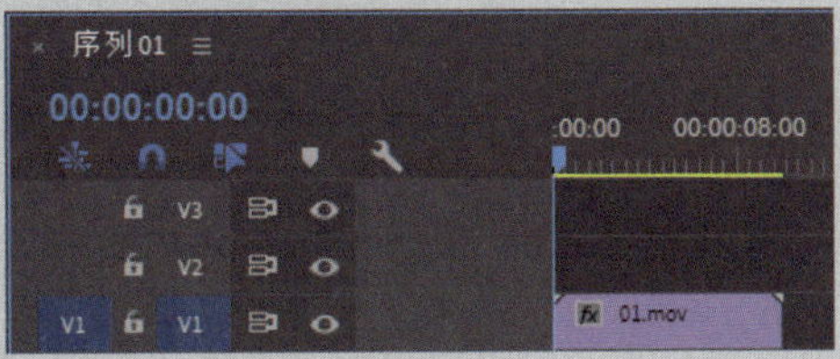

图 8-57 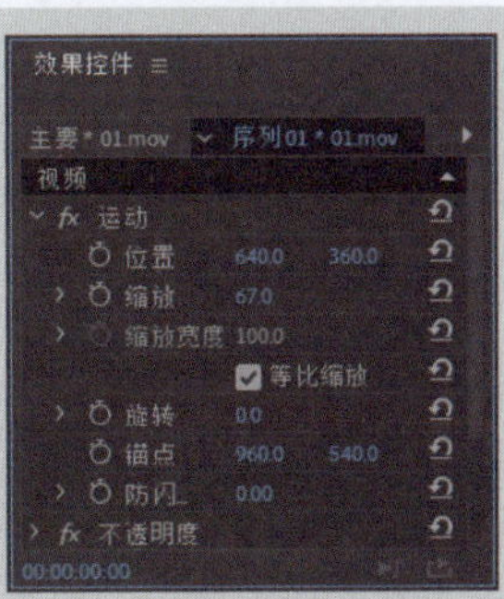   图 8-58

（4）在"项目"面板中，选中"02"文件并将其拖曳到"时间轴"面板的"V2"轨道中，如图 8-59 所示。选择"效果"面板，展开"视频效果"分类选项，单击"键控"文件夹前面的三角形按钮▶将其展开，选中"颜色键"效果，如图 8-60 所示。

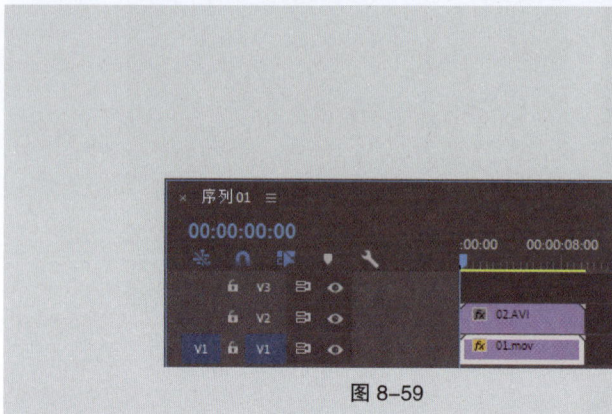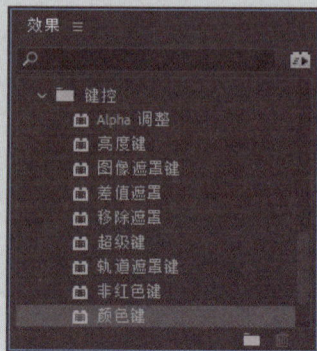

图 8-59　　　　　　　　　　　　　　图 8-60

（5）将"颜色键"效果拖曳到"时间轴"面板"V2"轨道中的"02"文件上，如图 8-61 所示。选择"效果控件"面板，展开"颜色键"栏，将"主要颜色"选项设置为蓝色（4、1、167），将"颜色容差"选项设置为 32，将"边缘细化"选项设置为 3，如图 8-62 所示。

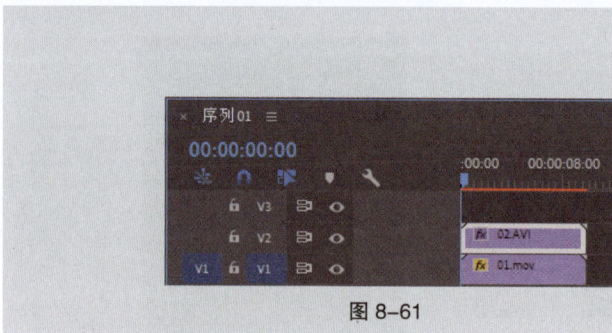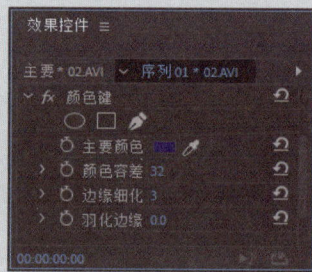

图 8-61　　　　　　　　　　　　　　图 8-62

（6）在"项目"面板中，选中"03"文件并将其拖曳到"时间轴"面板的"V3"轨道中，如图 8-63 所示。将鼠标指针放在"03"文件的结束位置单击，显示编辑点。当鼠标指针呈◀▶状时，向右拖曳到"02"文件的结束位置，如图 8-64 所示。

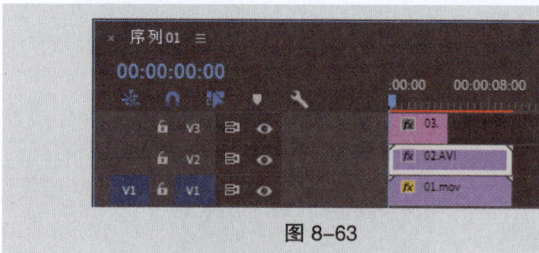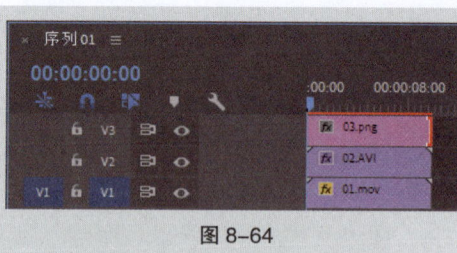

图 8-63　　　　　　　　　　　　　　图 8-64

（7）选中"时间轴"面板中的"03"文件。选择"效果控件"面板，展开"运动"栏，将"缩放"选项设置为 0.0，单击"缩放"选项左侧的"切换动画"按钮🕑，如图 8-65 所示，记录第 1 个动画关键帧。将时间标签放置在 00:00:02:07 的位置。将"缩放"选项设置为 170.0，如图 8-66 所示，记录第 2 个动画关键帧。抠出折纸素材并合成到栏目片头完成。

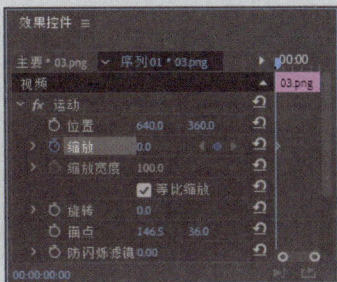

图 8-65

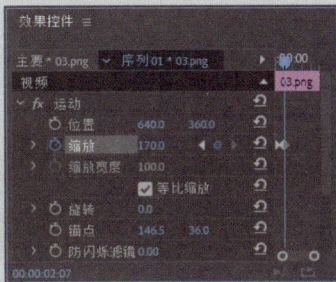

图 8-66

8.2.2 "键控"效果

图 8-67

"键控"效果是指使用特定的颜色值和亮度值来定义视频素材中的透明区域。当断开颜色值时,颜色值或者亮度值相同的所有像素将变为透明。它包含 9 种效果,如图 8-67 所示。为图像应用不同的效果的对比如图 8-68 所示。

原图 1

原图 2

Alpha 调整

亮度键

图像遮罩键

差值遮罩

移除遮罩

超级键

轨道遮罩键

非红色键

颜色键

图 8-68

课堂练习——调整四季风景短视频的画面颜色

【练习知识要点】使用“导入”命令导入视频文件，使用“Lumetri 颜色”效果和“效果控件”面板调整视频的画面颜色，使用“交叉溶解”效果添加视频之间的过渡，最终效果如图 8-69 所示。

【效果所在位置】Ch08/ 调整四季风景短视频的画面颜色 / 调整四季风景短视频的画面颜色 .prproj。

图 8-69

慕课 34

调整四季风景短视频的画面颜色

课后习题——抠出唯美古风短视频中的人物

【习题知识要点】使用“导入”命令导入素材文件，使用“帧定格选项”命令定格视频图像，使用“效果控件”面板抠出人物并制作动画，使用“嵌套”命令嵌套素材文件，使用“油漆桶”效果制作图像描边，最终效果如图 8-70 所示。

【效果所在位置】Ch08/ 抠出唯美古风短视频中的人物 / 抠出唯美古风短视频中的人物 .prproj。

慕课 35

抠出唯美古风短视频中的人物

图 8-70

09

第 9 章

商业案例

▶ 本章介绍

　　本章根据真实情境来训练学生如何利用所学知识完成商业设计项目。通过对多个设计项目案例的演练，学生能进一步掌握 Premiere Pro 的强大操作功能和使用技巧，并更好地应用所学技能制作出专业的商业设计作品。

学习目标

● 掌握软件基础知识及使用方法。
● 了解常用 Premiere Pro 的设计领域。
● 掌握 Premiere Pro 在不同设计领域的使用技巧。

技能目标

● 掌握"武汉城市形象宣传片"的制作方法。
● 掌握"中华美食栏目包装"的制作方法。
● 掌握"运动产品广告"的制作方法。
● 掌握"环保广告宣传片"的制作方法。
● 掌握"传统节日 MV"的制作方法。

素养目标

● 培养对信息加工处理并合理使用的能力。
● 培养认真倾听的沟通交流能力。

9.1 制作武汉城市形象宣传片

9.1.1 项目背景及要求

1. 客户名称

XX 广播电视集团。

2. 客户需求

XX 广播电视集团是一家介绍新闻资讯、影视娱乐、社科动漫、时尚信息、生活服务等信息的综合性广播电视集团。本例是为该集团制作武汉城市形象宣传片，要求该宣传片符合宣传主题，体现城市独特的人文和定位。

3. 设计要求

（1）设计以城市宣传视频为主导。

（2）设计形式前后呼应、过渡自然。

（3）画面色彩丰富多样，能表现城市特色。

（4）设计内容多样化，能体现城市独特的人文和定位。

（5）设计规格：帧大小为 1280×720，时基为 25.00 帧 / 秒，像素长宽比为方形像素（1.0）。

9.1.2 项目创意及展示

1. 设计素材

图片素材所在位置：本书云盘中的"Ch09/ 制作武汉城市形象宣传片 / 素材 /01 ～ 11"。

2. 效果展示

设计作品所在位置：本书云盘中的"Ch09/ 制作武汉城市形象宣传片 / 制作武汉城市形象宣传片 .prproj"，效果如图 9-1 所示。

图 9-1

3. 技术要点

使用"导入"命令导入素材文件，使用剪辑点调整素材文件，使用"效果控件"面板编辑素材画面的大小，使用"速度 / 持续时间"调整视频速度，使用"效果"面板添加过渡和特效，使用"文字"工具和"基本图形"面板添加介绍文字和图形。

9.1.3 项目制作

1. 新建项目并导入素材

（1）启动 Premiere Pro，选择"文件 > 新建 > 项目"命令，弹出"新建项目"对话框，如图 9-2 所示，单击"确定"按钮，新建项目。选择"文件 > 新建 > 序列"命令，弹出"新建序列"对话框，单击"设置"选项卡，设置如图 9-3 所示，单击"确定"按钮，新建序列。

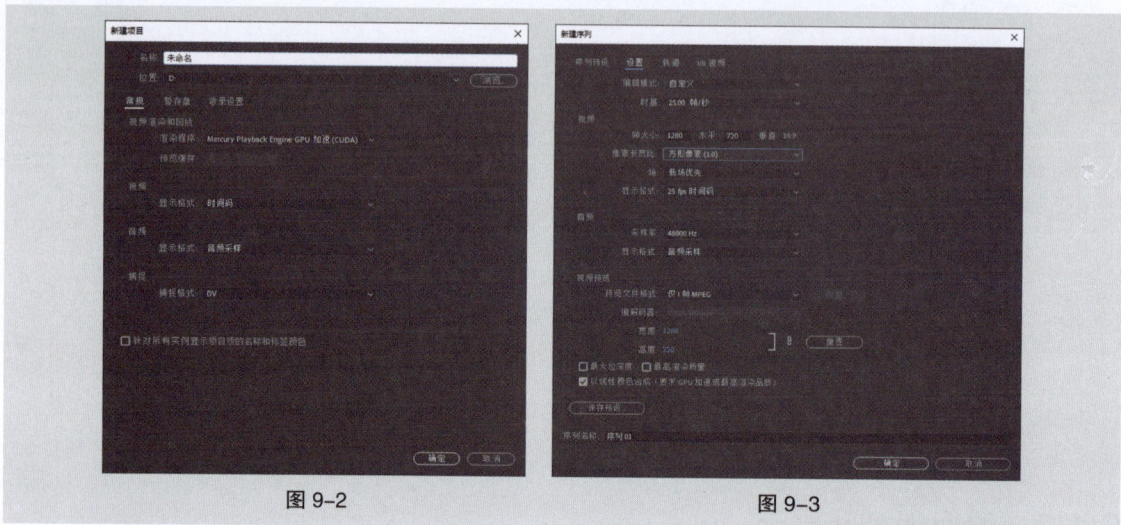

图 9-2

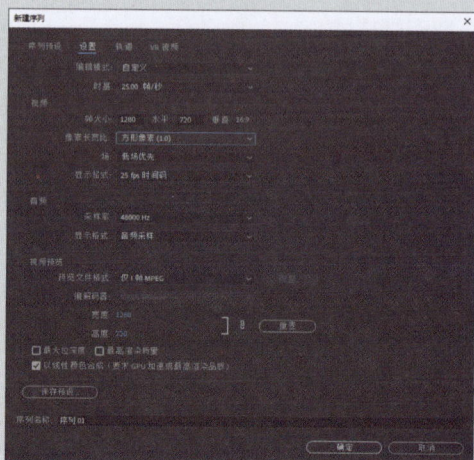

图 9-3

（2）选择"文件 > 导入"命令，弹出"导入"对话框，选择本书云盘中的"Ch09/ 制作武汉城市形象宣传片 / 素材 /01 ～ 11"文件，如图 9-4 所示，单击"打开"按钮，将素材文件导入"项目"面板中，如图 9-5 所示。

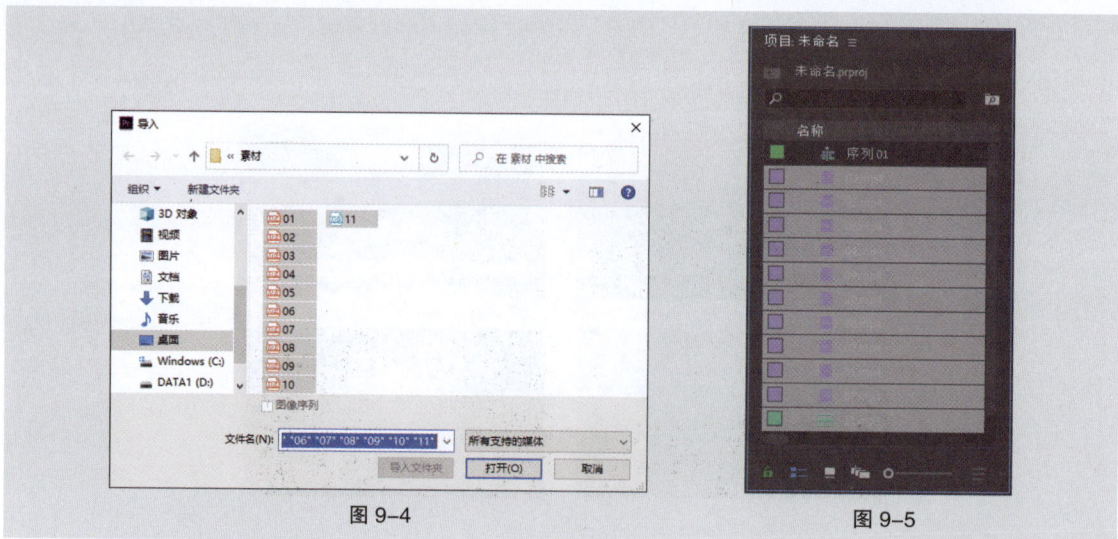

图 9-4

图 9-5

2. 添加并编辑素材文件

（1）在"项目"面板中，选中"01"文件并将其拖曳到"时间轴"面板中的"V1"轨道中，弹出"剪辑不匹配警告"对话框，单击"保持现有设置"按钮，在保持现有序列设置的情况下将文件放置在"V1"轨道中，如图 9-6 所示。

（2）在"时间轴"面板中，选中"01"文件并单击鼠标右键，在弹出的快捷菜单中选择"速度 / 持续时间"命令，在弹出的对话框中进行设置，如图9-7所示，单击"确定"按钮。将时间标签放置在00:00:02:15的位置。将鼠标指针放在"01"文件的结束位置单击，显示编辑点。当鼠标指针呈 ◀▶ 状时，向左拖曳到00:00:02:15的位置，如图9-8所示。

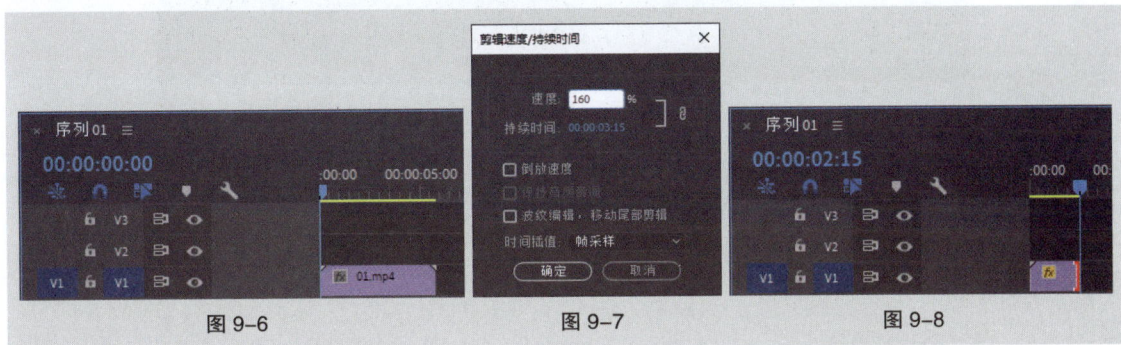

图9-6　　　　　　　　　　　图9-7　　　　　　　　　　　图9-8

（3）选择"时间轴"面板中的"01"文件。选择"效果控件"面板，展开"运动"栏，将"缩放"选项设置为67.0，如图9-9所示。在"项目"面板中，选中"02"文件并将其拖曳到"时间轴"面板中的"V1"轨道中，如图9-10所示。

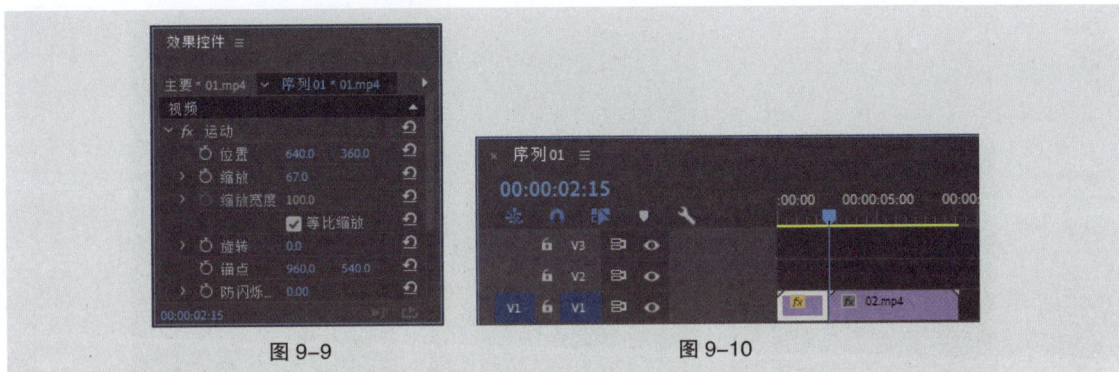

图9-9　　　　　　　　　　　　　图9-10

（4）在"时间轴"面板中，选中"02"文件并单击鼠标右键，在弹出的快捷菜单中选择"速度 / 持续时间"命令，在弹出的对话框中进行设置，如图9-11所示，单击"确定"按钮。将时间标签放置在00:00:07:05的位置。将鼠标指针放在"02"文件的结束位置并单击，显示编辑点。当鼠标指针呈 ◀▶ 状时，向左拖曳到00:00:07:05的位置，如图9-12所示。

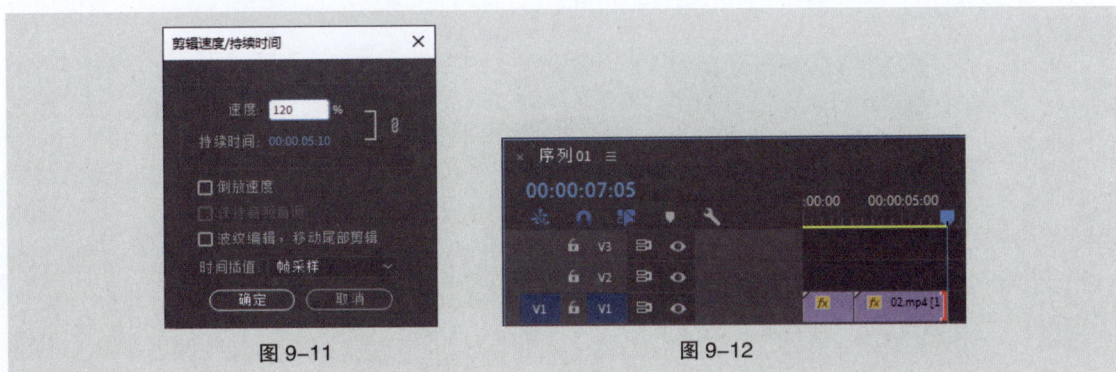

图9-11　　　　　　　　　　　　　图9-12

（5）用相同的方法添加并调整素材文件，结果如图9-13所示。

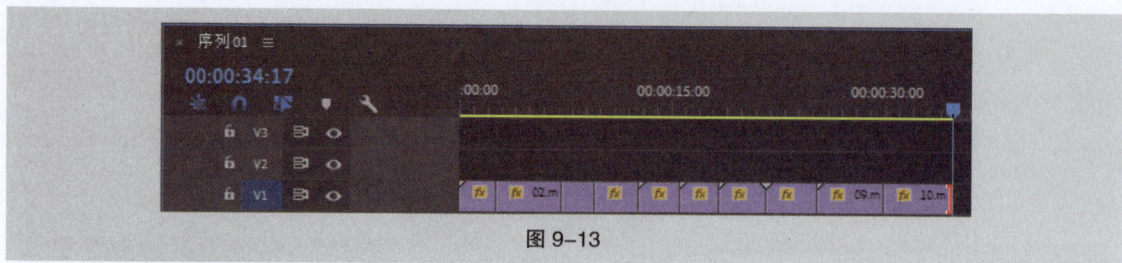

图9-13

3. 添加并设置转场和特效

（1）将时间标签放置在0s的位置。选择"效果"面板，展开"视频效果"分类选项，单击"颜色校正"文件夹前面的三角形按钮▶将其展开，选中"Lumetri 颜色"效果，如图9-14所示。将"Lumetri 颜色"效果拖曳到"时间轴"面板"V1"轨道中的"01"文件上。选择"效果控件"面板，展开"Lumetri 颜色"栏，选项的设置如图9-15所示。

（2）将时间标签放置在00:00:02:16的位置。选择"效果"面板，将"Lumetri 颜色"效果拖曳到"时间轴"面板"V1"轨道中的"02"文件上。选择"效果控件"面板，展开"Lumetri 颜色"栏，选项的设置如图9-16所示。用相同的方法为其他素材添加"Lumetri 颜色"效果并进行设置。

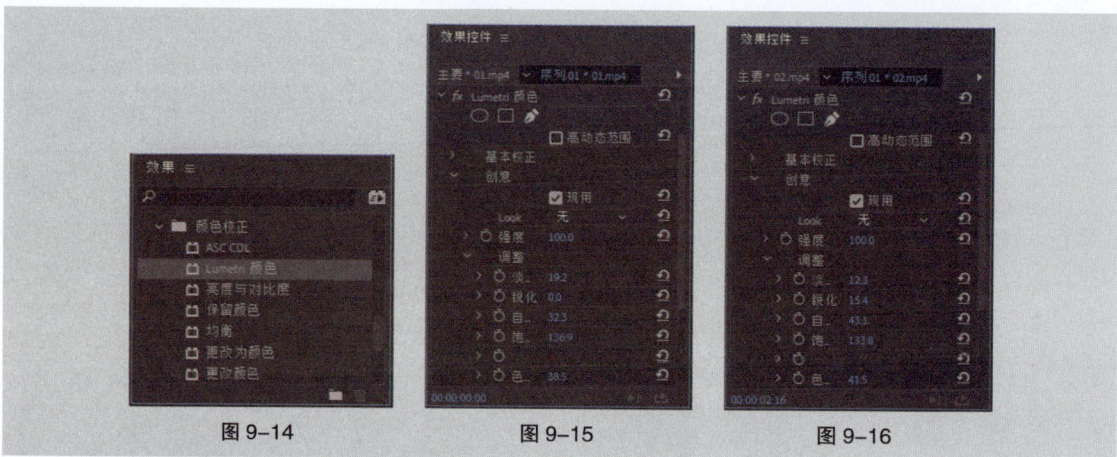

图9-14

图9-15

图9-16

（3）选择"效果"面板，展开"视频过渡"分类选项，单击"溶解"文件夹前面的三角形按钮▶将其展开，选中"交叉溶解"效果，如图9-17所示。将"交叉溶解"效果拖曳到"时间轴"面板中的"01"文件的结束位置和"02"文件的开始位置，如图9-18所示。

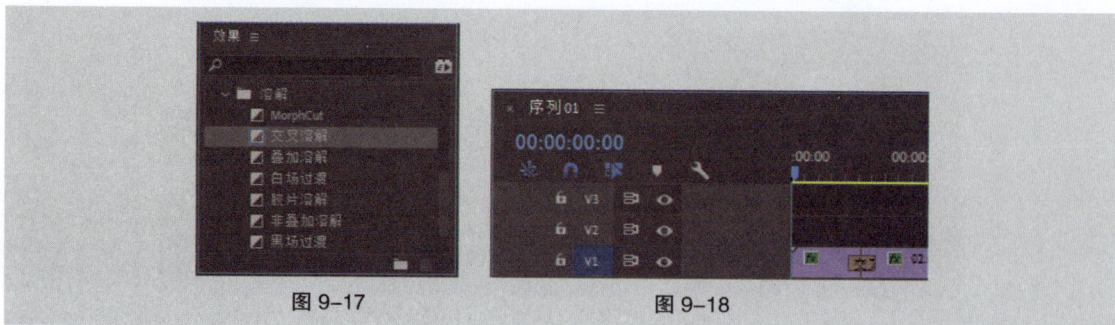

图9-17

图9-18

（4）选中"时间轴"面板中的"交叉溶解"效果。在"效果控件"面板中，将"持续时间"选项设置为00:00:00:20，其他设置如图9-19所示，"时间轴"面板如图9-20所示。

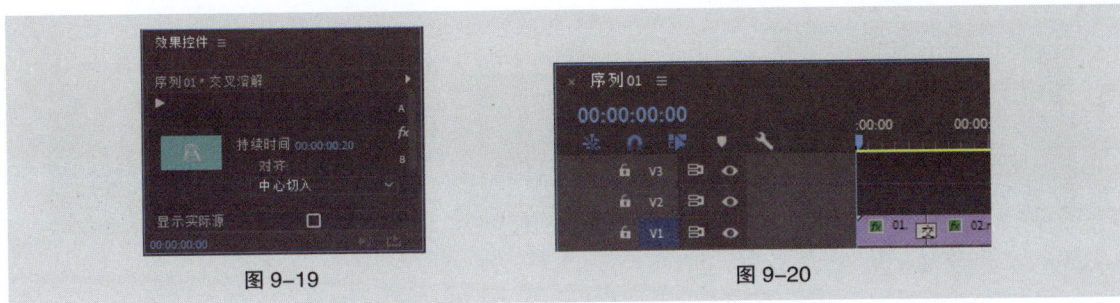
图9-19

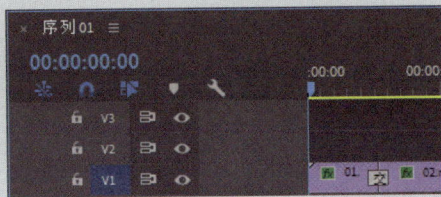
图9-20

（5）使用相同的方法添加其他转场效果，如图9-21所示。

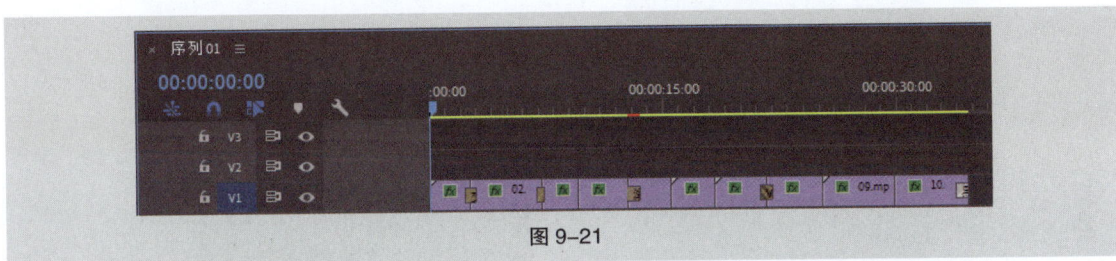
图9-21

4. 添加介绍文字和装饰图形

（1）将时间标签放置在00:00:03:04的位置。选择"基本图形"面板，单击"编辑"选项卡，单击"新建图层"按钮 ，在弹出的菜单中选择"文本"命令。在"时间轴"面板的"V2"轨道中生成"新建文本图层"，如图9-22所示。在"节目"窗口中生成文字，如图9-23所示。

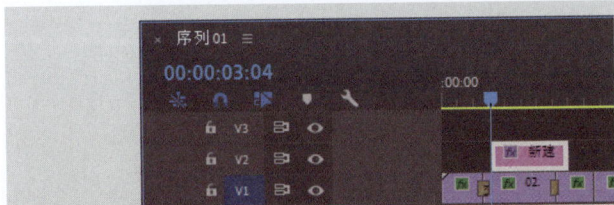
图9-22

图9-23

（2）将时间标签放置在00:00:06:19的位置。将鼠标指针放在图形文件的结束位置单击，显示编辑点，向左拖曳编辑点到00:00:06:19的位置，如图9-24所示。将时间标签放置在00:00:03:04的位置。选取并修改文字，效果如图9-25所示。

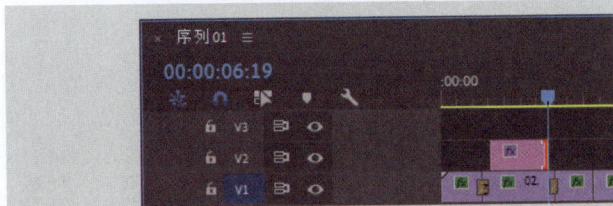
图9-24

图9-25

（3）选取"节目"窗口中的文字。在"效果控件"面板展开"文本（江）"栏，设置如图 9-26 所示，"节目"窗口中的效果如图 9-27 所示。

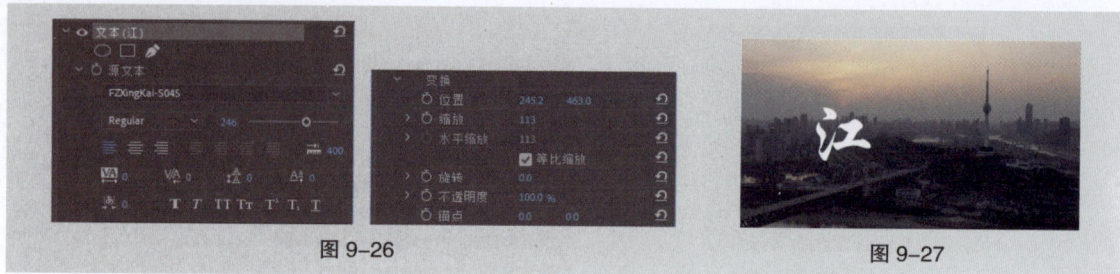

图 9-26

图 9-27

（4）使用相同的方法制作其他文字，"基础图形"面板如图 9-28 所示，"节目"窗口中的文字效果如图 9-29 所示。

图 9-28

图 9-29

（5）选择"基本图形"面板，单击"编辑"选项卡，单击"新建图层"按钮 ，在弹出的菜单中选择"矩形"命令。"节目"窗口中的效果如图 9-30 所示。在"效果控件"面板中展开"形状（形状 01）"栏，在"外观"中将"填充"颜色设置为红色（144、0、0），如图 9-31 所示。选择"选择"工具 ，在"节目"窗口调整矩形大小，并拖曳到适当的位置，效果如图 9-32 所示。

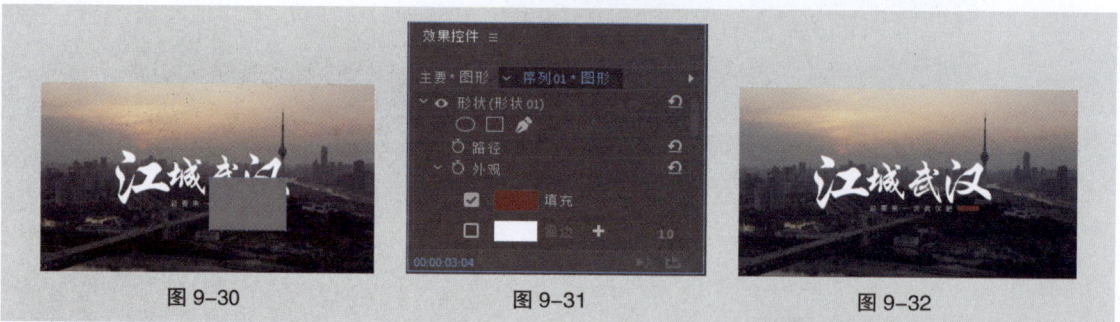

图 9-30

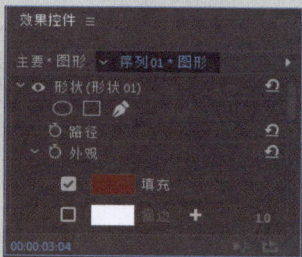

图 9-31

图 9-32

（6）选择"效果"面板，单击"变换"文件夹前面的三角形按钮 将其展开，选中"裁剪"效果，如图 9-33 所示。将"裁剪"效果拖曳到"时间轴"面板"V2"轨道中的"图形"文件上。选择"效果控件"面板，展开"裁剪"栏，将"右侧"选项设置为 100.0%，单击"右侧"选项左侧的"切换动画"按钮 ，如图 9-34 所示，记录第 1 个动画关键帧。将时间标签放置在 00：00：04：01 的位置。在"效果控件"面板中，将"右侧"选项设置为 0.0%，如图 9-35 所示，记录第 2 个动画关键帧。

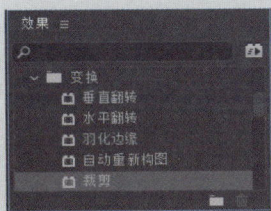
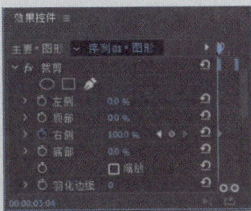
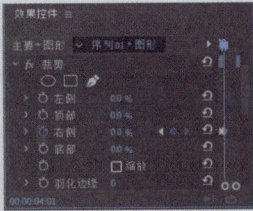

图 9-33 　　　　图 9-34 　　　　图 9-35

（7）用相同的方法制作其他文字和图形动画，如图 9-36 所示。

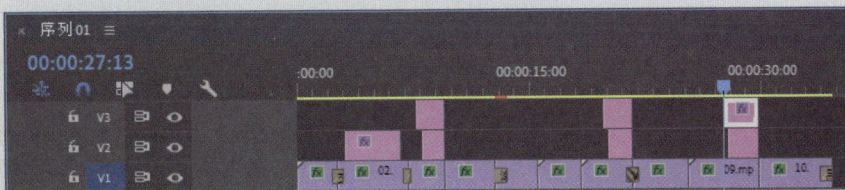

图 9-36

5．添加并调整音频

（1）在"项目"面板中选中"11"文件并将其拖曳到"时间轴"面板中的"A1"轨道上。将时间标签放置在 00:00:00:23 的位置。将鼠标指针放在"11"文件的开始位置，当鼠标指针呈 ◢ 状时，向右拖曳到 00:00:00:23 的位置，如图 9-37 所示。选中"11"文件，拖曳到"A1"轨道的开始位置，如图 9-38 所示。

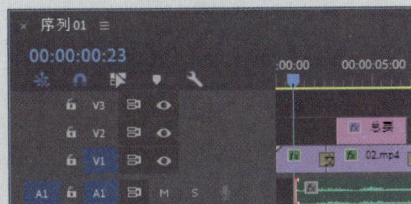
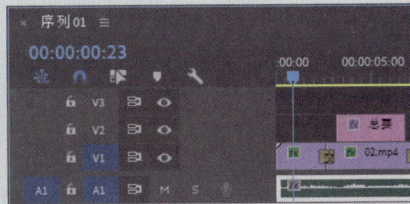

图 9-37 　　　　　　　　图 9-38

（2）将鼠标指针放在"11"文件的结束位置，当鼠标指针呈 ◢ 状时，向左拖曳到"10"文件的结束位置，如图 9-39 所示。将时间标签放置在 00:00:33:10 的位置。在"效果控件"面板中，单击"级别"选项右侧的"添加 / 移除关键帧"按钮 ⬤，如图 9-40 所示，记录第 1 个动画关键帧。

（3）将时间标签放置在 00:00:34:13 的位置。在"效果控件"面板中，将"级别"选项设置为 −999.0 dB，记录第 2 个动画关键帧，如图 9-41 所示。武汉城市形象宣传片制作完成。

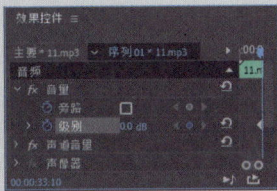
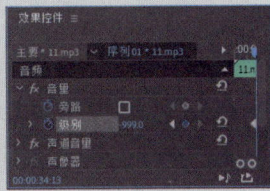

图 9-39 　　　　图 9-40 　　　　图 9-41

9.2　制作中华美食栏目包装

9.2.1　项目背景及要求

1. 客户名称

大山美食生活网。

2. 客户需求

大山美食生活网是一家以丰富的美食内容与大量的饮食资讯深受广大网民喜爱的个人网站。本例是为该网站制作烹饪节目，要求以动画的方式展现广式辣炒螃蟹的制作方法，给人健康、美味和幸福感。

3. 设计要求

（1）设计内容以烹饪食材和制作过程为主。

（2）使用简洁干净的背景，体现洁净、健康的主题。

（3）设计简单、有趣、易记。

（4）整个设计与生活密切相关，充满特色。

（5）设计规格：帧大小为 1920×1080，时基为 25.00 帧 / 秒，像素长宽比为方形像素（1.0）。

9.2.2　项目创意及展示

1. 设计素材

图片素材所在位置：本书云盘中的"Ch09/ 制作中华美食栏目包装 / 素材 /01 ～ 13"。

2. 效果展示

设计作品所在位置：本书云盘中的"Ch09/ 制作中华美食栏目包装 / 制作中华美食栏目包装 .prproj"，效果如图 9-42 所示。

图 9-42

3. 技术要点

使用"导入"命令导入素材文件，使用剪辑点调整素材文件，使用"速度 / 持续时间"调整视频速度，使用"效果"面板添加过渡和特效，使用"文字"工具和"基本图形"面板添加介绍文字和图形。

9.2.3　项目制作

1.　新建项目并导入素材

（1）启动 Premiere Pro，选择"文件 > 新建 > 项目"命令，弹出"新建项目"对话框，如图 9-43 所示，单击"确定"按钮，新建项目。

（2）选择"文件 > 导入"命令，弹出"导入"对话框，选择本书云盘中的"Ch09/ 制作中华美食栏目包装 / 素材 /01 ～ 13"文件，如图 9-44 所示，单击"打开"按钮，将素材文件导入"项目"面板中，如图 9-45 所示。将"项目"面板中的"02"文件拖曳到"时间轴"面板的"V1"轨道中，生成"02"序列，如图 9-46 所示。

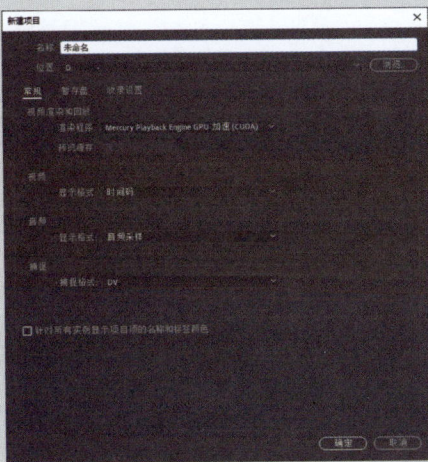

图 9-43

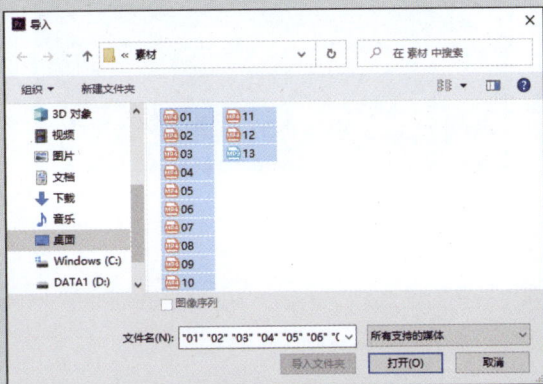

图 9-44

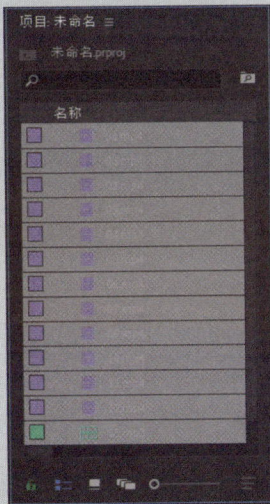

图 9-45

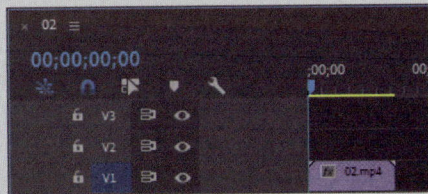

图 9-46

（3）在"项目"面板中的"02"序列上单击鼠标右键，在弹出的快捷菜单中选择"序列设置"命令，在弹出的对话框中进行设置，如图 9-47 所示，单击"确定"按钮，"时间轴"面板如图 9-48 所示。

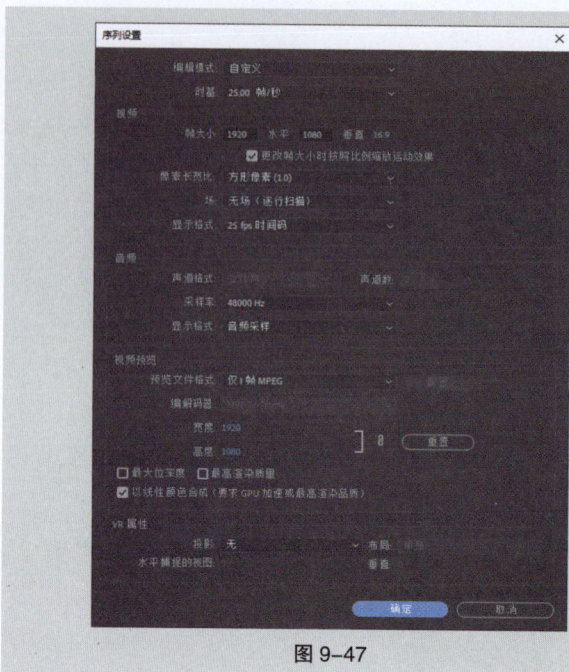

图 9-47

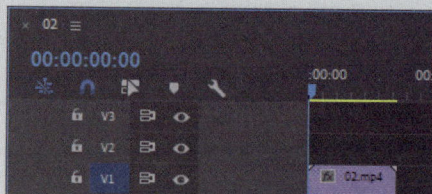

图 9-48

（4）将"项目"面板中的"01"文件拖曳到"时间轴"面板的"V1"轨道中，如图 9-49 所示。选中"01"文件。选择"剪辑 > 速度 / 持续时间"命令，在弹出的对话框中进行设置，如图 9-50 所示，单击"确定"按钮，调整素材文件。

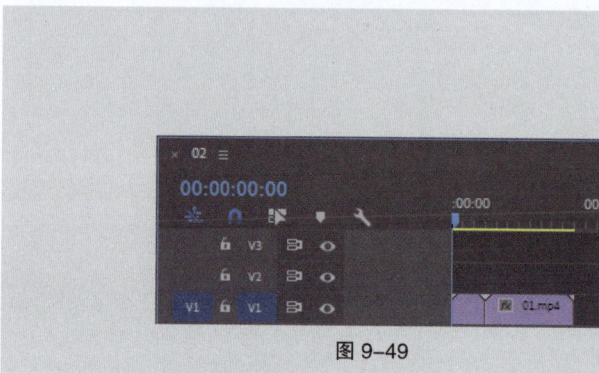

图 9-49

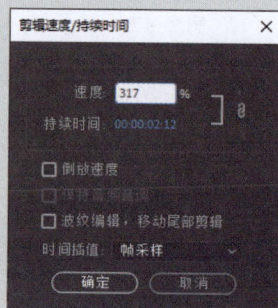

图 9-50

（5）将时间标签放置在 00:00:03:11 的位置。将鼠标指针放在"01"文件的开始位置，当鼠标指针呈 ▶ 状时，向右拖曳到 00:00:03:11 的位置，如图 9-51 所示。向左拖曳"01"文件到"02"文件的结束位置，如图 9-52 所示。使用相同的方法制作其他素材文件，结果如图 9-53 所示。

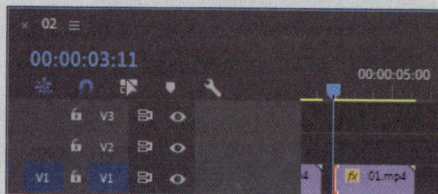

图 9-51

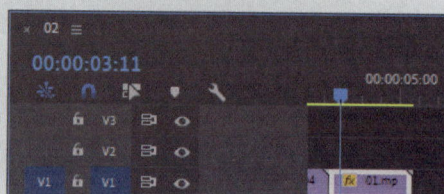

图 9-52

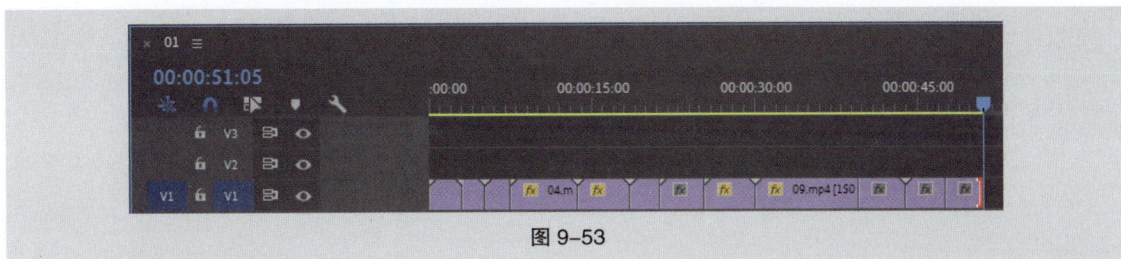

图 9-53

2. 添加转场和特效

（1）将时间标签放置在 0 s 的位置。选择"效果"面板，展开"视频效果"分类选项，单击"调整"文件夹前面的三角形按钮▶将其展开，选中"色阶"效果，如图 9-54 所示。将"色阶"效果拖曳到"时间轴"面板"V1"轨道中的"02"文件上。选择"效果控件"面板，展开"色阶"栏，设置如图 9-55 所示。

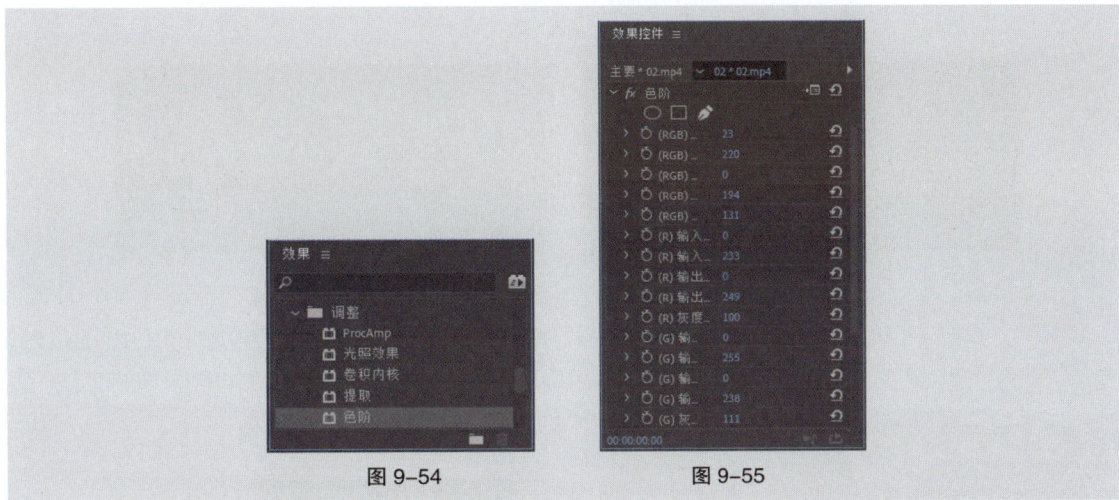

图 9-54

图 9-55

（2）将时间标签放置在 00:00:13:17 的位置。选择"效果"面板，展开"视频过渡"分类选项，单击"溶解"文件夹前面的三角形按钮▶将其展开，选中"交叉溶解"效果，如图 9-56 所示。将"交叉溶解"效果拖曳到"时间轴"面板中的"04"文件的结束位置和"05"文件的开始位置，如图 9-57 所示。

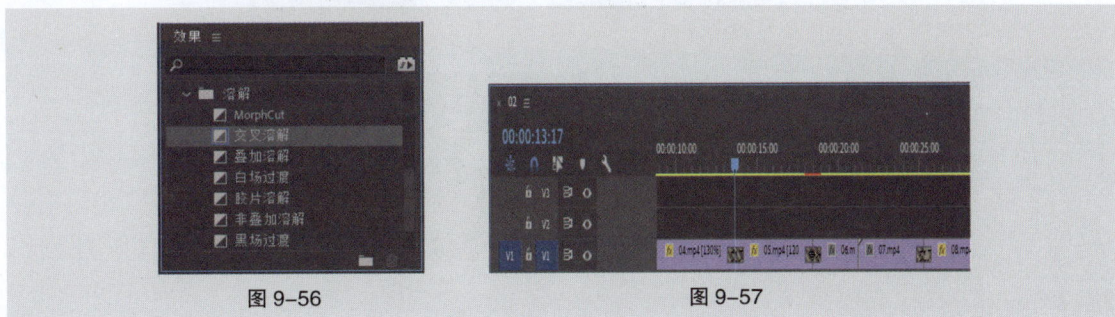

图 9-56

图 9-57

（3）用相同的方法在其他位置添加视频过渡，如图 9-58 所示。

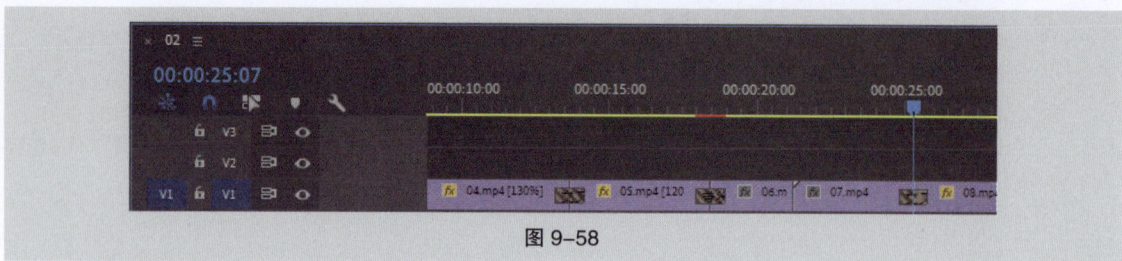

图 9-58

3. 添加介绍文字

（1）将时间标签放置在 00:00:00:13 的位置。选择"基本图形"面板，单击"编辑"选项卡，单击"新建图层"按钮 ，在弹出的菜单中选择"文本"命令。在"时间轴"面板中的"V2"轨道中生成"新建文本图层"，如图 9-59 所示。将时间标签放置在 00:00:02:17 的位置。将鼠标指针放在"文字"的结束位置，当鼠标指针呈 状时，向左拖曳到 00:00:02:17 的位置，如图 9-60 所示。

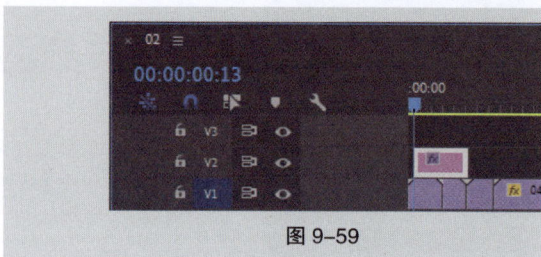
图 9-59

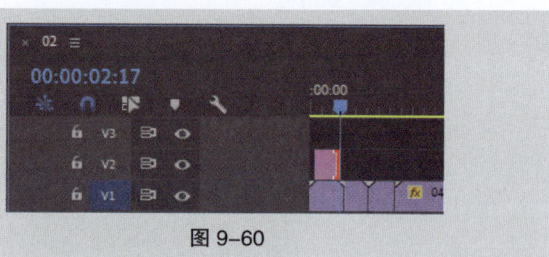
图 9-60

（2）在"节目"窗口中修改文字，如图 9-61 所示。将时间标签放置在 00:00:00:13 的位置。选取"节目"窗口中的文字。在"效果控件"面板展开"文本（辣）"栏，设置如图 9-62 和图 9-63 所示，"节目"窗口中的效果如图 9-64 所示。

图 9-61

图 9-62

图 9-63

图 9-64

（3）使用相同的方法制作其他文字，"效果控件"面板如图 9-65 所示。"节目"窗口中的效果如图 9-66 所示。

图 9-65

图 9-66

（4）在文字被选取的状态下。选择"基本图形"面板，单击"编辑"选项卡，单击"新建图层"按钮█，在弹出的菜单中选择"椭圆"命令，"节目"窗口中的效果如图 9-67 所示。在"效果控件"面板中选择"形状 01"图层。在"外观"中将"填充"颜色设置为橘黄色（226、88、40）。选择"工具"面板中的"选择"工具█，在"节目"窗口中调整图形大小和位置，效果如图 9-68 所示。

图 9-67

图 9-68

（5）在"效果控件"面板中选择"形状（形状 01）"选项并调整顺序，如图 9-69 所示。"节目"窗口中的效果如图 9-70 所示。取消文字的选取状态。使用相同的方法制作文字效果，"节目"窗口中的效果如图 9-71 所示。

图 9-69

图 9-70

图 9-71

（6）将时间标签放置在 00:00:05:16 的位置。选择"基本图形"面板，单击"编辑"选项卡，单击"新建图层"按钮█，在弹出的菜单中选择"文本"命令。在"时间轴"面板中的"V2"轨道中生成"新建文本图层"，如图 9-72 所示。将时间标签放置在 00:00:06:20 的位置。将鼠标指针放在"文字"的结束位置，当鼠标指针呈◄状时，向左拖曳到 00:00:06:20 的位置，如图 9-73 所示。

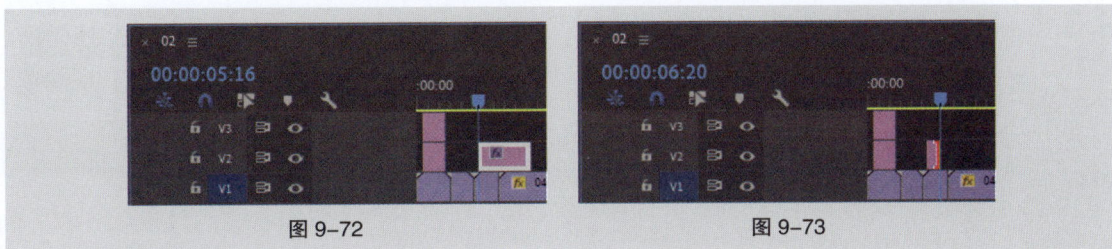

图 9-72

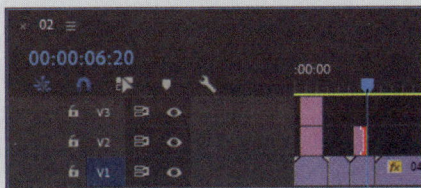

图 9-73

（7）在"节目"窗口中修改文字。将时间标签放置在00:00:05:16的位置。选取"节目"窗口中的文字。在"效果控件"面板展开"文本（准备几只螃蟹）"栏，设置如图9-74和图9-75所示，"节目"窗口中的效果如图9-76所示。

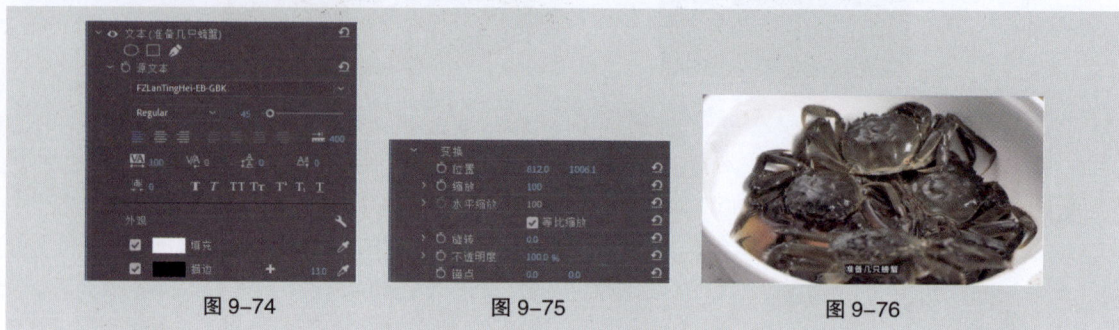

图9-74   图9-75   图9-76

（8）使用相同的方法制作其他文字，"时间轴"面板如图9-77所示。

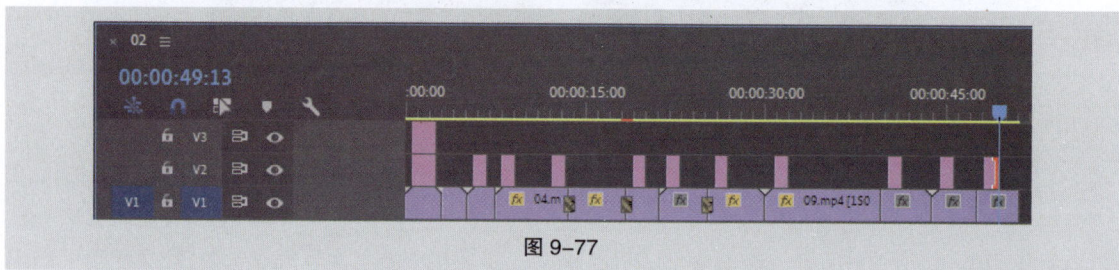

图9-77

（9）在"项目"面板中，选中"13"文件并将其拖曳到"时间轴"面板中的"A1"轨道中，如图9-78所示。将鼠标指针放在"13"文件的结束位置，当鼠标指针呈◀▶状时，向左拖曳到"12"文件的结束位置，如图9-79所示。中华美食栏目包装制作完成。

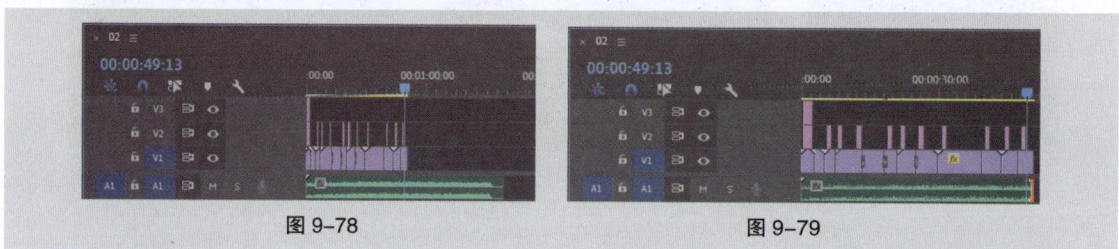

图9-78   图9-79

9.3 制作运动产品广告

9.3.1 项目背景及要求

1. 客户名称

时尚生活电视台。

2. 客户需求

时尚生活电视台是全方位介绍人们的衣、食、住、行等资讯的时尚生活类电视台。现电视

慕课38

制作运动产品
广告

台新添了运动健身栏目，本例是制作运动产品广告，要求能体现出运动带给人愉悦且多彩的业余生活。

3. 设计要求

（1）广告设计以运动产品为主体，体现广告宣传的主题。

（2）设计风格简洁大气，能够让人一目了然。

（3）图文搭配合理，让画面显得即合理又美观。

（4）颜色对比强烈，能直观地展示广告的性质。

（5）设计规格：帧大小为 1280×720，时基为 25.00 帧 / 秒，像素长宽比为方形像素（1.0）。

9.3.2　项目创意及展示

1. 设计素材

图片素材所在位置：本书云盘中的"Ch09/ 制作运动产品广告 / 素材 /01 ～ 03"。

2. 效果展示

设计作品所在位置：本书云盘中的"Ch09/ 制作运动产品广告 / 制作运动产品广告 .prproj"，效果如图 9-80 所示。

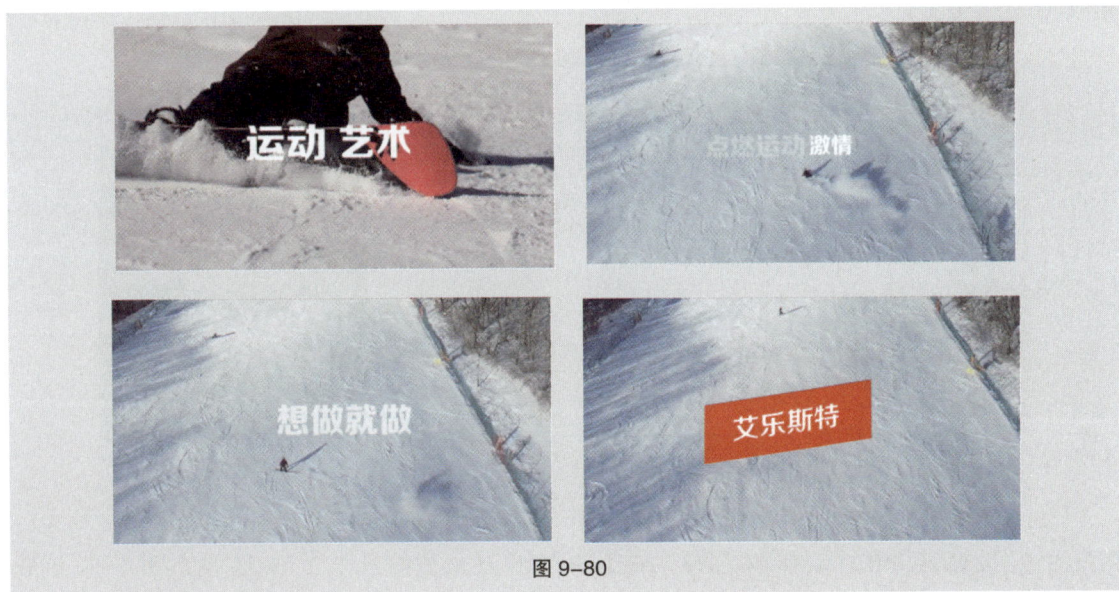

图 9-80

3. 技术要点

使用"导入"命令导入素材文件，使用"效果控件"面板编辑文件并制作动画，使用"基本图形"面板添加并编辑图形和文本。

9.3.3　项目制作

1. 新建项目并编辑素材

（1）启动 Premiere Pro，选择"文件 > 新建 > 项目"命令，弹出"新建项目"对话框，如图 9-81 所示，单击"确定"按钮，新建项目。选择"文件 > 新建 > 序列"命令，弹出"新建序列"对话框，单击"设置"选项卡，设置如图 9-82 所示，单击"确定"按钮，新建序列。

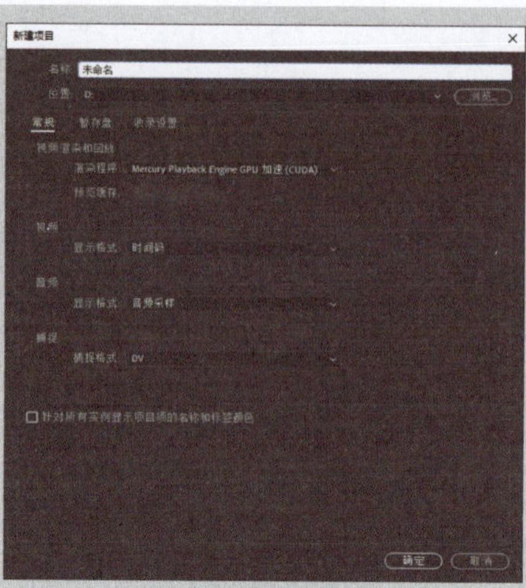

图 9-81

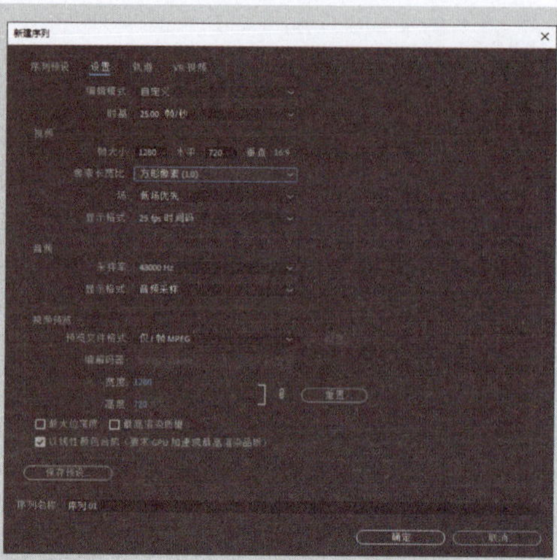

图 9-82

（2）选择"文件 > 导入"命令，弹出"导入"对话框，选择本书云盘中的"Ch09/ 制作运动产品广告 / 素材 /01 ～ 03"文件，如图 9-83 所示，单击"打开"按钮，将素材文件导入"项目"面板中，如图 9-84 所示。

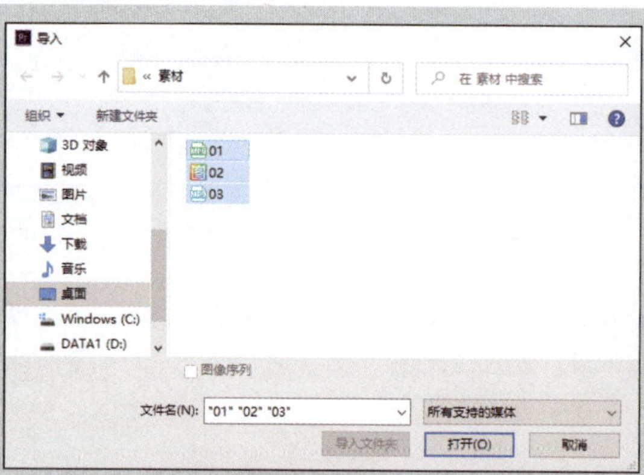

图 9-83

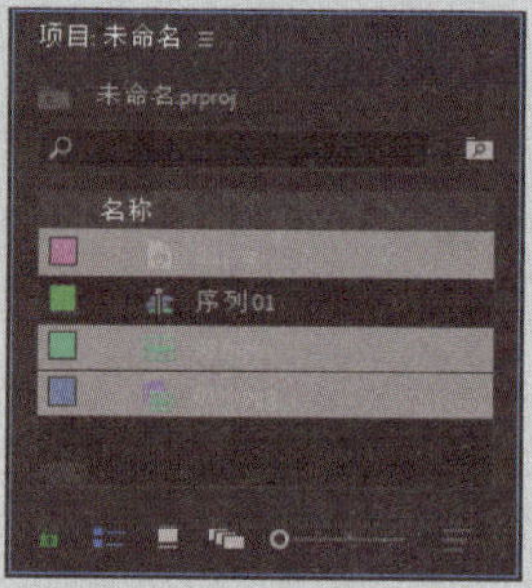

图 9-84

（3）将"项目"面板中的"01"文件拖曳到"时间轴"面板中的"V1"轨道中，弹出"剪辑不匹配警告"对话框，单击"保持现有设置"按钮，将"01"文件放置到"V1"轨道中，如图 9-85 所示。选择"时间轴"面板中的"01"文件，如图 9-86 所示。

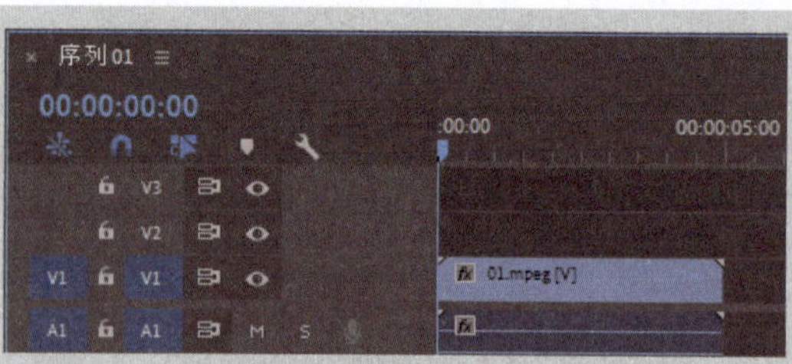

图 9-85

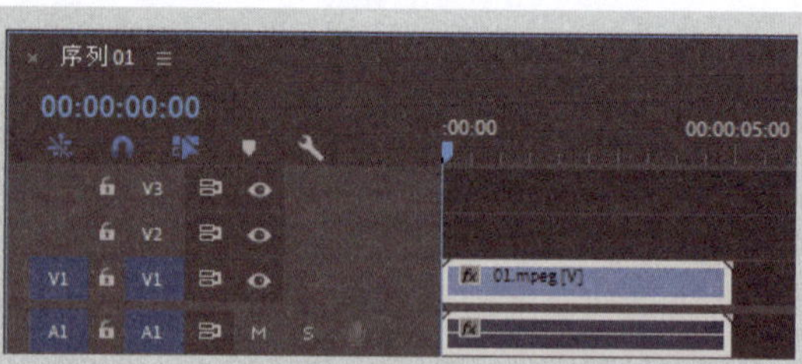

图 9-86

（4）选择"剪辑 > 取消链接"命令，取消视音频链接，如图 9-87 所示。选择音频，按 Delete 键，删除音频，如图 9-88 所示。

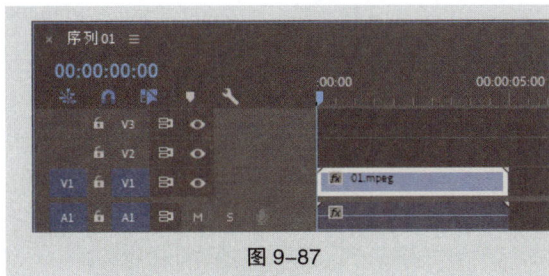
图 9-87

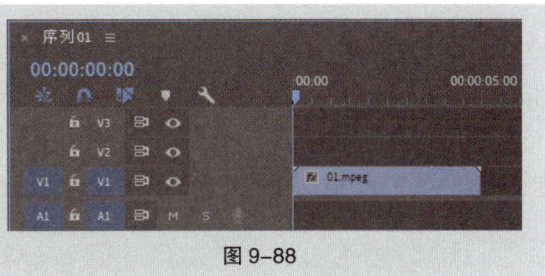
图 9-88

2. 添加广告语和动画

（1）选择"基本图形"面板，单击"编辑"选项卡，单击"新建图层"按钮 🔳，在弹出的菜单中选择"文本"命令。在"时间轴"面板中的"V2"轨道中生成"新建文本图层"，如图 9-89 所示。"节目"窗口中的效果如图 9-90 所示。

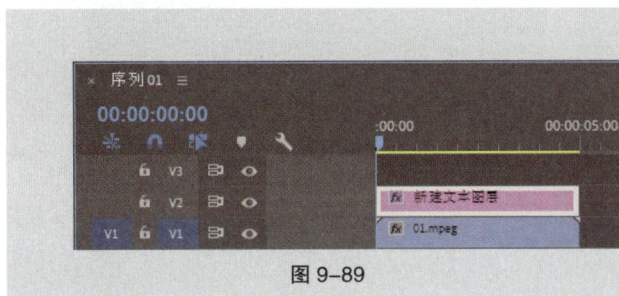
图 9-89

图 9-90

（2）在"节目"窗口中修改文字，效果如图 9-91 所示。将时间标签放置在 00:00:00:13 的位置。将鼠标指针放在"运动"的结束位置单击，显示编辑点。当鼠标指针呈 ◄| 状时，向左拖曳到 00:00:00:13 的位置，如图 9-92 所示。

图 9-91

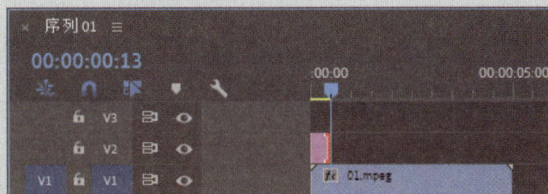
图 9-92

（3）将时间标签放置在 0 s 的位置。在"基本图形"面板中选择"运动"，在"基本图形"面板的"对齐并变换"栏中的设置如图 9-93 所示，"文本"栏的设置如图 9-94 所示。

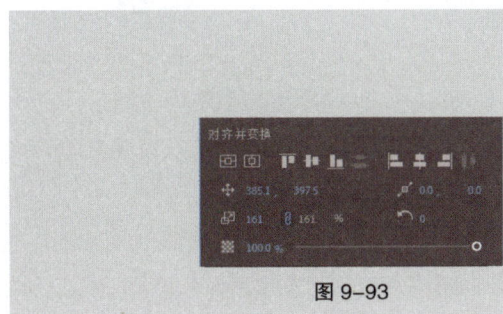
图 9-93

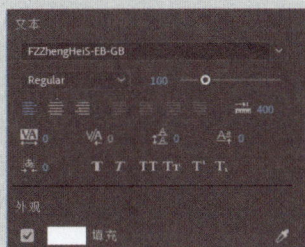
图 9-94

（4）选择"时间轴"面板中的"运动"。选择"效果控件"面板，展开"运动"栏，将"位置"选项设置为 640.0 和 360.0，单击"位置"选项左侧的"切换动画"按钮 ，如图 9-95 所示，记录第 1 个动画关键帧。将时间标签放置在 00:00:00:05 的位置。在"效果控件"面板中，将"位置"选项设置为 569.0 和 360.0，记录第 2 个动画关键帧。单击"缩放"选项左侧的"切换动画"按钮 ，如图 9-96 所示，记录第 1 个动画关键帧。

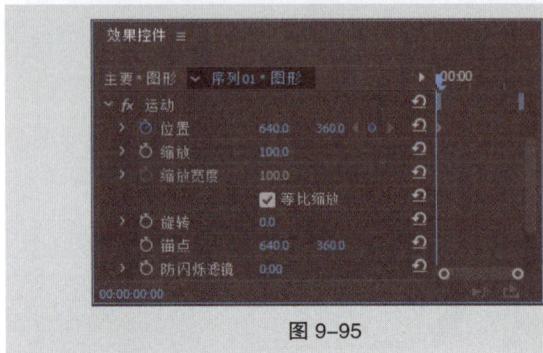

图 9-95

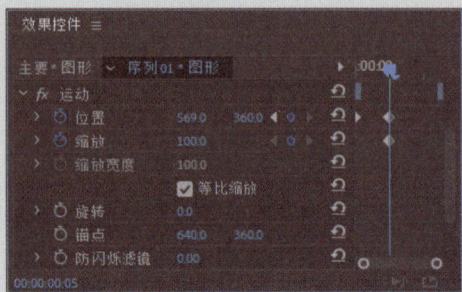

图 9-96

（5）将时间标签放置在 00:00:00:12 的位置。在"效果控件"面板中，将"缩放"选项设置为 70.0，如图 9-97 所示，记录第 2 个动画关键帧。用上述方法创建图形文字并添加关键帧，如图 9-98 所示。

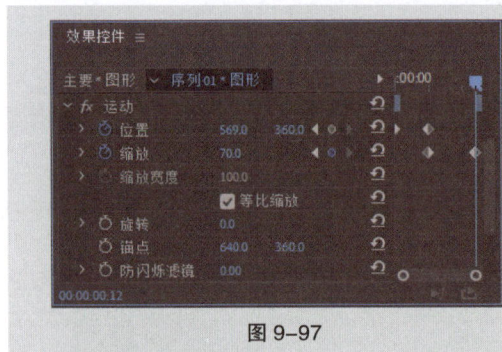

图 9-97

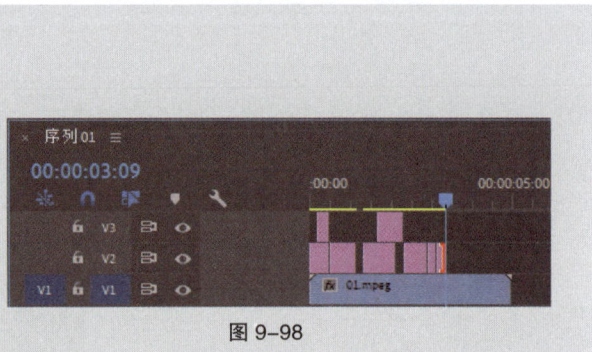

图 9-98

3. 添加装饰图形和动画

（1）将时间标签放置在 00:00:03:09 的位置。选择"基本图形"面板，单击"编辑"选项卡，单击"新建图层"按钮 ，在弹出的菜单中选择"矩形"命令。在"时间轴"面板中的"V2"轨道中生成"图形"，如图 9-99 所示，"节目"窗口中的效果如图 9-100 所示。

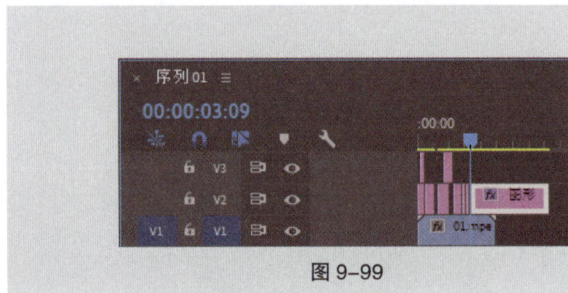

图 9-99

图 9-100

（2）在"时间轴"面板中选择"图形"。在"基本图形"面板中选择"形状 01"图层，在

"外观"栏中将"填充"颜色设置为红色（230、61、24），"对齐并变换"栏中的设置如图 9-101 所示。选择"工具"面板中的"钢笔"工具 ✎，在"节目"窗口选择右上角、右下角和左下角的锚点，并拖曳到适当的位置，效果如图 9-102 所示。

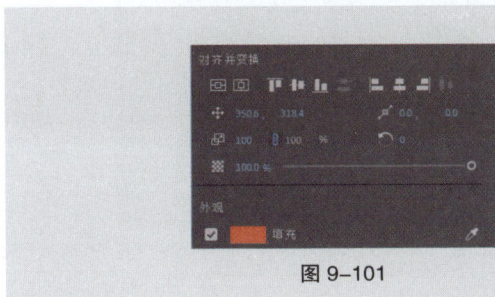
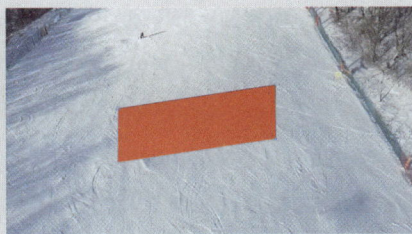

图 9-101　　　　　　　　　　　图 9-102

（3）将鼠标指针放在"图形"文件的结束位置单击，显示编辑点。当鼠标指针呈 ◀ 状时，向左拖曳到"01"文件的结束位置，如图 9-103 所示。

（4）选择"效果控件"面板，展开"形状（形状 01）"栏，取消勾选"等比缩放"复选框，将"垂直缩放"选项设置为 0，单击"垂直缩放"选项左侧的"切换动画"按钮 ⊙，如图 9-104 所示，记录第 1 个动画关键帧。将时间标签放置在 00:00:03:22 的位置。在"效果控件"面板中，将"垂直缩放"选项设置为 100，如图 9-105 所示，记录第 2 个动画关键帧。

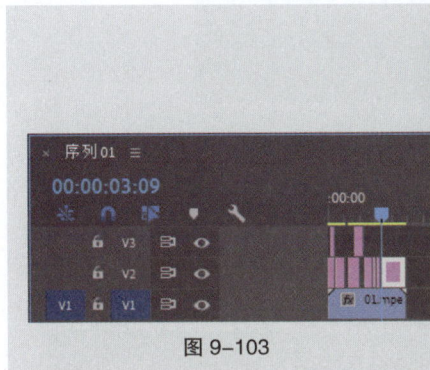
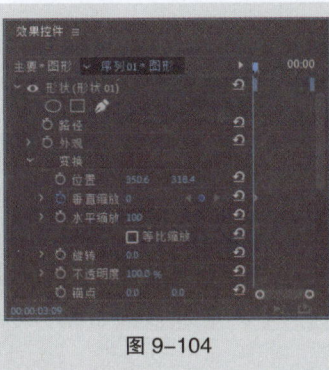
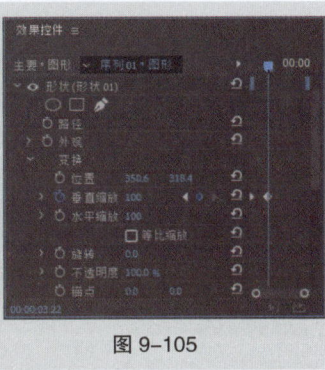

图 9-103　　　　　　　　图 9-104　　　　　　　　图 9-105

（5）将时间标签放置在 00:00:03:14 的位置。在"项目"面板中，选中"02"文件并将其拖曳到"时间轴"面板中的"V3"轨道中，如图 9-106 所示。将鼠标指针放在"02"文件的结束位置单击，显示编辑点。当鼠标指针呈 ◀ 状时，向左拖曳到"01"文件的结束位置，如图 9-107 所示。

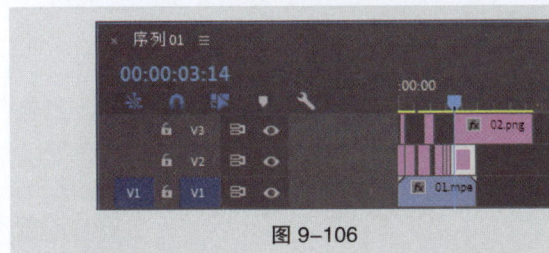
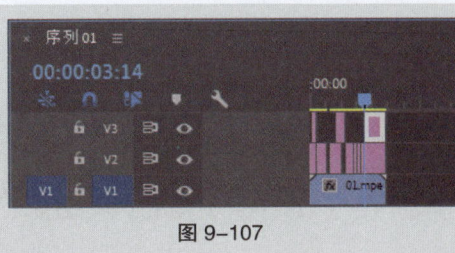

图 9-106　　　　　　　　　　　图 9-107

（6）将时间标签放置在 00:00:03:20 的位置。选择"效果控件"面板，展开"运动"栏，将"位置"选项设置为 590.0 和 437.0，单击"位置"选项左侧的"切换动画"按钮 ⊙，如图 9-108 所示，记录第 1 个动画关键帧。将时间标签放置在 00:00:04:03 的位置，将"位置"选项设置为 590.0 和

370.0，如图 9-109 所示，记录第 2 个动画关键帧。

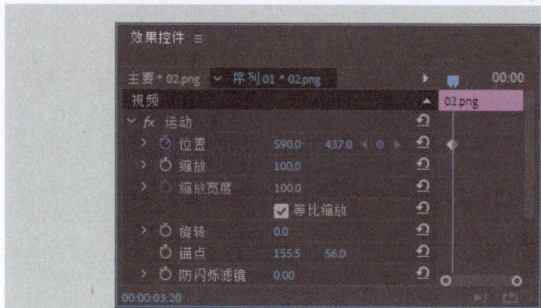

图 9-108　　　　　　　　　　　图 9-109

（7）将时间标签放置在 00:00:03:20 的位置。选择"效果控件"面板，展开"不透明度"栏，将"不透明度"选项设置为 0.0%，如图 9-110 所示，记录第 1 个动画关键帧。将时间标签放置在 00:00:03:22 的位置。将"不透明度"选项设置为 100.0%，如图 9-111 所示，记录第 2 个动画关键帧。

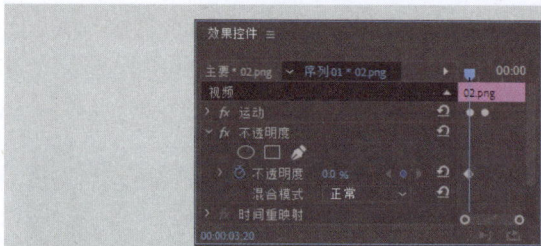
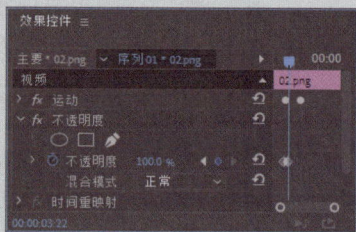

图 9-110　　　　　　　　　　　图 9-111

（8）在"项目"面板中，选中"03"文件并将其拖曳到"时间轴"面板中的"A1"轨道中，如图 9-112 所示。将鼠标指针放在"03"文件的结束位置单击，显示编辑点。当鼠标指针呈 状时，向左拖曳到"01"文件的结束位置，如图 9-113 所示。运动产品广告制作完成。

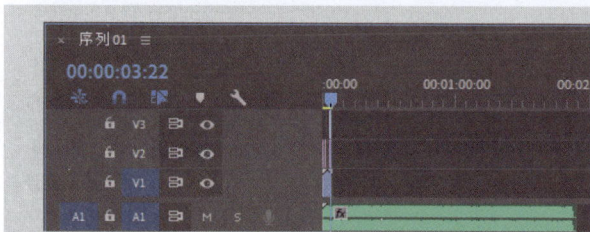

图 9-112　　　　　　　　　　　图 9-113

9.4　制作环保广告宣传片

9.4.1　项目背景及要求

1. 客户名称
星旅电视台。

慕课 39

制作环保广告宣传片

2. 客户需求

星旅电视台是一家旅游电视台，强调宏观上专业旅游的频道特征与微观上综合满足观众娱乐需要的节目特征之间的高度统一性，以旅游资讯为主线，时尚、娱乐并重。为了配合电视台大力宣传环保的行动，需要制作环保纪录片，要求符合环保主题，体现出低碳、节能的绿色生活。

3. 设计要求

（1）设计风格直观醒目、引人深省。

（2）设计形式独特且充满创意。

（3）表现形式层次分明，活泼不呆板。

（4）设计具有发动性，能够引发人们保护环境的行动。

（5）设计规格：帧大小为 1280×720，时基为 25.00 帧 / 秒，像素长宽比为方形像素（1.0）。

9.4.2　项目创意及展示

1. 设计素材

图片素材所在位置：本书云盘中的"Ch09/ 制作环保广告宣传片 / 素材 /01 和 02"。

2. 效果展示

设计作品所在位置：本书云盘中的"Ch09/ 制作环保广告宣传片 / 制作环保广告宣传片 .prproj"，效果如图 9-114 所示。

图 9-114

3. 技术要点

使用"导入"命令导入素材文件，使用剪辑点调整素材，使用"投影"效果为素材添加投影，使用"效果控件"面板制作风车和云动画。

9.4.3　项目制作

1. 新建项目并导入素材

（1）启动 Premiere Pro，选择"文件 > 新建 > 项目"命令，弹出"新建项目"对话框，如图 9-115 所示，单击"确定"按钮，新建项目。选择"文件 > 新建 > 序列"命令，弹出"新建序列"对话框，单击"设置"选项卡，设置如图 9-116 所示，单击"确定"按钮，新建序列。

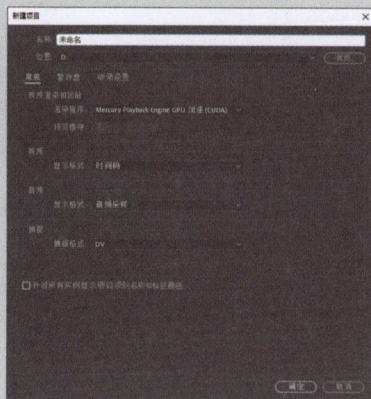

图 9-115

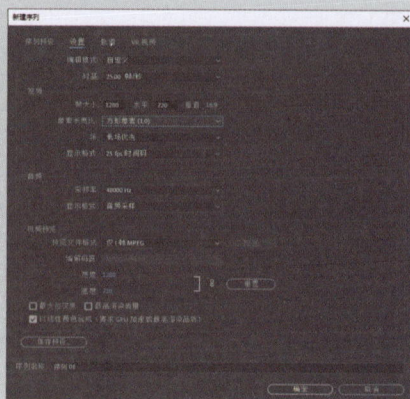

图 9-116

（2）选择"文件 > 导入"命令，弹出"导入"对话框，选择本书云盘中的"Ch09/ 制作环保广告宣传片 / 素材 /01 和 02"文件，如图 9-117 所示，单击"打开"按钮，弹出导入分层文件对话框，如图 9-118 所示。单击"确定"按钮，将素材文件导入"项目"面板中，如图 9-119 所示。

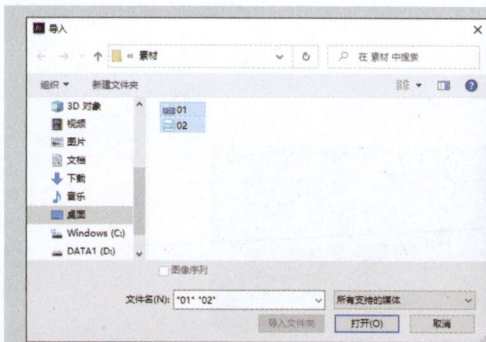

图 9-117

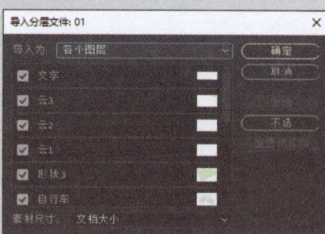

图 9-118

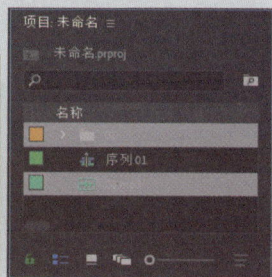

图 9-119

2. 制作风车和云动画

（1）选择"文件 > 新建 > 序列"命令，弹出"新建序列"对话框，单击"设置"选项卡，设置如图 9-120 所示，单击"确定"按钮，新建序列。在"项目"面板中，展开"01"文件夹，选中"支柱 /01"和"叶片 /01"文件并将其分别拖曳到"时间轴"面板中的"V1"轨道和"V2"轨道中，如图 9-121 所示。

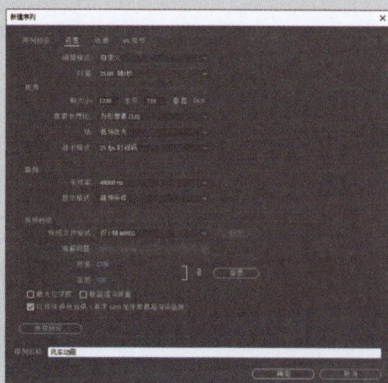

图 9-120

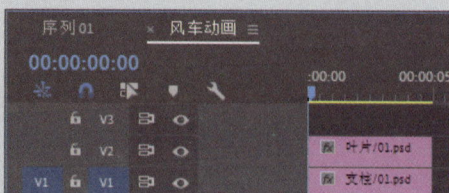

图 9-121

（2）选择"时间轴"面板中的"叶片 /01"文件。选择"效果控件"面板，展开"运动"栏，在"节目"窗口中显示编辑框，移动中心点到适当的位置，如图 9-122 所示。单击"旋转"选项左侧的"切换动画"按钮 ，如图 9-123 所示，记录第 1 个动画关键帧。将时间标签放置在 00:00:04:23 的位置。将"旋转"选项设置为 1x240.0°，如图 9-124 所示，记录第 2 个动画关键帧。

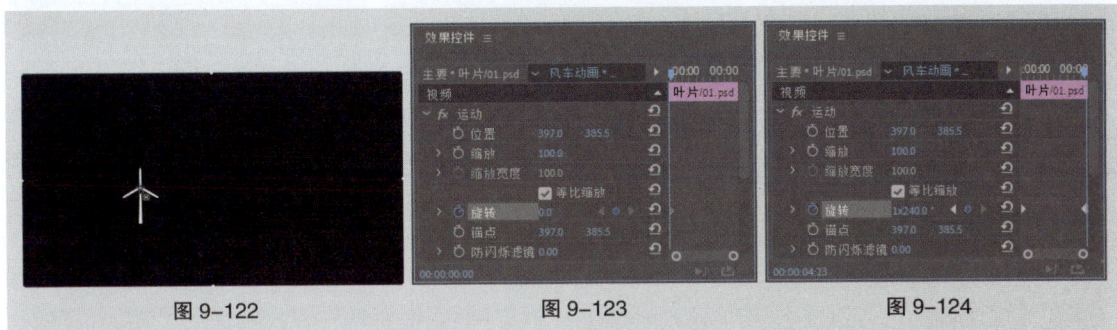

图 9-122

图 9-123

图 9-124

（3）选择"文件 > 新建 > 序列"命令，弹出"新建序列"对话框，单击"设置"选项卡，设置如图 9-125 所示，单击"确定"按钮，新建序列。在"项目"面板中，选中"云 1/01""云 2/01""云 3/01"文件并将其分别拖曳到"时间轴"面板中的"V1""V2""V3"轨道中，如图 9-126 所示。

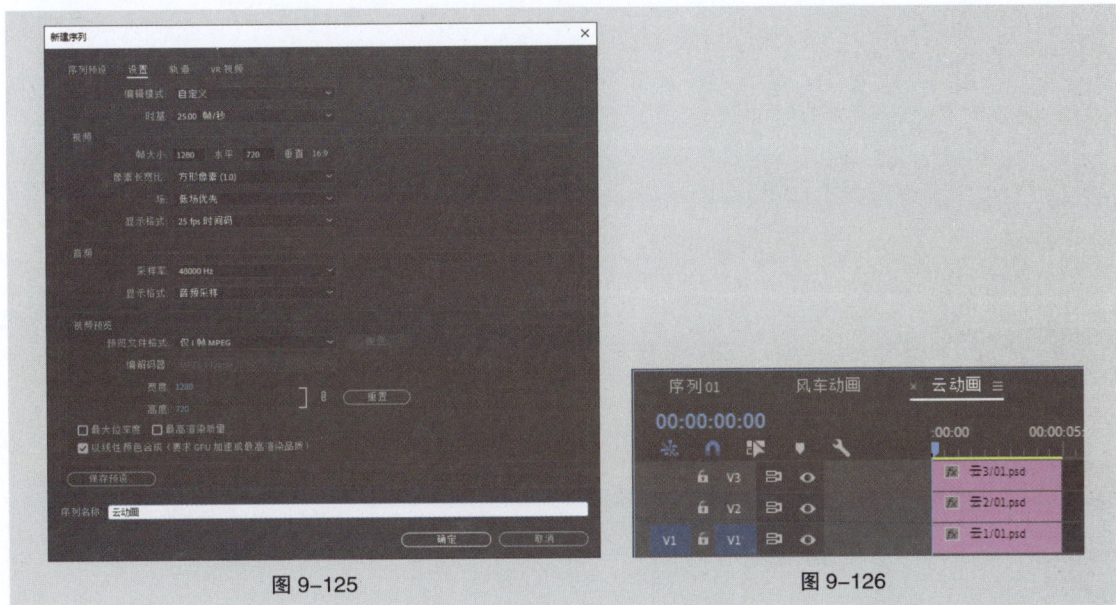

图 9-125

图 9-126

（4）选择"时间轴"面板中的"云 1/01"文件。选择"效果控件"面板，展开"运动"栏，单击"位置"选项左侧的"切换动画"按钮 ，如图 9-127 所示，记录第 1 个动画关键帧。

（5）将时间标签放置在 00:00:02:12 的位置。将"位置"选项设置为 640.0 和 400.0，如图 9-128 所示，记录第 2 个动画关键帧。将时间标签放置在 00:00:04:24 的位置。将"位置"选项设置为 640.0 和 360.0，如图 9-129 所示，记录第 3 个动画关键帧。使用相同的方法制作"云 2/01"文件和"云 3/01"文件动画。

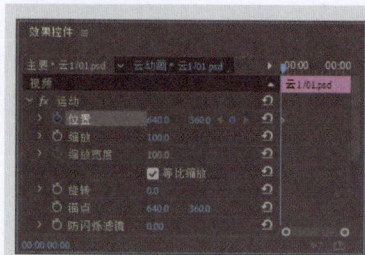

图 9-127

图 9-128

图 9-129

3. 制作合成效果和动画

（1）选中"序列01"。在"项目"面板中,选中"背景/01"文件并将其拖曳到"时间轴"面板的"V1"轨道中,如图9-130所示。将时间标签放置在00:00:00:06的位置。选中"楼房1/01"文件并将其拖曳到"时间轴"面板的"V2"轨道中,如图9-131所示。

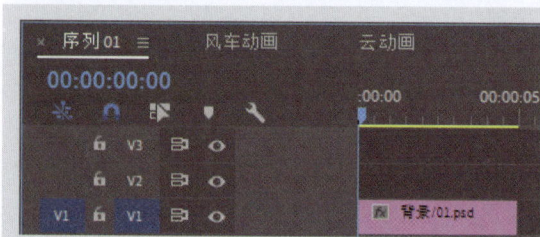

图 9-130

图 9-131

（2）将鼠标指针放在"楼房1/01"文件的结束位置。当鼠标指针呈 ⬌ 状时,向左拖曳到"背景/01"文件的结束位置,如图9-132所示。选择"序列>添加轨道"命令,在弹出的对话框中进行设置,如图9-133所示,单击"确定"按钮,在"时间轴"面板中添加10条视频轨道。使用相同的方法把其他文件分别拖曳到不同的视频轨道中,如图9-134所示。

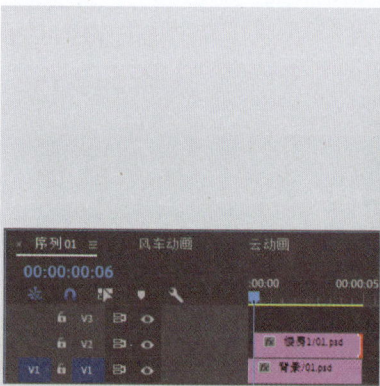

图 9-132

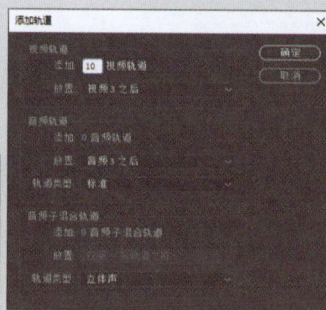

图 9-133

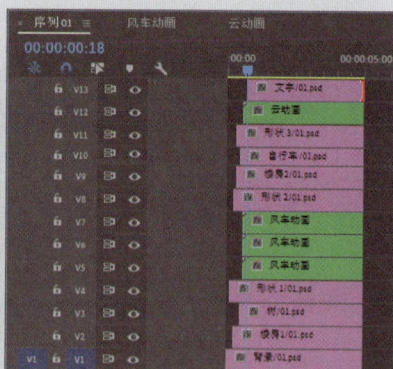

图 9-134

（3）将时间标签放置在00:00:04:24的位置。选择"效果"面板,展开"视频效果"分类选项,单击"透视"文件夹前面的三角形按钮 ▶ 将其展开,选中"投影"效果,如图9-135所示。将"投影"效果拖曳到"时间轴"面板"V3"轨道中的"树/01"文件上。选择"效果控件"面板,展开"投影"栏,设置如图9-136所示,"节目"窗口中的效果如图9-137所示。

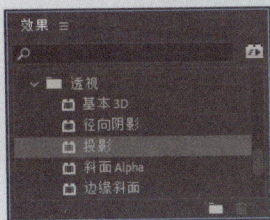

图 9-135

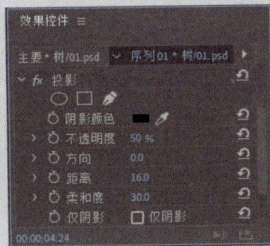

图 9-136

图 9-137

（4）使用相同的方法为其他文件添加投影效果，"时间轴"面板如图 9-138 所示，"节目"窗口中的效果如图 9-139 所示。

图 9-138

图 9-139

（5）选择"时间轴"面板"V6"轨道中的"风车动画"，选择"效果控件"面板，展开"运动"栏，将"位置"选项设置为 571.0 和 418.0，将"缩放"选项设置为 60.0，如图 9-140 所示。

（6）选择"时间轴"面板"V7"轨道中的"风车动画"。选择"效果控件"面板，展开"运动"栏，将"位置"选项设置为 688.0 和 380.0，将"缩放"选项设置为 75.0，如图 9-141 所示。

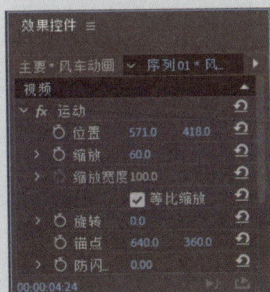

图 9-140

图 9-141

（7）将时间标签放置在 00：00：00：18 的位置。选择"效果"面板，展开"视频效果"分类选项，单击"透视"文件夹前面的三角形按钮▶将其展开，选中"投影"效果，如图 9-142 所示。将"投影"效果拖曳到"时间轴"面板"视频 13"轨道中的"文字 /01"文件上。选择"效果控件"面板，展开"投影"栏，设置如图 9-143 所示。

图 9-142

图 9-143

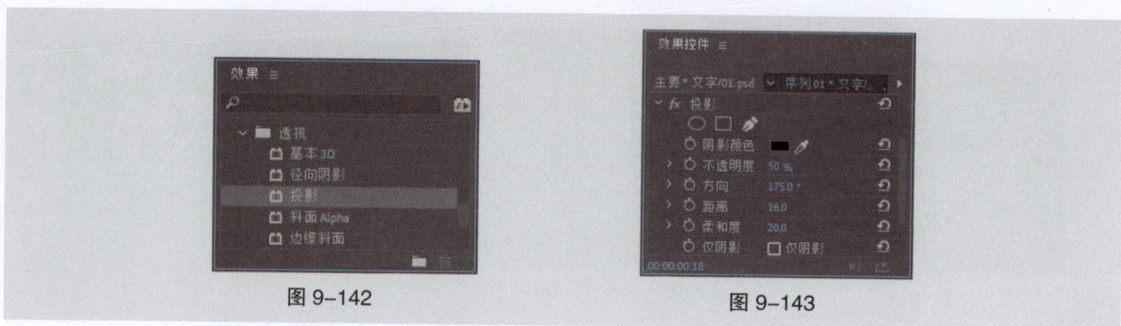

（8）在"效果控件"面板，将"缩放"选项设置为 0.0，单击"缩放"选项左侧的"切换动画"按钮，如图 9-144 所示，记录第 1 个动画关键帧。将时间标签放置在 00:00:01:00 的位置。将"缩放"选项设为 100.0，如图 9-145 所示，记录第 2 个动画关键帧。

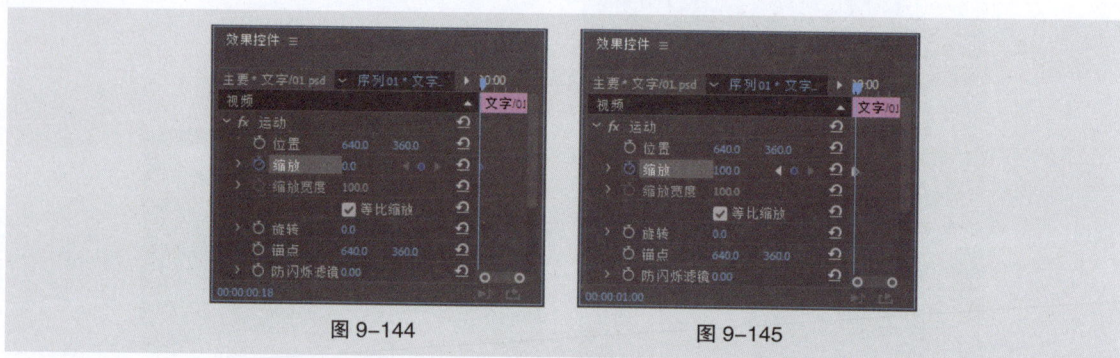

图 9-144

图 9-145

（9）在"项目"面板中选中"02"文件并将其拖曳到"时间轴"面板中的"A1"轨道上，如图 9-146 所示。将时间标签放置在 00:00:00:06 的位置。将鼠标指针放在"02"文件的开始位置，当鼠标指针呈状时，向右拖曳到 00:00:00:06 的位置，如图 9-147 所示。

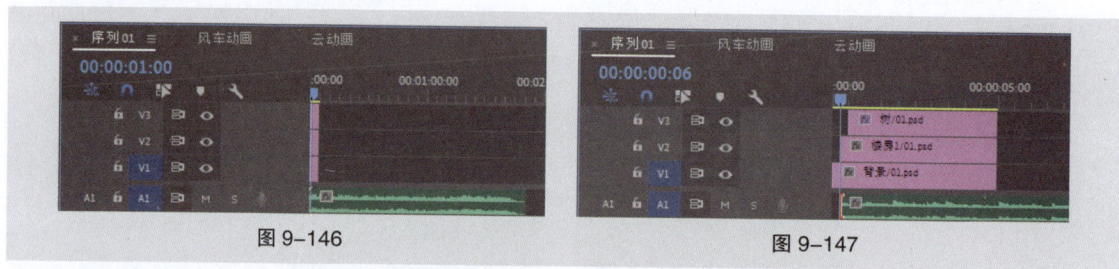

图 9-146

图 9-147

（10）将"02"文件拖曳到"A1"轨道的开始位置，如图 9-148 所示。将时间标签放置在"02"文件的结束位置，当鼠标指针呈状时，向左拖曳到"背景 /01"文件结束的位置，如图 9-149 所示。环保广告宣传片制作完成。

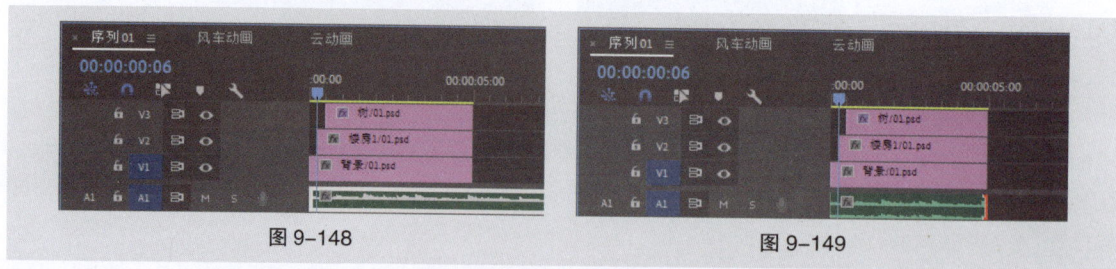

图 9-148

图 9-149

9.5 制作传统节日 MV

9.5.1 项目背景及要求

1. 客户名称

传统文化教育网站。

2. 客户需求

传统文化教育网站是一家旨在对我国的传统节日、风俗习惯和传统技艺等特色文化进行宣传、保护，并将其发扬光大的文化教育网站。本例要求进行传统节日 MV 的制作，设计要展现节日特色，符合大众审美。

3. 设计要求

（1）设计以节日主题元素为主导。

（2）设计形式新颖，能吸引人们的注意。

（3）画面色彩对比强烈，体现出喜庆和吉祥。

（4）设计排版合理，能够凸显宣传的重点。

（5）设计规格：帧大小为 1280×720，时基为 25.00 帧 / 秒，像素长宽比为方形像素（1.0）。

9.5.2 项目创意及展示

1. 设计素材

图片素材所在位置：本书云盘中的"Ch09/ 制作传统节日 MV/ 素材 /01 和 02"。

2. 效果展示

设计作品所在位置：本书云盘中的"Ch09/ 制作传统节日 MV/ 制作传统节日 MV.prproj"，效果如图 9-150 所示。

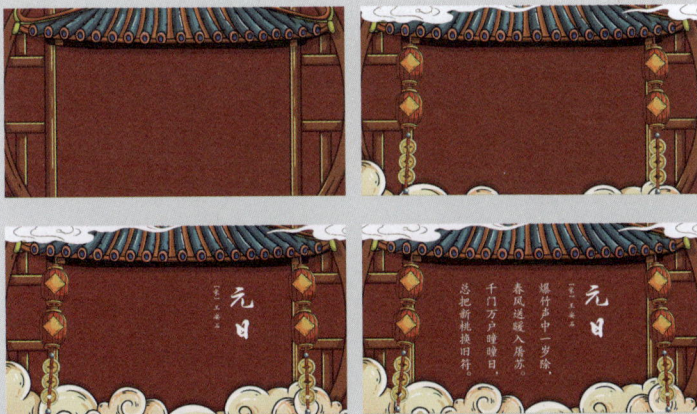

图 9-150

3. 技术要点

使用"导入"命令导入素材文件，使用剪辑点调整素材，使用"投影"特效为素材添加投影，使用"效果控件"面板制作素材的位置、旋转和不透明度的动画，使用"不透明度"的蒙版制作文字动画。

9.5.3　项目制作

1. 新建项目并导入素材

（1）启动 Premiere Pro，选择"文件 > 新建 > 项目"命令，弹出"新建项目"对话框，如图 9-151 所示，单击"确定"按钮，新建项目。选择"文件 > 新建 > 序列"命令，弹出"新建序列"对话框，单击"设置"选项卡，设置如图 9-152 所示，单击"确定"按钮，新建序列。

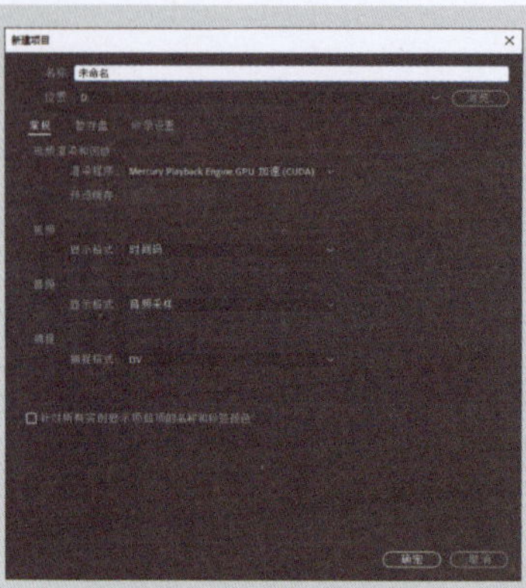

图 9-151 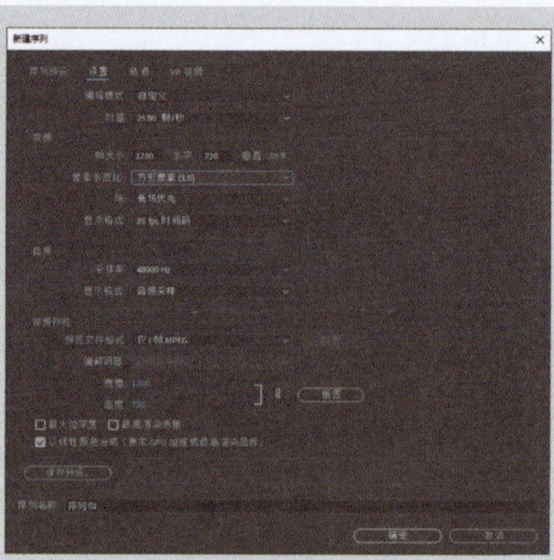　　　　　　　　　　　图 9-152

（2）选择"文件 > 导入"命令，弹出"导入"对话框，选择本书云盘中的"Ch09/ 制作传统节日 MV/ 素材 /01 和 02"文件，如图 9-153 所示，单击"打开"按钮，弹出导入分层文件对话框，如图 9-154 所示。单击"确定"按钮，将素材文件导入"项目"面板中，如图 9-155 所示。

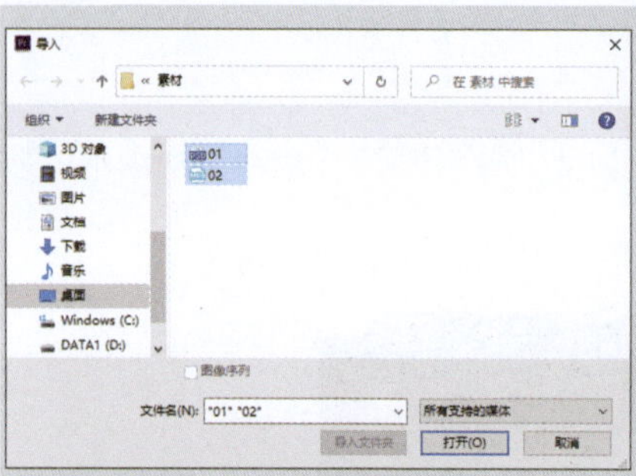

图 9-153 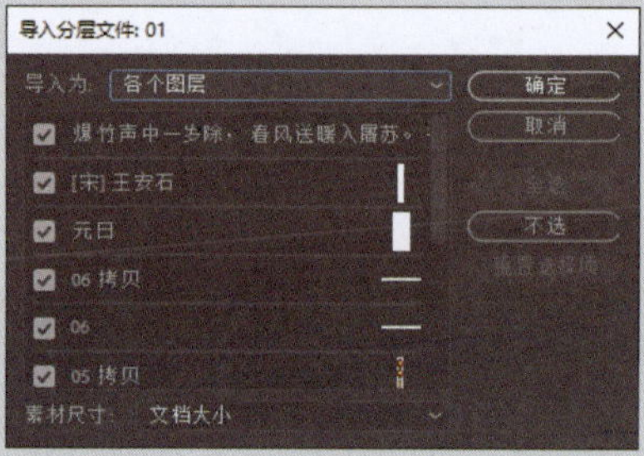　　　　　　　　　　图 9-154 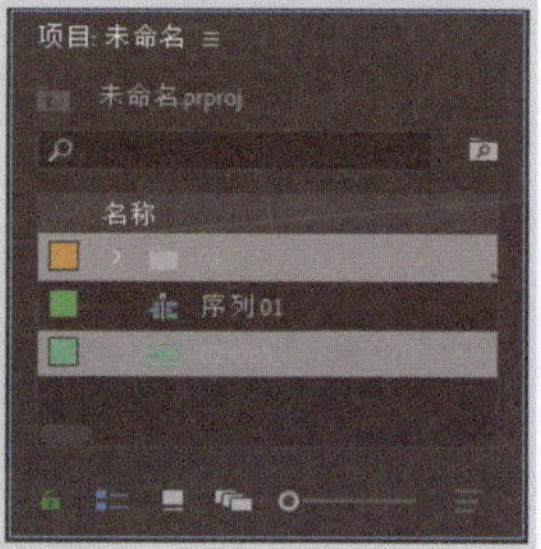　　　　　　　　　　图 9-155

2. 添加素材和轨道

（1）在"项目"面板中，展开"01"文件夹，选中"01/01"和"02/01"文件并分别将其拖曳到"时间轴"面板的"V1"轨道和"V2"轨道中，如图 9-156 所示。将时间标签放置在 00:00:00:03 的位置。选中"03/01"文件并将其拖曳到"时间轴"面板的"V3"轨道中，如图 9-157 所示。

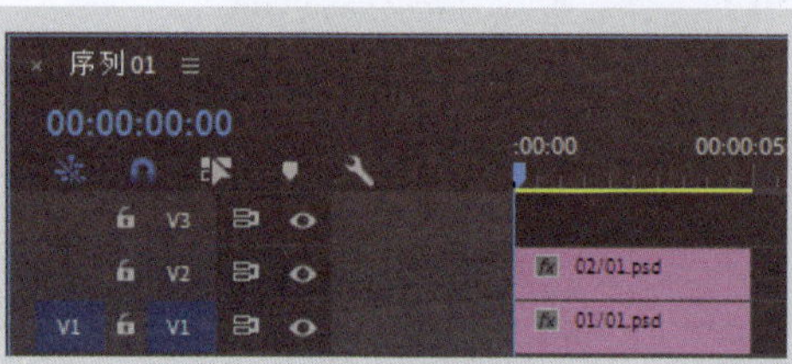

图 9-156 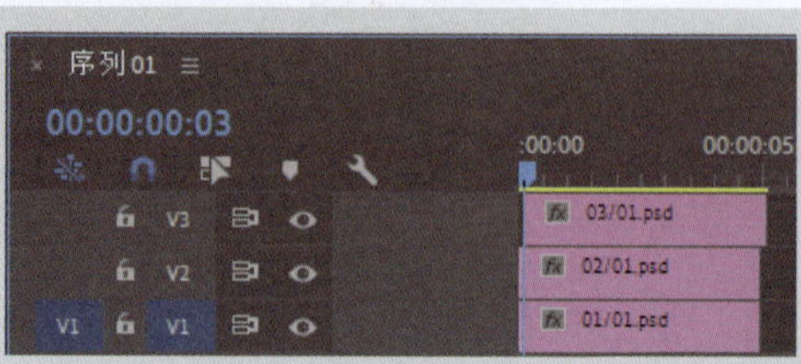　　　　　　　　　　　　图 9-157

（2）将鼠标指针放在"03/01"文件的结束位置。当鼠标指针呈◄┃►状时，向左拖曳到"01/01"文件的结束位置，如图9-158所示。选择"序列>添加轨道"命令，在弹出的对话框中进行设置，如图9-159所示，单击"确定"按钮，在"时间轴"面板中添加8条视频轨道。使用相同的方法把其他文件分别拖曳到不同的视频轨道中并进行调整，如图9-160所示。

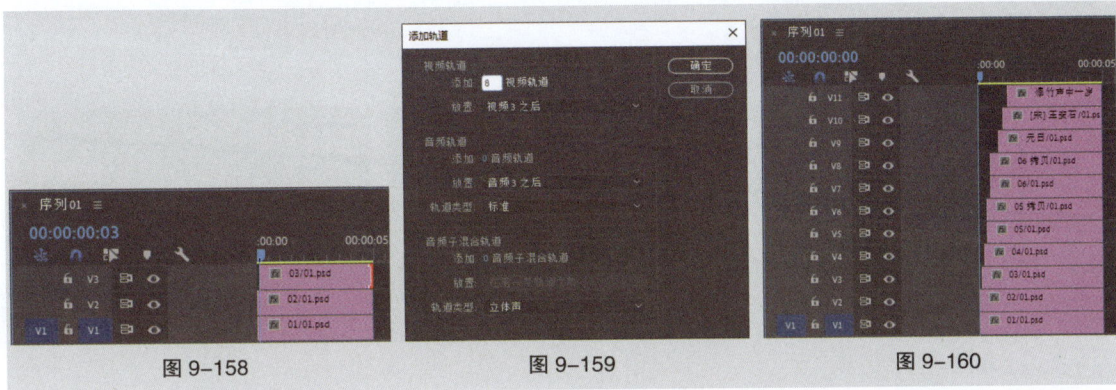

<table>
<tr><td>图 9-158</td><td>图 9-159</td><td>图 9-160</td></tr>
</table>

3. 添加特效并制作动画

（1）选择"时间轴"面板中的"02/01"文件。选择"效果控件"面板，展开"不透明度"栏，将"不透明度"选项设置为0.0%，如图9-161所示，记录第1个动画关键帧。将时间标签放置在00:00:00:03的位置。将"不透明度"选项设置为100.0%，如图9-162所示，记录第2个动画关键帧。

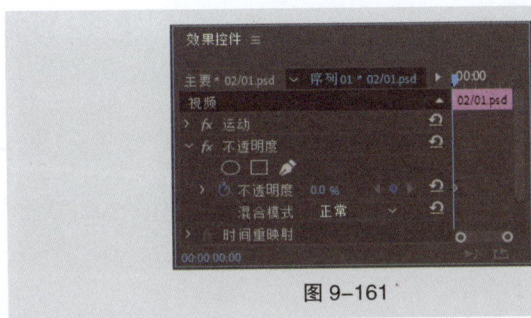
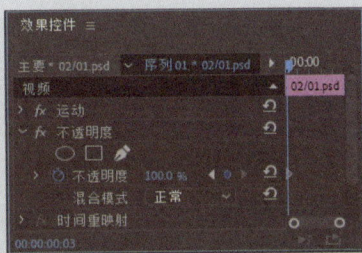

<table>
<tr><td>图 9-161</td><td>图 9-162</td></tr>
</table>

（2）选择"效果"面板，展开"视频效果"分类选项，单击"透视"文件夹前面的三角形按钮❯将其展开，选中"投影"效果，如图9-163所示。将"投影"效果拖曳到"时间轴"面板"V3"轨道中的"03/01"文件上。选择"效果控件"面板，展开"投影"栏，设置如图9-164所示。用相同的方法为其他文件添加投影效果。

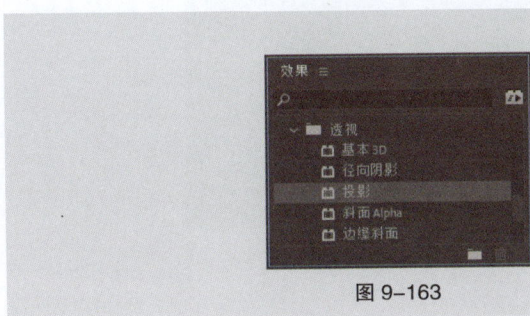
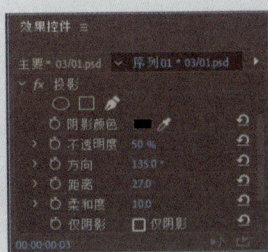

<table>
<tr><td>图 9-163</td><td>图 9-164</td></tr>
</table>

（3）将时间标签放置在 00：00：00：06 的位置。在"时间轴"面板中选择"04/01"文件。选择"效果控件"面板，展开"运动"栏，将"位置"选项设置为 640.0 和 608.0，单击"位置"选项左侧的"切换动画"按钮⏱，记录第 1 个动画关键帧，如图 9-165 所示。

（4）将时间标签放置在 00：00：01：02 的位置。将"位置"选项设置为 640.0 和 390.0，记录第 2 个动画关键帧，如图 9-166 所示。将时间标签放置在 00：00：04：24 的位置。将"位置"选项设置为 640.0 和 360.0，记录第 3 个动画关键帧，如图 9-167 所示。

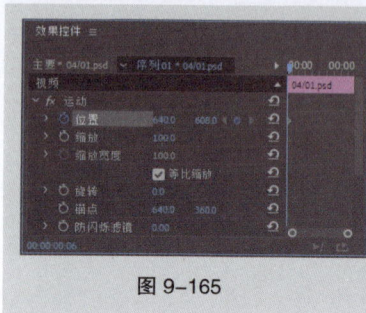 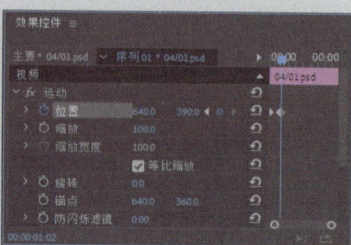 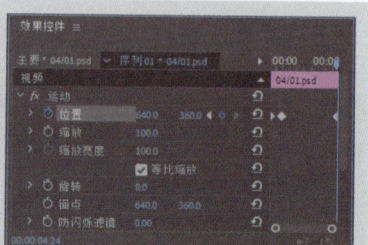

图 9-165 图 9-166 图 9-167

（5）将时间标签放置在 00：00：00：09 的位置。在"时间轴"面板中选择"05/01"文件。选择"效果控件"面板，展开和选中"运动"栏，在"节目"窗口中显示编辑框，移动中心点到适当的位置，如图 9-168 所示。单击"旋转"选项左侧的"切换动画"按钮⏱，记录第 1 个动画关键帧，如图 9-169 所示。将时间标签放置在 00：00：02：00 的位置。将"旋转"选项设置为 6.0°，记录第 2 个动画关键帧，如图 9-170 所示。

 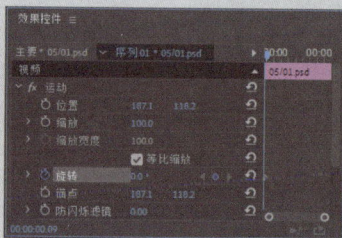 

图 9-168 图 9-169 图 9-170

（6）将时间标签放置在 00：00：03：20 的位置。将"旋转"选项设置为 -6.0°，记录第 3 个动画关键帧，如图 9-171 所示。将时间标签放置在 00：00：04：24 的位置。将"旋转"选项设置为 0.0°，记录第 4 个动画关键帧，如图 9-172 所示。使用相同的方法制作"05 拷贝 /01"文件动画。

图 9-171 图 9-172

（7）将时间标签放置在 00:00:00:12 的位置。在"时间轴"面板中选择"06/01"文件。选择"效果控件"面板，展开"运动"栏，单击"位置"选项左侧的"切换动画"按钮⏱，记录第 1 个动画关键帧，如图 9-173 所示。

（8）将时间标签放置在 00:00:02:11 的位置。将"位置"选项设置为 536.0 和 360.0，记录第 2 个动画关键帧，如图 9-174 所示。将时间标签放置在 00:00:04:24 的位置。将"位置"选项设置为 639.0 和 360.0，记录第 3 个动画关键帧，如图 9-175 所示。使用相同的方法制作"06 拷贝 /01"文件动画。

图 9-173 　　　　　　　　　 图 9-174 　　　　　　　　　 图 9-175

4. 制作蒙版并添加音频

（1）将时间标签放置在 00:00:00:20 的位置。在"时间轴"面板中选择"元日 /01"文件。选择"效果控件"面板，展开"不透明度"栏，单击"自由绘制贝塞尔曲线"按钮✎，在"节目"窗口中绘制图形，如图 9-176 所示。

（2）将"蒙版扩展"选项设置为 -100.0，单击"蒙版扩展"选项左侧的"切换动画"按钮⏱，记录第 1 个动画关键帧，如图 9-177 所示。将时间标签放置在 00:00:01:00 的位置。将"蒙版扩展"选项设置为 0.0，记录第 2 个动画关键帧，如图 9-178 所示。

图 9-176

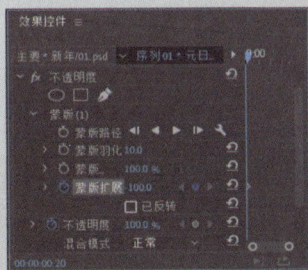
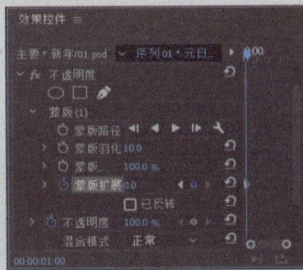

图 9-177 　　　　　　　　　 图 9-178

（3）将时间标签放置在 00:00:01:04 的位置。在"时间轴"面板中选择"爆竹声中……/01"文件。选择"效果控件"面板，展开"不透明度"栏，单击"创建 4 点多边形蒙版"按钮■，在"节目"窗口中生成图形,如图9-179所示,调整图形形状,如图9-180所示。单击"蒙版路径"选项左侧的"切换动画"按钮 🕚,记录第1个动画关键帧,如图9-181所示。

图 9-179

图 9-180

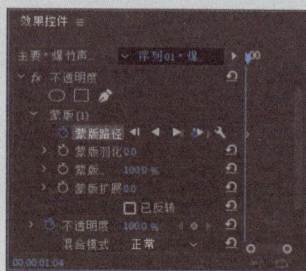

图 9-181

　　(4)将时间标签放置在00:00:01:15的位置。在"节目"窗口中调整图形形状,如图9-182所示,记录第2个动画关键帧,如图9-183所示。

图 9-182

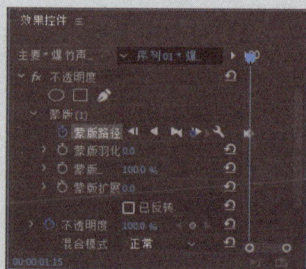

图 9-183

　　(5)将时间标签放置在0s的位置。在"项目"面板中选中"02"文件并将其拖曳到"时间轴"面板中的"A1"轨道上,如图9-184所示。将鼠标指针放在"02"文件的结束位置,当鼠标指针呈 ◀ 状时,向左拖曳到"01/01"文件的结束位置,如图9-185所示。传统节日MV制作完成。

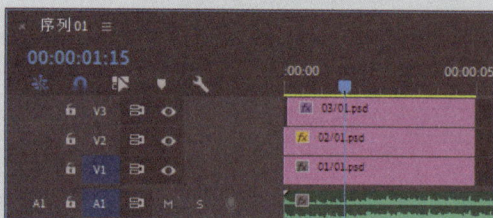

图 9-184

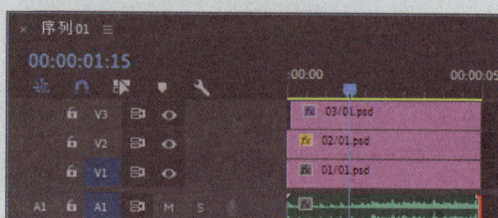

图 9-185

课堂练习——制作古迹绮春园纪录片

慕课 41

制作古迹绮春
园纪录片

练习 1　项目背景及要求

1.　客户名称

绮春园印迹。

2.　客户需求

绮春园是一座有着悠久历史和文化底蕴的园林古迹，现需要制作一部能够反映绮春园历史沿革、建筑格局以及景观特色的园林文化纪录片。该纪录片要求以纪实为主，带领观众逐步领略绮春园的韵味。

3.　设计要求

（1）画面以虚实结合的形式进行表述。

（2）以园林内不同景观为主要内容。

（3）使用低明度的色调烘托古典优雅的氛围。

（4）整个设计充满特色，让人印象深刻。

（5）设计规格：帧大小为 1280×720，时基为 25.00 帧 / 秒，像素长宽比为方形像素（1.0）。

练习 2　项目创意及展示

1.　设计素材

图片素材所在位置：本书云盘中的"Ch09/ 制作古迹绮春园纪录片 / 素材 /01 ～ 03"。

2.　效果展示

设计作品所在位置：本书云盘中的"Ch09/ 制作古迹绮春园纪录片 / 制作古迹绮春园纪录片 .prproj"，效果如图 9-186 所示。

图 9-186

3.　技术要点

使用"导入"命令导入素材文件，使用"剃刀"工具切割素材，使用"Lumetri"效果和"自动颜色"效果调整素材颜色，使用"效果控件"面板制作文字动画，使用"效果"面板添加素材间的过渡。

课后习题——制作旅行节目片头

习题1 项目背景及要求

1. 客户名称

悦山旅游电视台。

慕课 42

制作旅行节目片头

2. 客户需求

悦山旅游电视台是一家旅游电视台，主要介绍时尚旅游资讯、提供实用的旅行计划、传播时尚生活和潮流消费等信息。本例是为电视台制作旅行节目片头，要求符合节目主题，体现丰富多样的旅游景色和舒适安全的旅游环境。

3. 设计要求

（1）设计以风景元素为主导。

（2）设计形式简洁明晰，能表现片头特色。

（3）画面色彩真实形象，给人自然舒适的印象。

（4）设计风格醒目直观，能够让人产生向往之情。

（5）设计规格：帧大小为 1280×720，时基为 25.00 帧/秒，像素长宽比为方形像素（1.0）。

习题2 项目创意及展示

1. 设计素材

图片素材所在位置：本书云盘中的"Ch09/ 制作旅行节目片头 / 素材 /01 ～ 07"。

2. 效果展示

设计作品所在位置：本书云盘中的"Ch09/制作旅行节目片头/制作旅行节目片头.prproj"，效果如图9-187所示。

图 9-187

3. 技术要点

使用"导入"命令导入素材文件，使用"效果控件"面板调整素材画面的大小并制作动画，使用"颜色平衡"特效、"高斯模糊"特效和"色阶"特效制作素材效果，使用"基本图形"面板添加文字和图形。